U0415255

机械设备中的振动问题
——诊断与解决

Vibration Problems in Machines
Diagnosis and Resolution

[英] ARTHUR W. LEES 著
舒海生　张　法　黄　逸　译

国防工业出版社
·北京·

著作权合同登记　图字：军 -2019-025 号

图书在版编目(CIP)数据

机械设备中的振动问题：诊断与解决／（英）亚瑟·W.利斯（Arthur W. Lees）著；舒海生，张法，黄逸译.—北京：国防工业出版社，2019.12

书名原文：Vibration Problems in Machines：Diagnosis and Resolution

ISBN 978-7-118-12075-2

Ⅰ.①机… Ⅱ.①亚… ②舒… ③张… ④黄… Ⅲ.①机械设备-机械振动 Ⅳ.①TH17

中国版本图书馆 CIP 数据核字(2020)第 000685 号

Vibration Problems in Machines by ARTHUR W. LEES
ISBN 978-1-4987-2674-0

※

国防工业出版社出版发行
（北京市海淀区紫竹院南路 23 号　邮政编码 100048）
天津嘉恒印务有限公司印刷
新华书店经售
*
开本 710×1000　1/16　印张 17½　字数 300 千字
2019 年 12 月第 1 版第 1 次印刷　印数 1—1500 册　定价 109.00 元

（本书如有印装错误，我社负责调换）

国防书店：(010)88540777　发行邮购：(010)88540776
发行传真：(010)88540755　发行业务：(010)88540717

前　言

涡轮机械是各类工业中所用机械的一个十分重要的类型，它们在工作过程中会产生各种振动信号，正确的认识和理解这些振动信号是进行状态监测的基础，对快速诊断和故障恢复等工作具有十分重要的意义。这一领域需要从仪表专业知识到数学分析再到信号处理等一系列相关学科理论、技术与方法的支持，其核心是深刻理解那些能够产生振动的工作过程。从某种意义上说，这实际上就是一个根据外部测量数据去推断设备内部状态的过程。

这项工作一般需要建立合理的数学模型，并采用一些基本的有限元分析方法去考察系统的行为。在几十年前，这些方法已经被应用到旋转机械设备的分析中了，然而，随着计算技术的不断进步以及一些软件的长足发展（如 MATLAB），相关分析手段和方法的能力已经得到了极大的提升，并为我们带来了更大的便利。目前，采用数值分析的手段考察所提出的设计方案已经成为一个更为直接而有效的解决途径了。

本书中所阐述的内容一方面源自于我在相关工业领域所取得的一些实际经验，另一方面则来源于最近这些年来在相关专业所从事的教学与研究工作。显然，我自身的经历或多或少地会对本书在实例选取方面产生影响。在我所经历的多个工作阶段，曾经与很多人有过获益匪浅的交流与合作，使得我对机械设备中的振动问题有了更为深入的理解和认识。这些良师益友实在是太多了，很难在此逐一列出并对他们表达谢意，这里仅着重提及 3 位合作者。第一位是 Mike Friswell 教授，我们在一起工作了近 20 年，与他的交流和讨论使我得到了大量的帮助和醍醐灌顶般的启发。第二位是 John Penny 教授，感谢他审阅了本书的内容并提供了很多有益的建议和意见。我和这两位教授以及 Seamus Garvey 教授曾共同编写过专著，其中对转子动力学问题做了相当透彻的讨论，本书中的多个地方也参考了该书。最后我要深深感谢我的妻子 Rita，她不仅给我提出了很多语法上的意见，而且还使我在本书撰写过程中的最后几个月里能够始终保持清醒。

Arthur W. Lees

作者简介

Arthur W. Lees 教授,哲学博士,理学博士,英国皇家特许工程师,特许物理学家,机械工程师学会会员,物理学会会员,英国皇家摄影学会初级会士,毕业于英国曼彻斯特大学物理专业,并在该大学进行了为期 3 年的研究工作。博士毕业后,加入了伦敦中央电业局,曾进行有限元代码的开发和设备问题研究,并曾受聘为伦敦核电公司汽轮机组的组长,1995 年进入 Swansea 大学从事科研和教学工作。

Arthur W. Lees 教授是多个学术期刊的评审专家,担任过 *Journal of Sound and Vibration* 和 *Communications in Numerical Methods in Engineering* 期刊的编委(直到退休)。他的研究兴趣主要包括结构动力学、转子动力学、反问题以及热传递等多个领域。Arthur W. Lees 教授还是机械工程学会、物理学会的会员,特许工程师和特许物理学家,并在 2001 年至 2005 年期间担任过物理学会理事会成员,目前是 Swansea 大学退休荣誉教授,不过仍在积极从事研究工作。

关于 MATLAB 软件与程序

本书涉及的一些建模工作可以借助 MATLAB 软件包提供的程序代码实现，相关软件程序可以在 www. rotordynamics. info 上免费获取。此外，目前正在针对如下分析内容进行工具箱的开发和构建：

（1）刚性转子分析；

（2）柔性转子分析；

（3）单平面平衡分析；

（4）两平面平衡分析；

（5）模态平衡分析；

（6）齿轮扭转分析；

（7）瞬态预测；

（8）悬链线计算。

这一工具箱以及一些相关的电子制品可在 CRC 出版社网页上获取，即 http://www. crcpress. com/product/isbn/9781498726740。

MATLAB 是 MathWorks 公司的注册商标，关于该软件的详细信息，可通过如下方式联系：

MathWorks, Inc.

3 Apple Hill Drive

Natick, MA 01760 - 2098 USA

电话:508 - 647 - 7000

传真:508 - 647 - 7001

E - mail: info@ mathworks. com

网址: www. mathworks. com

目　录

第1章 绪 论

在过去的几十年中,状态监测这一领域已经受到了人们的广泛关注,在各种不同的场合中,一些状态检测与评估方法也已经得到了实际应用。通过经常性的交流,人们对该领域的认识和理解正在变得丰富而深刻。因此,有必要对这一领域的发展和现状做一归纳和回顾。

在设备状态的评估过程中,操作人员一般可以对一些可能的数据信息进行收集,如振动、工作温度、噪声、性能参数以及电学参数等,并将这些数据与标准状态进行比较。以往这种比较工作主要建立在操作人员的经验基础之上,随着科技的发展,人们逐渐趋于采用更为精细的量化方法完成,这也是目前工作模式的改变与设备复杂性日益提高的必然要求。尽管如此,应当指出的是,二者本质上都是相同的实现过程。很自然地,人们就会提出一个最根本的问题,即怎样才能将具有丰富经验的工程师的知识进行"编码",并将其应用于各类实际设备。这一问题是较为困难的,人们对其进行了深入的研究,尽管不能说已经完全得到了解决,但是近些年来确实取得了一些显著的进展。这些进展主要体现在计算建模(有限元(FEA)、计算流体动力学(CFD))、人工神经网络(ANN)、统计学方法、专家系统和识别方法等方面。所有这些进展都能对设备的状态评估工作起到积极的促进作用,在后面的各章中将分别对它们进行介绍。这里,首先对状态监控这个领域进行回顾,主要针对的是旋转类机械场合。

1.1 监控与诊断

监控和诊断这两个术语是相互关联的,人们常常以状态监测统称之,应当指出的是,这二者在功能上是有着显著不同的。在这两个领域中,首要的工作都是收集和记录与设备运转相关的所有重要细节信息。不过,正如后面加以讨论的那样,哪些细节信息应当认为是重要的,这一选择工作并不是一个简单的事情,此处暂时不进行详细的介绍,而只做简要的介绍。

为了较为清晰地展现出这一点,这里观察一个特定问题,它是关于一个由电动机驱动的离心泵的状态监测。在这个问题中,需要监控的参数将包括轴承的振动量级、温度、水压、水的流量、电动机的电流和电压等。应当注意的是，尽管这里所列出的参数已经相当多了，但是实际上仍然是不完整的。在某些场合下，人们还可能希望记录电动机转子的振动（而不是轴承的振动）以及轴承的油温。事实上，即便是对一个相当简单的机械设备，为了实现有效监控，人们也往往需要收集数量众多的参数信息。因此，从经济性角度来说，有必要做出更为明智的参数选择，使得待测参数个数得以减小到合适的水平。当然，做出这种选择往往需要我们对相关物理本质具有足够清晰的认识和理解。

在确定了所需监控的一组参数集之后，下一步需要选择恰当的数据记录方法，其中包括从定期抽样检查到连续监控表等记录手段，目前这些手段基本上都已经通过计算机处理了。尽管有些时候后一种手段的代价更为昂贵，但是应当注意的是，它要更为灵活一些，所提供的数据经过处理后能够帮助人们更好地认识设备运转过程的基本特征和机理。当然，这里显然也需要人们对设备运转过程的物理本质以及可能的故障形态等做出相应的分析判断。

下面考察对设备数据可能的分析方法，以及如何由此建立对设备运转状态的判断。很明显，设备数据中所体现出的任何一般趋势或者发生的某种突变，都意味着该设备以某种方式发生了变化，根据某些检查要求，该设备也就可能需要停机。实际上，要注意的是，所有的设备都会受到某些随机性的扰动，因此，一般需要采用统计性技术手段建立正确的分析结果，例如，确定何时将设备停机检查。

一般而言，对于状态监测系统往往需要考虑 3 个基本问题。

（1）是否发生了某种故障或问题？

（2）发生故障或出现问题的是什么？

（3）设备能够安全运转多长时间？

首先讨论第一个问题。一般来说，对于这个问题，通过对监控数据做纯粹的统计学分析就足以揭示出其中存在的发展趋势和变化情况了。在这个最基本的层面上，人们一般不需要了解设备内部运转过程的相关知识。例如，对于一个监控系统来说，只需要简单地绘制出轴承或其他位置处总的振动水平即可，而不需要检查短时内的变化情况。第 2 章中将详细讨论一些相关的数据分析方法。一般地，通过在设备转子运转一周过程中进行若干次数据测试与记录，就能够追踪转轴的轨迹，从而更深入地了解到设备的运转情况。在很多场合下，采用这些初步的数据测试就能够为我们提供一些指示信号，将其与已有数据记录直接进行对比，也就能明确设备是否发生了某种问题，这实际上也就回答了前面所提出的第一个问题。相比较而言，对于第二个问题来说，一般需要对设备具有相当程度的认识（往往需要大量经验的积累）或进行相当细致的理论分析，这两个方面还必须结合起来才能够正确回答这一问题。就第三个问题而言,也就是设备还能够正常运行多长时间这一点,目前仍然是相当困难的,可以说暂时还处于研究阶段。无论如何,为了实现有效的设备状态监测,深入理解和认识设备的运转过程是一个基本的必备条件。

在详细讨论设备数据的含义之前,首先针对设备行为评估中非常有用的一些参数做一个简要论述。

1.1.1 监控参数

1.1.1.1 振动

对于旋转类设备来说,振动是经常需要监控的参数,原因一般有两点:首先,振动量可以借助合适的仪器非常方便地加以测量;其次,振动往往能够全面反映出旋转设备的实际工作状态,这一点可能也是更为重要的。振动量的监控也有不利之处,即必须在进行大量数据处理之后才能够获得足够的、用于诊断的数据信息,当然,人们也已经提出了一些标准化的技术手段,使得这些数据处理的工作量得到了降低。总体来说,在基本的状态监控中,振动参数是非常有用的。

1.1.1.2 压力、流量和温度

在泵类设备中,压力和流量是主要的性能参数,因此,这些参数应作为重要的监控对象。由于它们不会像振动参数变化得那样快,因此,人们一般是对其进行定期检查。实际上,在压力数据中也会带有一些波动,而由于存在着显著的惯性效应,流量参数一般是不会随之发生明显变化的。在后面的第 6 章中,还将针对一个典型的离心泵讨论压力场对设备振动特性的直接影响。当然,那里的讨论是不全面的,感兴趣的读者可以参考 Childs 的工作[1]。这里需要强调的一点是,各种参数信息是相互关联着的,把它们综合起来将呈现出相当复杂的图景。从这幅复杂图景中建立全面的认识,正是一个设备状态诊断技术人员的重要工作内容。

1.1.1.3 电压和电流

电学量的测试也是构成前述复杂图景的一个重要部分。大量的机器设备是由电动机驱动的,因此,可以利用电学量测试获得关于设备综合性能的相关信息数据,它们是设备故障的一个很关键的指示器。在这一层面上,人们一般只需进行定期的检测即可。不过,通过对这些参数波动做进一步细致的分析,我们往往可以得到与电动机及其所驱动的设备部分相关的更多信息。

1.1.1.4 声发射

所谓的声发射(AE),从某种意义上来说就是很高频率的振动,不过这个定义并不能有效地反映出它与传统振动数据所存在着的一些重要不同之处。正如这个术语所体现的,对于声发射数据来说,工程技术人员主要监控的是当某些变化发生时(如裂纹形成与传播)材料所发出的声波能量。实际上,这里所涉及的高频波主要产生于零部件内部原子/分子键的破坏,而不是外部载荷的直接结果。最近这些年来,声发射监控已经作为过程监控器用于检测设备裂纹事件。多年来,这一技术主要面向结构完整性的监测,直到近期才用于旋转类机器设备场合中[2,3]。现有软/硬件技术的发展为声发射信号的频率成分分析提供了便利,并且也使得我们的理解变得更加深入。一般地,声发射信号的测量主要位于几百千赫(kHz)这一频段,这是因为对于现代设备来说,在这一频段才能较容易地获取和处理相应的数据,并给出人们所感兴趣的信息。现有研究中经常出现的一个错误理解是:这些频率是材料内部键的破坏所对应的基本特征,不过实际上并非如此,这些键所对应的频率往往要高好多个数量级。事实上,更为准确地说,键的破坏将产生一个非常短的脉冲,其中包含了较宽的频率成分,在这种波动传播过程中,物体内某些部分可能发生共振效应,进而呈现为主要成分。正因为如此,利用声发射信号谱我们就可以了解物体缺陷附近的特性。这也正是声发射技术的本质含义,它为我们提供了识别高度局域化现象的一个非常有力的技术手段。

1.1.2 缺陷的定位

有效利用状态监控和基于监控状态的设备维护涉及多个相互关联着的学科领域,它们构成了一个层次体系。如果将纯粹的统计学分析作为第一个层次,那么,在这个层次上可以通过对测量得到的数据进行统计分析,从而检测出设备状态的一些可能的基本变化。在第 2 章中将阐述与此相关的一些内在认识。应当指出的是,这种类型的分析一般不需要了解设备构造或工作过程的具体情况。这一点既是一个优点同时也是一个缺点,因为技术人员可以据此在不清楚实际物理过程的前提下确定出设备缺陷或变化是否发生,但是却不能获得缺陷的发生位置或特征等进一步的信息。

初看上去,缺陷的定位似乎是一种学术研究性工作,不过实际上并不是这样。对于大型设备,如汽轮发电机组,如果将设备维护工作集中到某些合适的部位,那么,往往可以节省很多的非生产时间。当然,为了能够有效地进行缺陷定位,一般需要人们对设备的设计和动力特性具备一定的知识。首要的就是了解设备固有频率(临界转速)和模态形状的情况。

这一方面的知识可以来自于工作经验、设备测试和(或)正确的数学模型,包括最为常用的有限元模型。在1.2节中将给出所需的这些模型的更多详细内容。应当强调的是,在这一阶段中,尽管对于某些简单设备来说状态监控过程可以不需要参考任何模型,但是利用这些模型却可以更好地完成工作,原因在于它们能够将外部测量数据与设备内部工作状态相互联系起来。

在建立了上述的模型之后,固有频率和模态形状的确定就是一个常规性的分析工作了,在很多书[4,5]中都已经做过讨论。模态形状信息往往能够为我们提供某些启发,如特定类型故障所处的主要位置等。当然,要想最终识别出故障的位置,还需要我们做一些进一步的分析工作。

1.1.3 故障的根本原因

关于故障的根本原因这一问题,贯穿了本书的所有章节,当然也体现在故障定位和振动信号的频率成分这些主题之中。在第4章和第5章中将介绍一些常见的设备故障与它们所导致的振动信号形式。基本上,故障的识别过程就是去识别出响应的模式并将其与故障类型进行匹配的过程,当然,更为重要的是,这一过程还可以视为一个对设备内部物理过程的深入认识过程。

人们可能会觉得这个识别过程可以很容易地以自动化方式实现,尽管这一方面已经有了一些进展,不过应当注意的是,对于复杂一些的设备来说,往往还需要相关专家人员的参与。近期,这一领域内的研究主要集中在两个方面,即相关模型的拓展研究和专家系统的研究,它们分别将在第6章和第8章进行介绍,而就比较复杂的设备而言,在可预见的将来仍然还不大可能出现全自动化的系统。

1.1.4 剩余寿命

故障定位和故障根本原因这些主题下都包含了一些相应的问题,与它们相比,设备剩余工作寿命的识别或确定这一点可以说是状态监控这一领域中的“圣杯”。这是一个极其复杂的主题,其中涉及了大量的学科领域。虽然在某些实例中,人们已经可以给出合理的剩余寿命预测,然而,在大多数场合中却必须高度依赖与设备相关的实际经验。例如,可以根据裂纹扩展速率建立剩余寿命预测,但是这将显著依赖于材料数据信息,某些情况下,这些数据存在着较大的误差。

1.2 数学模型

本书很多基本原理都是借助数学模型阐述的，这些数学模型中的一部分是解析形式表达的，而其他则是以数值形式给出的。这并不令人奇怪，因为在很多场合中设备相关人员可能没有精确的数据以构建这些模型，特别是精密间隙值这种情形更是如此，设备零部件是会逐渐发生磨损的，因此，这些间隙值也将发生改变。尽管如此，这并不能否定理论模型的作用和重要性，很多时候它们还会是重中之重。建立这些模型的目的是增强和拓展人们对设备的操作经验，从某种程度来说，实际的数值是第二位的，真正重要的是不同参数之间相互影响的程度，这种敏感性对于理解和认识设备的工作过程是极为有益的。这一观点可能会令部分读者感到惊讶，这也正是此处我们所要探讨的主题。虽然在本书中随处可见各种数学模型和数学计算（进而获得数值），然而，最基本的出发点仍然是建立对底层物理过程的理解，而不是精准的预测。模型构建是十分重要的，据此可以分析各种参数之间的相互依赖性，以及认识物理变化（或不确定性）是如何影响设备行为（测试值）的。尽管初步识别阶段一般可以借助纯统计学方法或经验方法进行，不过全面的故障诊断和定位总是需要我们建立某种形式的模型。实际上，从某种意义上来说，模型也只是表达系统运行方面的知识的一种手段而已。

当然，这种做法也并非总是合适的。对于设备中所包含的一些具有良好互换性的小零部件，更为合适的做法可以是在一般性检修期间将它们换下。然而，对于高投资类型的设备来说，替换显然是很难行得通的，此时，也就不可避免地需要借助故障诊断尽量缩短维护和检修时间了，因此，从测试数据中收集提炼尽可能多的信息也随之变得异常重要。

鉴于需要对设备的运转行为获得深入的认识，由此带来了另一个有趣的问题，即数据和信息之间的区别问题，后面我们将多次涉及这一点。这一区别将在第 7 章中进行定量讨论，主要针对的是基础对设备动力特性的影响，对于大型设备如汽轮发电机而言这种影响是尤为重要的。

就给定的设备来说，所有监控参数都是相互联系的，数学建模的目的之一就是阐明这些联系，从而帮助我们理解正常稳态下运行着的设备中所产生的波动变化情况。在某种程度上，所谓的稳态只是工程技术人员的一种假想，即设备以稳定速度（平均意义上）在稳定载荷下运行，不过实际上系统中总会存在着一些短时波动，对这些变化的正确理解往往能够使我们获得对设备工作过程更深刻的认识。后面将给出这一方面的实例，例如，第 4 章中所给出的汽轮发电机的工作过程；又如，第 5 章中所给出的泵系统内的齿轮箱振动问题，以及第 9 章中将详细讨论的一个实例。在很多情况中，借助目前的分析方法还难以做到全面认识各个变量之间的内在联系，主要原因是由于与设备参数相关的某些知识尚不够深入，如设备下方底土的特性。事实上，这方面已经有了非常多的统计性证据，例如，对于沿海电厂来说，潮汐状态就对设备的振动水平有着明显的影响。尽管人们已经认识到了这一相互作用的机理，然而，目前的建模技术尚难以实现此类效应的定量化预测。在这类情况中，人工神经网络往往能够给出其本质层面的描述，它主要依赖的是对测试数据的非线性曲线拟合。第 8 章中将给出此类研究的一些实例，虽然这些方法并不能说足够完善，但确实可以帮助我们去构建更为全面的模型。

现在再来关注 1.1 节提出的第二个问题，显然，此时诊断环节就是不可或缺的了，需要非常详尽的数据内容（至少需要进行数据分析），以及设备运行中所涉及的物理过程的输入情况。对于任何细致的分析而言，首先都要求获得信号的时间历程，这里主要指的是振动、压力或电压信号等，而温度变化一般是非常缓慢的。通常可以借助频域分析手段对这些信号进行分析处理，特别是考察它们与轴的转速之间的关联性。一般来说，这种关联性能够帮助我们发现问题的本性，这也是诊断环节中的第一个阶段。虽然对于一些小型设备人们一般不会去对各种故障做彻底的诊断分析，但是对于高投资型设备来说往往就是必需的了，如汽轮发电机就是如此。这些大型设备发生故障之后所导致的损失是非常大的，如可以达到每天 50 万英镑。正是由于这种高风险的存在，因此，以最短的时间修复故障并使之恢复工作就变得极为重要。显然，这也就意味着故障诊断和定位工作具有非常高的成本效益。在后续的章节中我们将会介绍这一重要工作中所涉及的多种技术方法。

1.1 节中的第三个问题与设备寿命相关，它要更为困难一些，目前仍然处于研究阶段。不过，通过细致的分析还是可以建立一些有用的寿命预测的，这显然可以带来非常高的经济效益，例如，据此可以推迟停机，以及设定合理的维护周期以完成必要的修复。

1.3 机械设备分类

旋转类机械设备所包含的种类十分繁多，因此，对其进行分类也显得较为困难一些。一般来说，转子质量可以跨越约 8 个数量级的范围，一些小型设备的转子可能只有若干克，而某些大型设备的转子质量则可达几十万千克。类似地，转子的转速范围也是非常宽的，典型的风力发电机的转速约为$\frac{1}{3}$r/s，而涡轮分子泵的转速可达 120000r/s，现代微型燃气轮机的转速甚至可以达到 1000000r/s以上。

不难看出，在上述这么宽广的参数变化范围内，要想对旋转类机械设备进行分类确实不是一件简单的事情。尽管如此，为了能够更好地阐述与设备振动信号分析处理相关的技术内容，这里我们仍然有必要进行相应的分类工作。对于此类设备而言，关键性的参数主要包括转子质量、轴承载荷、转子转速、轴承类型以及设备的功能等。

在带有水平转子的设备场合中，转子的质量是确定轴承载荷的决定性因素，实际上，它同时也就决定了应当选用何种类型的轴承。轴承类型的选择是设计工作中的一项极为重要的内容，尽管本书的读者可能是设备操作人员而非设计人员，但是仍然应当对各种主要的轴承类型的行为特性进行充分的了解，这也有利于更好地理解设备的振动特性。

1.3.1 轴承类型

最基本的轴承形式是一个简单的黄铜衬套，转轴从中穿过，并带有较小的气隙。它的优点在于结构简单和成本低廉，一般适合于小型或轻型设备。对于这类最简单的轴承类型来说，支撑作用主要依赖于转子转动通过流弹性效应所形成的升力，一些较为先进的产品还会采用压力空气来改善支撑作用。另外，还有一种设计方式，它在气隙中增加了柔性箔，当转子低速运转时由该附加层进行支撑，而当转子高速运转时则由所产生的流弹性力实现支撑作用。

在载荷比较大的场合中，人们往往采用滚动轴承这种类型。这些轴承的结构要复杂得多，能够实现较好的支撑性能，一般具有良好的刚度特性和较小的阻尼。如同其名称所指出的，这些轴承中带有若干个球状或柱状滚子，它们位于转子和定子之间，因此，所有接触表面上主要表现为滚动而不是滑动行为。滑动成分之所以比较小，主要原因在于润滑作用的存在，这些滚动体一般置入到一个保持架中，保持架的转速通常接近于转子转速的 1/2。应当注意的是，这种相对复杂的结构形式往往会产生多种频率成分，其中包括保持架频率、滚珠自转频率以及轴频等。这些频率成分的重要性一般随着轴承状态的变化而变化。一些大型的设备往往就是采用这种滚动轴承进行支撑的，尤其是低速大型设备，如风力发电机等。

在转速比较高的场合中，大多数重型设备一般是通过含油滑动轴承来提供支撑作用的。在这类轴承类型中，转子和定子是通过油膜分隔开的。动压滑动轴承是应用最为广泛的一种，转轴转动过程中可以产生黏性力，进而形成油膜压力。尽管要比滚动轴承情况显得简单得多，然而，要注意的是，滑动轴承中的油膜行为是与转子速度相关的，同时也是非线性的。对于平面轴承来说，还有可能产生次同步不稳定现象。当然，如果选择合适的、经过改良的轴承形式（引入倾斜垫），那么，也是可以克服这一问题的。在后续章节中，将对含油滑动轴承涉及的相关现象进行详细的探讨，这里不再赘述。应当指出的是，滑动轴承之所以得到广泛应用，主要原因在于它们具有很高的承载能力，此外，能够增强系统的阻尼水平也是一个有利的特征，例如，在大型汽轮发电机场合中，油膜所提供的阻尼大约可占系统总阻尼的99%。

上面所提及的轴承类型代表了最为主流的形式，在一些特定类型的应用领域中还有一些其他形式的轴承，目前也逐渐受到认可和应用。静压轴承就是一种特殊形式，它也属于油膜轴承，不过其压力一般由外部的泵提供，而不是源自于转子的转动过程。由于增加了外部的泵，因而，明显增大了系统的复杂性。不过，这一方式也有优点，它为我们控制轴承的动特性提供了更为有利的条件。与动压轴承相比，此类轴承形式还能够更好地适应低速运转的设备。

目前，机械设备的动态行为控制是一个非常活跃的研究领域，静压轴承是一个具有良好潜力的方向。除此之外，人们还对主动磁力轴承（AMB）产生了浓厚的兴趣。在此类轴承中，转子是悬浮在磁场中的，磁场强度一般通过反馈回路进行控制，其中需要对转轴位移进行测量进而作为控制参量。显然，转子和轴承以及反馈回路这三者也就构成了一个整体，分析中应当将它们作为一个完整的系统进行处理。主动磁力轴承的潜力非常巨大，并且成本并不高昂。它属于无接触形式的支撑，不会形成流体剪切（除了空气），摩擦几乎为零，正因为如此，此类轴承特别适合于极高转速的应用场合。通过控制算法的调整，人们还可以引入合适的阻尼，这也是主动磁力轴承的一个显著优势，即可以引入自适应的作用力。此外，由于不需要提供润滑油，因此，这种轴承还特别适合于偏远地区或场合的应用，这是其另一个重要的优点。事实上，这一优点还促进了近期一些研究领域的发展，如全电动飞机和船舶的研究，不过这些研究距离成熟还有较长的路要走。应当指出的是，虽然目前在气体管路的大型压缩机场合中已有一些应用，不过一般认为承载能力有限是该轴承类型的主要缺点。

1.3.2 转子

在过去的半个世纪中，柔性转子的研究是最为引人关注的。事实上，确定一个转子是刚性的还是柔性的，这一点是非常重要的，原因在于它直接影响到设备的行为，并且也会直接关系到振动信号的评估和分析。在第二次世界大战以前，所有的转子分析都假定为刚性的,后来人们逐渐认识到柔性转子分析的重要性。目前,除了很多大型交流发电机设备都采用了柔性转子模型进行分析以外,越来越多的小型设备的分析中也逐渐采用了这一模型。在第4章中将进一步讨论刚性转子与柔性转子的主要区别。从某些方面来说,这种区别是不太显著的,不过它们可能导致设备行为上的某些明显差异,这主要源自于所产生的高阶模式以及转动部件中的应力变化。

1.4 关于监控方案

这里来讨论对于给定的应用场合如何确定合适的监控系统类型。首先要考虑的问题是所关心的设备具有多大的价值,如果相关设备或零部件的价值较低,很容易更换,那么,就没有必要去安装一套复杂而昂贵的监控系统,而只需检测早期的故障并保证备用零部件可用即可。根据前面提及的分段过程,第一阶段的工作主要在于利用统计学方法进行分析,一般来说,这一步比较简单,通常只需要求振动水平必须保持在某个特定的阈值之下即可。稍微复杂一些的系统则可能需要考虑转轴轨迹的变化,这一问题将在第2章中进行讨论。

设计一个合适的监控方案是一件比较复杂的工作,它取决于大量的工作参数以及可能出现的多种故障状态。在确定了需要监控的设备之后,接下来需要考虑的一个重要问题就是监控的频率,这通常决定了所需提供的主要资源。为了能够做出合理的设计,人们还必须考虑所关心的设备可能出现的故障形式,其中尤其需要关注的还包括故障从萌发发展到对设备的正常工作或结构健康产生威胁所跨越的时间尺度。监控过程的时间间隔应当小于故障的发展时间,否则,可能导致在这一间断性监控过程中遗漏掉某些具有破坏性的故障。从另一方面来看,监控过程的时间间隔如果过小,那么,往往会产生过多的数据,进而需要更多的人力和物力记录、分析和处理,因而也是不必要的。如何构造出一个合适的监控系统,目前已经形成了一种方法体系,一般称为失效模式和影响分析(FMEA)。有关这一种方法体系的讨论已经超出了本书的范畴,很多文献中已经进行过较为详尽的介绍,因而,这里不再做进一步阐述,感兴趣的读者可以参阅相关资料,如文献[4]。

对于缓慢发展的故障形式和某些故障的组合形式,每天甚至每周一次的间隔性检测一般就足够了。这种情况下得到的数据可以由人员记录下来,例如,可以借助手持式检测仪检测并保存数据,一般不需要安装较为昂贵的计算机系统来进行。实际上,在监控系统的设计中首要考虑的就是成本效益,当然,精确地评估这一点也并非易事。

对于某些发展过程比较迅速的设备故障来说,往往就需要采用自动化的监测过程了。不过,应当指出的是,这种方式将会相应地增加成本,其中除了数据收集需要付出成本,对这些数据的分析处理也会带来不可忽视的成本支出(资源消耗)。

对于那些价值非常大的设备来说,情况又有所不同了。这种情况下,简单地替换掉某个设备或零部件一般是不可行的,监控系统必须进行故障诊断工作(至少完成其中的一部分),从而为人们进行维修策略的优化以及最小化所谓的停工时间提供帮助。这种诊断功能不可避免地需要对信号中的频率成分进行分析,因此就必须收集和记录大量的数据,如转子每转一周需要记录若干次(事实上,这是由香农采样定理决定的,将在第 2 章中介绍)。很显然,这种快速的采样就必须借助计算机系统完成,同时,对于这么大量的数据,还必须借助合适的方法从中提取出有意义的信息,这样才能有效地对设备运转提供必要的支持。当然,这里也需要确定哪些参数需要进行连续不断的检测或者周期性的检测,不过我们不再继续讨论。

很明显,针对设备的工作过程去构建一个准确的模型是一项不太切合实际的工作(尽管后面的章节中也确实介绍了近年来这一方面的一些重要进展)。如同很多其他的技术领域那样,当一项工作受到有限边际效益的制约时,其回报往往会降低。因此,对于任何监控系统而言,最为合适的做法是对比较现实一些的目标进行检测。

为了能够对设备运行提供有益的帮助,监控系统应当给出故障萌发时的全部数据,然而,这就意味着数据量将会变得非常庞大,进而有必要设计相应的自动化系统对原始数据进行初步的过滤。目前,直接进行自动化诊断有点超出了现有的能力,因此,更为实际的功能应当是向工程师(即专家)提示可能存在的问题。

在本书的编写过程中,已经尽量减少了数学分析方面的内容。由于本书的主旨是对设备行为做深刻的理解,因此,一些数学分析是不可避免的,不过这些内容基本上只涉及牛顿定律的表达式以及一些傅里叶分析方面的知识。虽然在大多数系统中都存在着非线性行为,但是在诸多情形中它们是相对比较微弱的。实际上,这些非线性的效应体现常常是系统发生改变的一个关键性线索。在本书所有的讨论中,数学方面的细节是次要的,核心方面是各种现象的物理内涵。所有理论或数值模型都是为了将所观测到的行为与设备内部的过程有机联系起来。也可以理解为,这些模型实际上是将数据转换成了相应的信息,这里不妨对此做些解释。例如,如果某个操作人员读取到了某个振动幅值和相位,这些数据自身所反映的信息一般是难以直接观察到的,但是我们可以借助多种方法对它们进行处理,最基本的方法可能就是构造出数据的时间历程,其时间段取决于故障(或现象)的发展过程。于是,问题也就转换为将设备行为的变化与状态的某些变化关联起来。显然,当有了足够的数据之后,这一问题相对就要容易一些了。

监控得到的设备行为与设备内部的过程之间往往具有复杂的关系,因此,认识和理解这种联系一般需要利用到所有可获得的信息。很明显,测量得到的数据中包含了相关的信息,但这并不是说这些数据都是绝对正确的。实际上,这些数据中不可避免地会掺杂一些噪声,可能还会带有一些系统误差信号,不过它们仍然携带了一些有用的信息。类似地,一台设备的模型,无论是解析的还是数值的,它都能够反映出实际设备的一些机理,虽然其中会包含某些局限性,但是如果正确地加以运用,那么,仍然可以据此获得深入的认识。在第 7 章中将讨论如何引入并分析基础效应,其中就利用了这二者的“混合”方法。

对于这一领域来说,目前的认识和理解还远不够深入与彻底,在今后的若干年中一定会出现一些重要的进展。近年来,人们已经构建出一些具有合理精度的理论模型,它们可以反映实际设备的动力学行为。这一工作一方面来自于人们对相关问题的认识在不断加深,另一方面则来自于计算技术的发展。当前,设备动力学行为的主要特征已经可以通过模型来体现,随着识别技术的进一步发展,人们也逐渐能够进一步认识到同种设备之间所存在的更为细微的差别。这一点是相当重要的,它使得我们可以更充分地利用设备带载运行下的数据。事实上,多年来,人们一直处于一种窘境之中,即很多设备操作人员往往知晓设备带载运行时的众多数据,然而,由于缺乏足够的识别能力,他们对这些数据中所包含的信息内容却知之不多,只能发现一些显而易见的设备变化。此外,近年来,人们对于设备变化中较为重要的一种——设备之间的交互行为——的认识较之以往也有了更大的进步。

1.5 全书概览

在旋转类设备的监控与诊断问题中,人们需要收集大量的参数数据,其中振动数据是较为常见的一类。由于振动数据变化得非常快,因此,对于这些数据也就产生了一个如何整理的问题。这并不是一个简单的工作,不同的整理形式将会呈现出设备行为的不同特征,因此,经常需要考虑多种不同的整理形式以获得更为全面的认识。在第 2 章中,将讨论关于振动现象的多种数据整理形式,并阐明如何利用它们反映出设备行为特征的不同方面。

第 3 章将讨论设备建模的一些基本知识。在分析了理论模型的必要性之后，这一章将对有限元方法作一概述。实际上，最简单的有限元方法在旋转类设备的分析中也正是最为重要的一个工具。随后，将对数据获取的一些可行途径进行分析介绍，这与第 2 章所给出的方法稍有不同，区别在于信息的范围是不同的。在这一章的最后，还将讨论如何借助模态形状和摄动理论加深对模型的理解与认识。

第 4 章和第 5 章将对一些非常常见的旋转类设备的故障做广泛的讨论。尽管在一本书中难以覆盖所有情形，不过本书所讨论的这些都是具有代表性的。这些讨论基于一个基本观点是：如果不清楚故障可能的形态，那么对其进行故障诊断（以外部参数形式）也就是不可进行的。应当注意的是，这一点是区分检测和诊断的主要特征。对于我们所说的监控的第一阶段，即故障检测阶段，在不具备任何深入认识的基础上也是能够做出判断的，而且经常也是必需的。这种简单的系统通常可以建立在统计模型基础上，甚至可以只是一些阈值标准即可，由此我们可以判断出是否需要将设备停工或者降低负载。与此不同的是，正如前面所讨论过的，为了进一步进行故障诊断，就必须对相关现象的机理有所认识，同时也需要借助某些形式的模型来进行。第 4 章将主要讨论转子的不平衡问题，这是旋转机械中最为常见的一种故障形态。在这一章中，首先详细介绍了刚性转子和柔性转子的区别，它们将会导致很多非常重要的结果，并且还应根据不同的转子类型选择合适的不平衡校正方法。在概述转子平衡的主要方法之后，这一章还将对转子弯曲进行讨论。通过第 4 章的分析，可以清晰地认识到转子弯曲和不平衡现象，不至于因为它们都会导致同步振动现象而混淆。

在第 5 章中将继续介绍设备故障问题，主要讨论不对中、转子裂纹、扭转以及转子碰摩等内容。这些内容是较为复杂的，很多方面目前仍在研究之中。不过，这些问题都是设备运行中比较重要的实际问题，同时也是很多研究人员比较感兴趣的主题。值得指出的是，在旋转类机械中不对中是仅次于不平衡的一个主要问题，目前，人们对与此相关的现象仍然缺乏彻底的认识和理解。

第 6 章主要阐述的是多种旋转类机械中间隙对设备行为的影响。在这些设备中，通常都存在着很多间隙，其中填充了工作介质或润滑液。这一章将以大型离心泵这个典型案例详细介绍上述间隙对设备动力学特性的影响，其中一个重要问题是内部的颈圈可以起到辅助轴承的作用，同时也会对内压和流体分布产生显著的影响，进而关系到设备的综合性能。此外，涡轮机叶尖处的间隙还可能产生所谓的 Alford 力。事实上，在环状间隙中轴的行为是相当复杂的，这一章也将对相关的一些现象以及由此导致的设备故障加以阐述。该章的最后还对齿轮的动力学问题做了介绍，对于这个问题，间隙和磨损模式存在着非常重要的影响，因而，在确定系统性能和动力学特征时是不可忽视的。

第 7 章与其他章有所不同,主要介绍了将支撑结构动力学特性考虑进来之后所对应的一些近期研究工作。对于大型设备来说,如涡轮交流发电机,支撑结构对于设备的动力特性具有非常显著的影响,一些传统的建模方法对于此类设备来说是不可行的,它们会受到大量因素的制约,其原因将在本章中进行介绍。实际上,此类大型设备往往安装在大而复杂的基础结构上,后者自身的动力特性显然对设备的总体性能有着实质性的影响,这正是迄今为止该类设备分析之所以比较困难的重要原因。从理论上来说,任何支撑结构都会产生影响,但是对于大型设备而言是有所不同的,因为我们不可能将它们的支撑刚度设计得足够大,以减小这种影响。不仅如此,由于支撑结构一般是较为复杂的,因而,仅仅依靠有限元方法去建立相应的影响模型往往也是不够充分甚至不切实际的。在过去的几十年中,很多研究人员都借助有限元方法对此进行了尝试,如 Lees 和 Simpson[6]、Pons[7]等人。所得到的一个总体结论是,虽然这些模型能够给出一般性的趋势或规律,并且在设计阶段也确实能够提供一些帮助(针对某些方面的问题),然而,在设备运行过程中以此进行监控和诊断却是不够准确的。这是因为每个支撑结构往往都包含了大量的复杂的连接节点,尽管与之相关的数据是可知的,然而,对其进行测试往往却是非常困难的,当然,也有一些例外的情形。此外,对于一些同种设备而言,往往还存在着相当不同的动力状态,这也是一个问题。第 7 章中将综述这一方面的近期研究进展,并指出如何借助测试数据改进或更新动力学模型。这些研究进展将为今后的研究提供借鉴和参考,在此基础上,可以进一步改进模型以考察同种设备的动力状态的变化,而当前的方法只能以粗略的方式利用与之相关的数据。

在第 8 章中将考察一些现代数据处理方法,其中包括人工神经网络(ANN)和核密度估计等。这两种方法可以建立数据之间的关联性,都可以视为非线性拟合方法。这一章还将讨论一些用于快变信号处理的方法,它们是时频分析领域中的一个组成部分,尽管其中的一些目前仍然处于研究阶段,不过相信它们的应用价值也将在后续的实践工作中逐步得以体现。除了基于模型的方法以外,本章也会讨论其他一些方法,如核密度估计、小波变换、希尔伯特 - 黄变换以及专家系统等。应当强调的是,本章内容的重点是混合型(包含了确定性和随机性)分析方法,借助这一方法人们可以更为深入地认识和理解设备运行过程。实际上,可以说,这也正是本书的一个不变的主题,即利用可获得的数据加深对设备过程的理解。不难看出,通过测试得到设备数据和通过理论(或数值)模型进行预测是两个非常重要的方面,我们正是在这一基础之上实现这一目标的。

第 9 章主要介绍了一些实例,它们来自于作者的以往经历以及一些相关文献。所给出的 5 个实例分析涉及了一系列设备故障问题,大多数情况下,需要同时使用多种技术手段获得令人满意的解决方案，事实上，很多实际问题也基本如此，并且在求解过程中还需要一定的技巧。

与其他章相比，第 10 章在逻辑性上要更强一些。首先对数据分析和模型改进方面的一些新技术进行了概要介绍。实际上，随着计算能力的不断提高，当前和今后一段时间内数据分析技术也将逐步得到改进。虽然我们并不十分清楚在未来的 10 年中监控技术将会变成什么样，不过人们已经可以预见到将来的监控方案会变得更为可行也更具经济性。当状态检测、诊断以及控制方面的发展达到鼎盛阶段时，将它们组合起来人们便可以构建出所谓的智能机器了，也即能够对故障萌发阶段进行检测和诊断，进而施加控制校正力进行补偿或减小故障影响的设备。目前，在这一领域中，人们已经进行了多方面的研究，虽然距离实用阶段还较远，不过相关的进展却十分迅速。这一章中也将对这些进展进行介绍。

对于旋转类机械来说，在上述这些研究尚未成熟之前，故障监控和诊断仍然是很多重要工业领域中至关重要的工作内容。我们希望本书所阐述的相关技术和故障描述能够对这一工作提供有益的参考。

1.6 软件

前面已经指出，在本书全部内容中最为重要的是对设备内部过程的本质理解，这一点是始终不变的，为此，需要借助一些数学模型的帮助。在某些情况中，这种数学模型可以是解析形式的，不过，更多情况下，由于实际设备的复杂性，往往需要借助软件建立数值模型。本书主要采用了 Friswell 等人[4]所研发的软件工具箱，可以在 www. rotordynamics. info 上免费获取。这组程序附带了一套用户界面，并且还给出了一些常见的功能代码。阅读本书不需要借助其他的工具箱，熟悉 MATLAB 6 以上版本的读者可以很容易地运行这些代码。当然，借助免费的 SCILAB 软件包也是可以的。通过数值模型，可以很轻松地改变某些参数，进而分析由此导致的各种不同情况。建议读者利用上述软件进行分析，从而增强学习体验。

参 考 文 献

[1] Childs, D., 1993, *Turbomachinery Rotordynamics: Phenomena, Modeling and Analysis*, Wiley, New York.

[2] Price, E. D., Lees, A. W. and Friswell, M. I., 2005, Detection of severe sliding and pitting fatigue wear regimes through the use of broadband acoustic emission, *Proceedings of the Institution of Mechanical Engineers, Part J, Journal of Engineering Tribology*, 219(J2), 85 – 98.

[3] Sikorska, J. Z. and Mba, D., 2008, Challenges and obstacles in the application of acoustic emission to

process machinery, *Proceedings of the Institution of Mechanical Engineers, Part E, Journal of Process Engineering*, 222, 1 – 19.

[4] Friswell, M. I., Penny, J. E. T., Garvey, S. D. and Lees, A. W., 2010, *Dynamics of Rotating Machines*, Cambridge University Press, New York.

[5] Inman, D. J., 2008, *Engineering Vibration*, 3rd edn., Prentice – Hall, Upper Saddle River, NJ.

[6] Lees, A. W. and Simpson, I. C., 1983, Dynamics of turbo – alternator foundations, in *Institution of Mechanical Engineers Conference*, London, U. K., Paper C6/83.

[7] Pons, A., 1986, Experimental and numerical analysis on a large nuclear steam turbogenerator, in *IFToMM Conference 'Rotordynamics'*, Tokyo, Japan.

第 2 章　数据表示

2.1　引言

对于旋转类机械设备，分析解决故障问题或者只是简单地进行性能监控，一般包括了两个互为补充的方面：第一个方面是获得设备数据；第二个方面是解读这些数据。这种解读要么建立在经验基础上，要么借助一定形式的理论模型。无论是哪种情形，工程技术人员都是以隐式或显式的方式将这些测试数据与某个模型（或者他们对设备工作过程的理解）进行匹配，从而推断出所关心的设备的内部参数。

这一章主要针对旋转类机械设备介绍一些测试数据的基本形式。从某种程度上看，这有点类似于结构动力学的研究，不过这里涉及了一个比较重要而且复杂的特点，即系统和激励特性都会随着轴的转速发生改变。显然，这一点也是后续章节内容的一个基本前提。

就动力学行为分析而言，对于结构和旋转类设备，存在着两个最基本的区别。首先，旋转轴的动力特性是依赖于转速的，主要原因在于存在着陀螺项以及轴承特性的影响；其次，由于轴的旋转提供了一个势能源，因而，在一定条件下将会导致振动的发生，这也是不稳定现象的一个形成条件。由于本章内容与这两个方面的问题有一定关联，因而，需要对此做一些简要介绍，更详尽的讨论将在第 4 章和第 5 章中给出。

2.2　数据表示格式

关于系统的数学分析方面的内容将在第 3 章进行讨论，这里我们只简要地提一下动力学方程的形式。任何旋转类设备都可以通过下述形式的方程进行描述，即

$$Kx + C\dot{x} + G\Omega\dot{x} + M\dot{x} = F(t) \tag{2.1}$$

式中：Ω 代表的是轴的转速；上圆点表示对时间的导数。

详细讨论这一方程中的各个项是比较繁杂的，这里我们主要关注的是该方程的结构。在方程的左边，除了刚度项 K、阻尼项 C 和质量项 M 以外，还出现了

一个陀螺项 G。这个项将在第 3 章中再做详细的分析,这里仅指出一个基本要点,即这一项来源于角动量守恒性,而由此得到的一个重要结论是转子的动力学行为将依赖于轴的转速。

除了陀螺效应之外,轴承特性也常常会随着轴的转速变化而发生较大的改变。考虑到转子的固有频率和模态形状都将随转速发生变化,因而,设备振动数据的表示要比非旋转类结构复杂得多。

对于典型的旋转机械来说,一般有两种类型的测试数据:稳态运行过程的数据;瞬态运行过程的数据(升速和降速,转速图)。在很多类型的设备场合中,第一种数据往往是比较充分的,因此,可以构成状态监控系统的一个重要部分,不过瞬态数据中往往携带了丰富的信息,提取这些信息需要付出一定的代价,一般体现在分析难度上。

2.2.1 时间和频率

旋转类设备的动力学特性不仅是转速的函数,而且常常还与其他一些参数相关,如压力或负载。我们首先考虑它与转速之间的关系,这几乎总是最关键的一个参数。事实上,设备动力学特性与转速相关也正是旋转类机械与其他一般性结构的重要区别。这种相关性可能来源于轴承的动特性、密封特性以及陀螺力矩效应等。读者可以发现,对于一些系统来说,陀螺项所产生的影响可能是比较小的,例如,图 2.1 所示的转子质量位于两个轴承之间的系统,而对于带有较大悬伸质量的情况来说(如带有风扇),如图 2.2 所示,陀螺项则可能会产生非常显著的影响甚至是主导项。

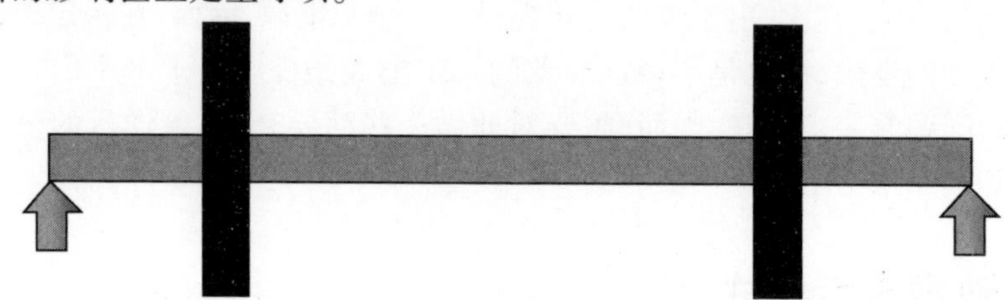

图 2.1　基本的转子系统

在以前,振动数据是记录在磁带上然后用于后续分析。从本质上来说,一些现代技术也是类似的过程,它们直接将数据进行编码并存储在光碟或其他介质内。不过,需要注意的是,任何数据编码过程都应考虑这些数据的格式。为了能够充分地刻画设备的行为,必须选择合适的采样速率,一般要考虑到所期望的输出质量以及混叠、泄漏等问题(可参阅 Bossley 等人的文献[1])。一般而言,可以有两种可行的选择策略。第一种是选择尽可能快的采样速率,然后重新取样

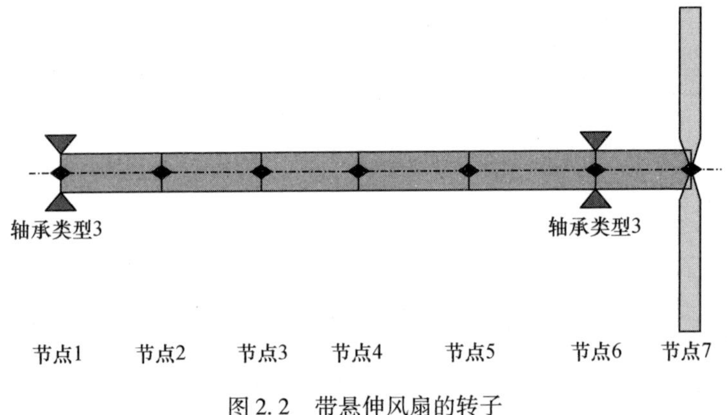

图 2.2　带悬伸风扇的转子

以进行评价分析;第二种可能要更为合适一些,它选择的采样速率是与轴的转速相关联的,轴每转一周进行很多次的采集。这种策略能够自动消除很多研究中经常讨论的泄漏问题。

采样得到的振动数据一般是一个按时间顺序的记录,有的时候这些数据自身就构成了确定设备状态的核心要素。然而,更多的时候人们主要关心的还是这些时间记录的谱成分,因为据此可以将载荷与响应频率联系起来。一般而言,需要借助离散傅里叶变换(DFT)技术,它实际上是对傅里叶变换进行数字化处理。当给定了一组等时间间隔的测试数据 x_r之后,根据离散傅里叶变换即可得到对应的频谱 X_k,即

$$X_k = \sum_{r=0}^{n-1} x_r e^{j2\pi kr/n}, k = 0,1,2,\cdots,n-1 \tag{2.2}$$

反之,也可由频谱得到时域信号,即

$$x_r = \frac{1}{n}\sum_{k=0}^{n-1} X_k e^{j2\pi kr/n}, r = 0,1,2,\cdots,n-1 \tag{2.3}$$

上面这两个关系式与标准傅里叶变换对(针对连续系统)是相似的,后者形式为

$$x(t) = \frac{1}{2\pi}\int_{-\infty}^{\infty} X(\omega)e^{j\omega t}d\omega \tag{2.4}$$

$$X(\omega) = \int_{-\infty}^{\infty} x(t)e^{-j\omega t}dt \tag{2.5}$$

不难看出,离散傅里叶变换的计算过程中包含了 n^2次加法运算。Cooley 和 Tukey[2] 曾经提出了速度更快的算法,即快速傅里叶变换(FFT)。这种算法将加法运算减少到了$(n/2)\log_2 n$ 次。对于较大的 n 值,这种运算量的降低是相当可

观的,因而,该算法也得到了人们的普遍认可。

快速傅里叶变换方法以及在此基础上的一些改进算法,目前已经成为振动分析和信号处理领域的重要基础。对于旋转类机械场合,可以借助这一算法得到相关数据的频域描述,进而能够清晰地认识到其中的各种成分及其关联性。

2.2.2 瀑布图

在结构分析过程中,通常都会给出振动谱,这一般是通过对振动信号的快速傅里叶变换得到的,它使得我们对结构和激励力有了更为深入的认识。这一过程也同样适用于旋转类机械设备的分析,只是存在着一个重要的区别,即激励力和结构特性都会受到轴的转速影响,因而,相关的频谱也必须针对每一种转速给出。后面将对由此带来的困难进行讨论,这里我们要指出的是这种情况下得到的结果就是所谓的瀑布图,图 2.3 给出了一个示例。

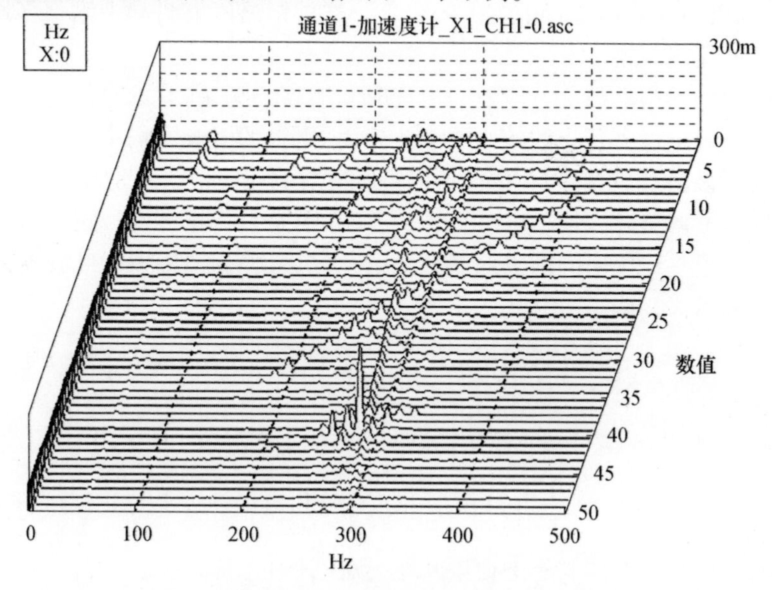

图 2.3　瀑布图示例(经机械工程师学会许可使用,源自 A. W. Lees 等人的论文:Mech. Syst. Signal Process,2009,23(6):1884)

在图 2.3 中,标有“数值”的坐标轴可以是转子速度或时间,也可以是其他的参数,如负载。虽然这个瀑布图显得比较粗略,但是它可以帮助我们了解系统动力特性的全貌。在很多情况下,人们可以由此进入更为深入的研究。上面这个瀑布图中的数据来源于 Swansea 大学的一个大型实验设备(图 2.4),从中可以观察到一些有趣的特征。事实上,这幅简单的图像体现了两个明显的特征。第一个特征是:除了主对角线所显示的同步激励(来自于设备的不平衡)之外,还存在着大量其他的曲线，它们代表了那些与轴的转速对应的谐波激励成分。这些谐波激励成分是由系统中的非线性因素导致的，一般可归因于电机和轴之间的柔性连接效应，也是人们所不期望出现的。这种连接一般是由单膜片类型的联轴器实现的，效果并不理想。根据这个瀑布图可以认识到，如果将联轴器改成双膜片类型的，那么，其中的谐波激励成分将会显著减小。总之，很多设备中不可避免地会存在着一些非线性源，在利用某些模型对系统进行分析时应当首先认识这些非线性的影响。

图 2.4　Swansea 大学的一个大型实验设备（经机械工程师学会许可使用，源自 A. W. Lees 等人的论文：Mech. Syst. Signal Process，2009，23（6）：1884）

在上面这幅瀑布图中，另外一个有趣的特征是在 300Hz 附近存在着近乎垂直的峰值线。当轴的转速降低时，该频率也随之降低，因而，可能与转子的反向涡动模式有关。相应的前向模式则随着转速缓慢增加（也是从 300Hz 附近开始），不过图中体现得不是特别清晰。这种激励与轴的转速没有多大关系，一般源自支撑结构中的共振行为。对于实际的发电设备而言，这反映了支撑结构对设备振动特性具有重要的影响。理论上来说，可以对支撑基础进行直接建模，不过困难在于怎样得到合适的参数数据，因为每种基础构件都有各自的特性。此外，在该瀑布图中的较低频段，还可以观察到一个共振现象（48Hz 处），它对应于系统的临界转速，基本上不随轴的转速发生改变。

对于瀑布图来说，细节并不是特别重要，关键之处在于可以从中观察到很多有用的信息。除了上面这个由单通道数据得到的瀑布图以外，为了获得更多的信息，还可以绘制出其他通道数据对应的瀑布图。第 7 章中将讨论这一方面的近期研究工作,感兴趣的读者也可以参阅近期的一篇综述文章[3]。

2.2.3 散点图(或地毯图)

前面的瀑布图给出的是转速在一定范围内变化时系统行为特征的概貌,与此相比,所谓的散点图则为我们提供了另一个有用的工具,据此可以观察转速一定的条件下系统带载运行数据。对于振动监控而言,其中的一个重要部分就是要检测分析设备运行状态下的振动数据,一般是在某个不变的转速下(如额定转速)进行的。尽管由此得到的数据中可能只包含了较少的信息,不过由于它们反映了典型工况,因此,也能比较方便地获得大量的数据。应当指出的是,获得这些数据是一个方面,更重要的是从中提取出有用的信息。

在进一步讨论之前,我们先来考虑这样一个问题,即为什么当转速一定时振动特性会随着时间发生变化? 显然,这一问题的答案是依赖于所分析的具体设备类型的,这里我们仅以大型涡轮发电机为例加以说明。图 2.5 给出了低压透平前轴承上的振动幅值变化情况,从中可以看出数据的变化还是较为明显的。

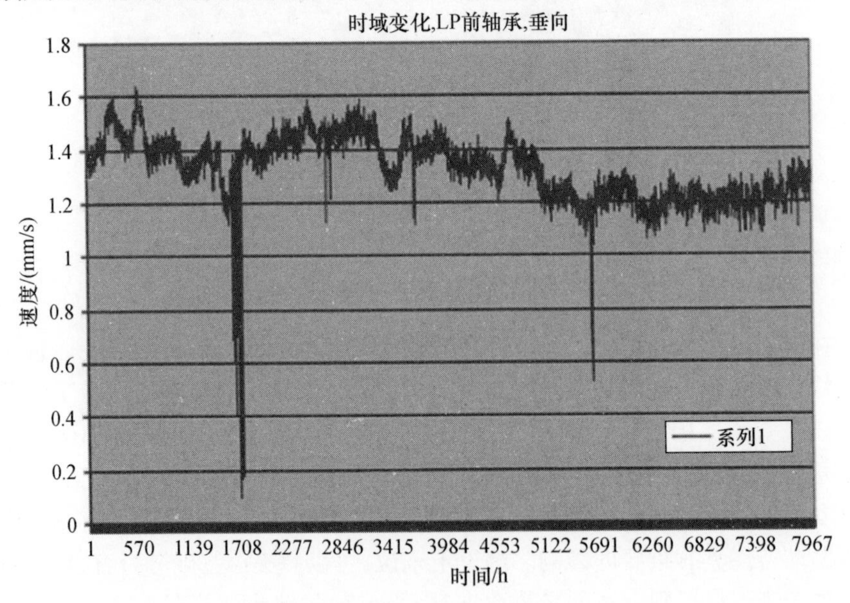

图 2.5 长时间段内的轴承振动

这幅图中的振速幅值是针对一个运行周期(约 11 天)以 2min 时间间隔测量得到的。在这个运行周期中的绝大部分时间内,设备主要以 3000r/min 的额定转速工作。虽然这是一种“稳态运行”工况,但是从图中仍可发现振动幅值会出现较大的变化,由此产生了如下两个问题。

（1）从这幅图中是否能够得到一些内在认识？

（2）这些数据是否能够用于状态监控？

很明显，问题(2)的答案应当是肯定的，事实上，如果振动参数发生了显著的改变，那么，我们就必须去分析背后的原因。由此我们应当换一种更为恰当的提法，即"振动水平发生多大的改变可以视为是显著的？"

下面先来讨论问题(1)，实际上就是指这些变化为什么会出现。这一原因是比较复杂的，很多具体细节目前仍在研究之中。一般而言，能够影响到此类设备的因素包括如下几个方面。

（1）环境温度。

（2）冷凝器中的水位。

（3）蒸汽温度。

（4）蒸汽压力。

（5）电力供应的变化。

（6）无功功率的变化。

（7）转子和定子的冷却情况。

（8）转子电流设置。

当然，还会包含更多一些方面，对于图中给出的每个数据点来说，需要记录54个伪静态参数。例如，对于沿海电站，人们已经观测到潮汐状态对设备的动力行为是有一定影响的，毫无疑问，它是通过改变地下水位起作用的。这些参数并非同等重要，后面将会介绍确定各参数重要性的方法。对于其他类型的设备来说，影响因素可能有所不同，不过在额定工况下都会对设备行为产生各自不同的影响。如果将这些数据以实部和虚部的方式绘制，那么，就可以得到另一种图像，如图2.6所示，一般称为散点图或地毯图。以Argand图形式将每2min测得的振动速度描述出来，实际上就是分别给出了幅值和相位。应当注意，理想情况下对于恒定的运行状态，所有的点一定是聚集的，由于存在波动，因此，会表现出一定的分散。如果这样，问题也就转变为评估这种分散是否处于正常范围内。

运行过程的时域数据可以在两个正交方向上进行表达，同步项的实部和虚部也可以这样给出，不过必要性不大。上面这些简单的图像为我们提供了较长时间内数据变化的总体情况。

就设备建模研究的发展现状来看，目前尚不能足够准确地考察各种相互作用的机理，当然，人们也一直期待这一方面能有所进展。目前，人们常常借助统计学方法对工况下的测试数据进行分析，以获得一些深入的认识。散点图就是这样一种方法，它能反映出一些有趣的特征，后面我们通过一个仿真实例讨论其一般特性。

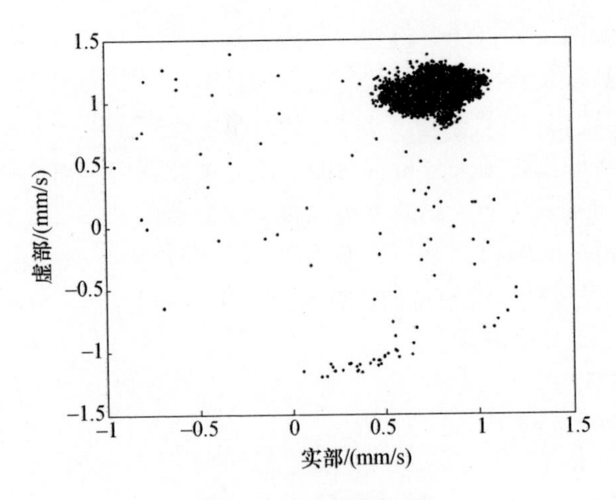

图 2.6　典型的散点图

虽然散点图比较简单，然而，它却具有一个优点，即可以给出振动信号的整体信息，不过信息解读稍微有点复杂些。不妨考虑图 2.6 所示的数据，它们来源于真实的涡轮机，可以看出，绝大多数的数据点都聚集在图中一个较小区域内。由此就产生了两个问题：哪些散布的点(如果有)代表了比较重要的设备漂移问题；数据点的分散达到何种程度才是可接受的。下面将借助统计学方法进行分析。

如图 2.7 所示，其中给出的是利用高斯随机数生成的仿真数据，我们利用它来阐述一些分析方法。一点也不奇怪，图中没有出现明显的结构性。我们可以直接绘制两个圆，它们相对于均值的标准偏差分别为 1 和 3。利用这两个圆可以评估纯统计项中存在着的任何偏离特征。当然，实际的数据中往往是存在明显的结构性的，因而，处理起来要稍微复杂一些，如图 2.8 所示的仿真实例。在这种情况中，标准偏差为 1 和 3 的两个圆就显得与所分析的数据没有太大关联性了。如果利用这些圆进行评估，那么，结果可能就是完全不一致的，有的会显得过严，而有的又会过松，此时，就必须找到一种能够合理分析这些数据点的方法。显然，在图 2.8 中利用这些圆揭示数据的分散性是不恰当的，不仅两个方向上的刻度不同，而且数据体的取向也是一个问题。

为解决这些问题，我们考虑数据点 x_i,y_i 的集合。第一步可以计算出平均值 $\bar{x}$、$\bar{y}$，进而计算出方差矩阵 $\boldsymbol{A}$，即

$$\boldsymbol{A} = \frac{1}{N}\begin{bmatrix} \sum_{i=1}^{i=N}(x_i-\bar{x})(x_i-\bar{x}) & \sum_{i=1}^{i=N}(y_i-\bar{y})(x_i-\bar{x}) \\ \sum_{i=1}^{i=N}(x_i-\bar{x})(y_i-\bar{y}) & \sum_{i=1}^{i=N}(y_i-\bar{y})(y_i-\bar{y}) \end{bmatrix} \tag{2.6}$$

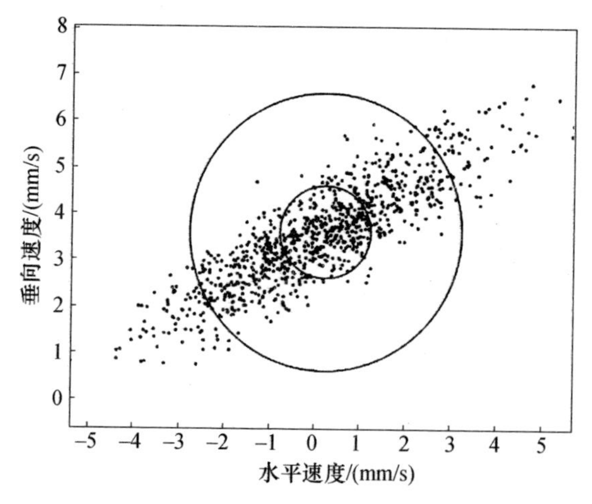

图 2.7　二维高斯噪声的散点图

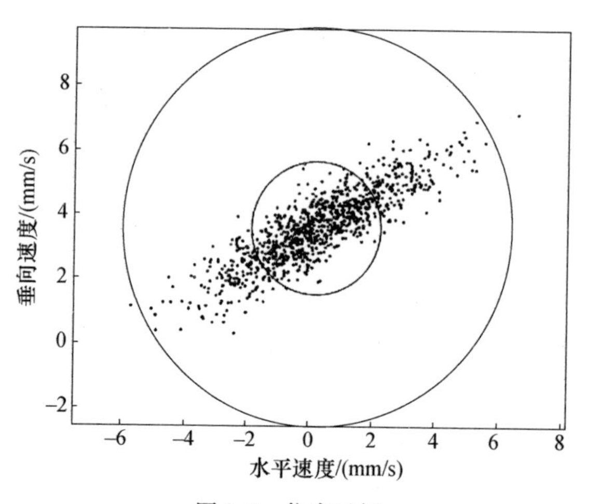

图 2.8　仿真示例

然后,利用这个矩阵对数据进行主成分分析,也就是将这些数据转换到一个新的坐标系中。核心工作就是求解如下的特征值问题,即

$$\boldsymbol{A\Phi} = \boldsymbol{\Lambda\Phi} \tag{2.7}$$

式中:$\boldsymbol{\Lambda}$ 是对角形式的特征值矩阵;$\boldsymbol{\Phi}$ 是特征矢量构成的矩阵。需要注意的是,这里的两个特征值实际上给出了两个偏差值(即边界椭圆的主半轴和副半轴),而对应的两个模态形状则确定了该椭圆的方位。于是,原来的数据就可按照下式进行转换,即

$$\begin{Bmatrix} X_i \\ Y_i \end{Bmatrix} = [\boldsymbol{\Phi}] \begin{Bmatrix} x_i - \bar{x} \\ y_i - \bar{y} \end{Bmatrix} \tag{2.8}$$

图 2.9 中给出了转换之后的数据。很明显,新坐标系中的每个数据点(X_i,Y_i)现在变成互不相关的了。这样一来,就可以直接计算出两个正交方向上的方差(考虑到 $\overline{X}=\overline{Y}=0$),即

$$\begin{cases} \sigma_x^2 = \sum_{i=1}^{i=N} \dfrac{X_i^2}{N} \\ \sigma_y^2 = \sum_{i=1}^{i=N} \dfrac{Y_i^2}{N} \end{cases} \tag{2.9}$$

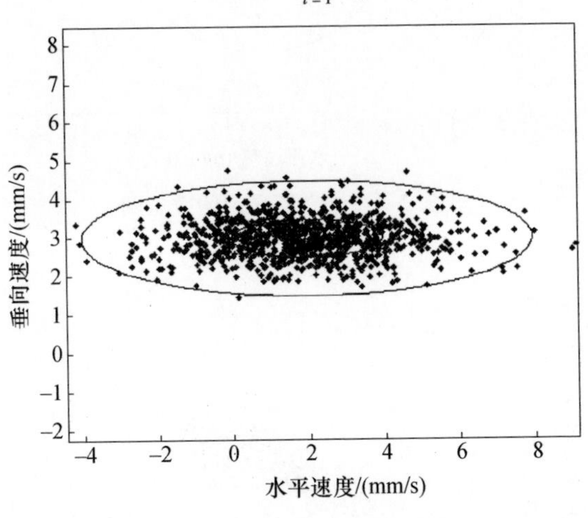

图 2.9　正交化之后的数据图

利用这一结果就可以绘制出标准偏差分别为 1 和 3 的两个椭圆,它们反映了数据分散的程度。应当注意的是,前面的矩阵 **A** 的两个特征值就是对应的两个方差。将这些信息转换到原来的坐标系之后,就得到了图 2.10。显然,这里反映偏差的椭圆要比原来的数据点集更能反映其内在特征。利用这些曲线就能更加准确地判断是否出现了设备行为的变化,而利用图 2.8 中的圆可能导致完全不同的信息。

目前的建模技术尚不能针对这些图像中的细微变化进行预测和揭示,不过近期的一些研究工作已经推动了这一方面的进步,这些将在第 7 章中讨论。实际问题中存在着一个较大的困难,即没有两台设备是完全相同的,而损伤导致的设备行为变化通常又与同种设备之间的差异所导致的结果相当。采用人工神经网络或者人工智能方面的一些技术可能是认识和理解“稳定载荷”状态的一种可行途径。这在某些方面与本书所讨论的主题是不相容的,因为这里我们所提倡的是通过物理建模揭示设备的动力学行为。应当指出的是,基于物理的和基于统计学的手段并不能视为两种完全对立的途径。

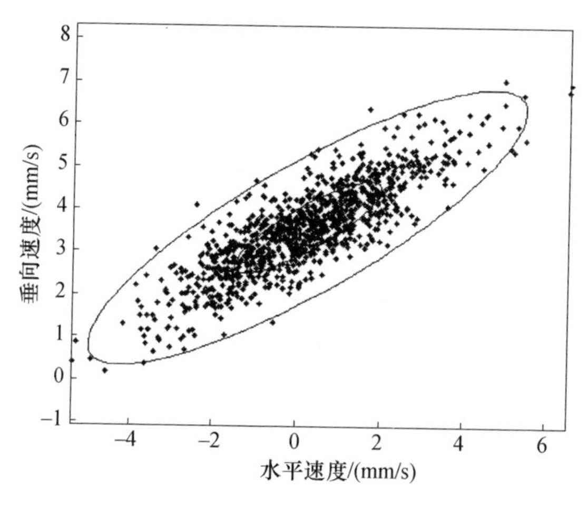

图 2.10　分析处理后的散点图

通过对散点图进行分析还可以获得进一步的信息，相应的处理方法将在第 8 章中加以讨论。

2.2.4　瞬态过程中的阶次分析

对于大多数透平设备来说，主要的激励频率成分与轴的转速密切相关。这意味着在瞬态工作状况下，如提速至工作转速或者减速至静止状态这些过程中，设备中激发的频率成分将是宽频带的。因此，通过对这些数据进行监控并仔细分析，就能够获得此类设备更为全面的动力学特性。利用理论模型（经常是有限元模型）人们可以方便地预测出设备的运行功率曲线，通过模型预测和设备数据的对比，则可以帮助我们更为透彻地了解设备的行为。

散点图给出的是一段时间内的总体变化情况，与此不同的是，运行曲线则从频率角度给出了相关信息。图 2.11 所示的运行曲线图揭示了在轴的各种转速下所发生的振动（这里的转速一般可记为 1X，此处的振动一般来源于转子不平衡的激励）。类似地，还可以绘制出 2X 以及更高阶情况下的运行曲线。很明显，对于带有 14 个轴承的大型涡轮发电机来说，这些轴承处的振动都会发生在两个方向上，因而，如果我们需要一阶和二阶信息（3X 和 4X 往往也是比较常用的），那么，就必须绘制出相当数量的运行曲线图了。这些将振动与轴的转速联系起来的工作，一般称为阶次分析，它在设备诊断问题中具有十分重要的地位。

图 2.11 分别给出了瞬态工况下（加速或减速过程）振动响应的幅值和相位，它们与轴的转速紧密相关，实际上，这里隐含的假设是准静态情形。这些曲线能够帮助我们更好地认识和理解瞬态过程中的设备状态，这对于设备诊断是

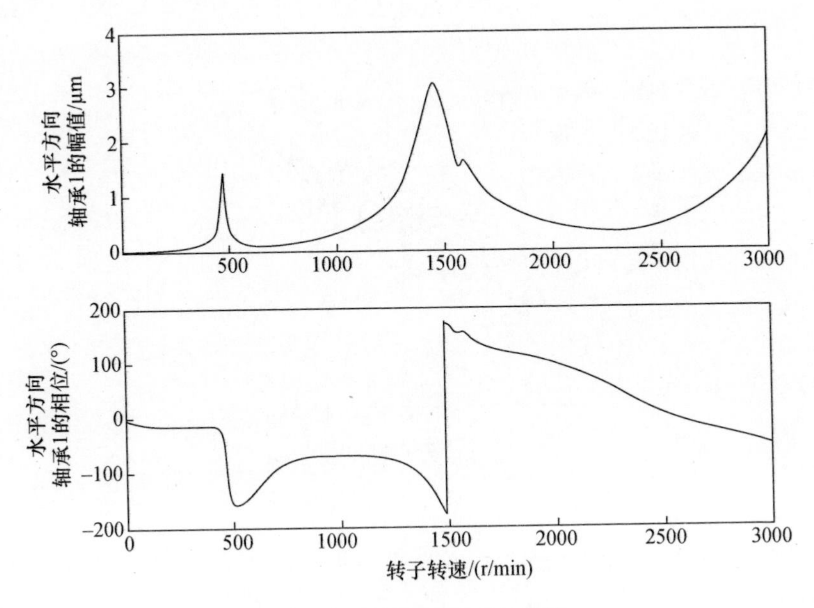

图 2. 11　典型的降速运行曲线

非常有意义的。在构建这些瞬态图像的过程中,为了获得更好的频率分辨率,往往也存在一些技术上的困难,主要体现在采样时间需求和轴的转速控制需求这一对矛盾上。

从图 2. 11 中不难看出,幅值和相位随着轴的转速变化而发生了显著的改变,并表现出了一种同步现象。针对较高阶次也可以构造出类似的图像,其中 2X 情况更为有用。这里所涉及的一个主要问题是,我们应该怎样去计算频率响应,因为直接的傅里叶变换是建立在系统为时不变这一前提基础之上的。最简单也是最常用的方法是短时傅里叶变换,不过其中也会涉及两个难点。第一个难点在于,怎样处理这些数据才能准确而有效地揭示出频域特征。Fyfe 和 Munck[4] 曾经针对瞬态研究中出现的这一问题做过分析。第二个难点在于,如何根据设备的响应速度将这一瞬态行为与准静态情形联系起来。

2. 2. 4. 1　瞬态信息的获取

如图 2. 12 所示,其中给出了针对 2s 时间内的频率为 25Hz 的正弦信号进行傅里叶变换的结果。可以注意到,在图中的 25Hz 处存在着单一的谱线。在这幅图中还给出了 2. 02s 时间内同一个信号的傅里叶谱,可以看出结果有着明显不同。尽管采样时间变长了,但是由于泄漏现象的出现,结果却变得较差了。这一现象往往发生于对有限时间间隔内的信号所进行的傅里叶变换中,在变换处理中该信号将会以默认的方式在全时间域内周期延拓(从而构成一个无限长的信号),因此,如果该信号的初始值和终止值不连续,变换后就会产生这种精度不足现象。换句话说,待测信号必须包含整数个周期才能保证变换处理后的精度。对于旋转类设备,为了避开这一问题,人们通常是将数据获取点与轴的位置以固定的方式对应起来(锁定),而不是与时间关联,这一点是合理的。事实上,大多数场合中人们最主要关心的是振动信号与轴的转速之间的关系,而不是与某个绝对的频率值之间的对应关系。在数据获取硬件或软件中,通过数字化重采样就能够实现这种锁定。在进一步讨论之前,先来说明图 2.12 中存在着的一些典型特征。很显然,分辨率是由总的采样周期决定的,这里只变化了 1%,因此,分辨率的差异是不显著的。第二种情况中所出现的最主要的差异在于,时间长度不能包含整数个信号周期。它所对应的谱表明在 25Hz 附近(不等于 25Hz)出现了泄漏现象,因而,其幅值发生了相当程度的降低。与此同时,傅里叶谱中的其他频率值处则出现了幅值的增加,由此导致了谱的分散,原本应当集中于 25Hz 处的信号谱泄漏到了临近的频带中了。

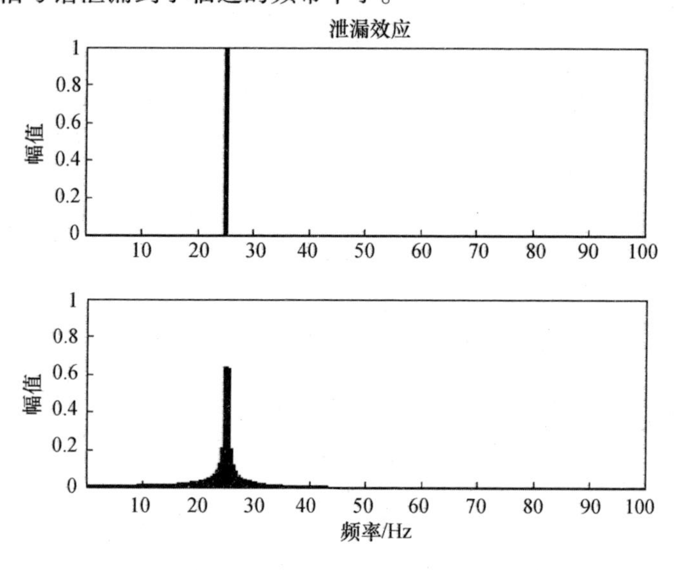

图 2.12　2s 和 2.02s 的频谱比较

对于一个所要考察的结构,分析过程是十分直接的,只需在一个时间段内对结构的运动取样即可,这个时间段的选择应当使得频率分辨率达到要求。频率分辨率为

$$\Delta f = \frac{1}{T} \tag{2.10}$$

式中:频率单位为 Hz;T 为数据采样的时间段。这个式子的物理含义比较简单,即可观测到的最大分辨率是与监控时间段长度对应的。

在设备处于瞬态过程时,情况要变得复杂一些,这是因为在时间段 T 内设备的转速(进而产生的激励)将会不断变化。因此,采样周期的选择有时就必须折中考虑。不妨假设某台设备的转速正在以指数方式降低(减速过程),那么,转速就可以表示为

$$\Omega = \Omega_0 \mathrm{e}^{-\alpha t} \tag{2.11}$$

尽管这个表达式只能近似反映实际情况,但是对于这里的讨论来说是十分方便的。为此,可以得到

$$\frac{\mathrm{d}\Omega}{\mathrm{d}t} = -\alpha\Omega \tag{2.12}$$

这里将采样间隔以轴的转动周数 N 来表达要更为有用,于是,在这个时间段中速度的减小量为

$$\Delta\Omega \approx -\alpha\Omega T = -\alpha\Omega\frac{2\pi N}{\Omega} = -2\pi\alpha N \tag{2.13}$$

进而可以得到频率分辨率为

$$\Delta f = \frac{1}{T} = \frac{\Omega}{2\pi N} \tag{2.14}$$

显然,式(2.13)和式(2.14)也就构成了两个条件,它们是一对矛盾。式(2.13)表明,给定一个较长的采样时间,轴的转速下降量会变大,因而,频率分辨率会变差,而式(2.14)则表明,为了提高频率分辨率(即使得 Δf 最小),就必须采用较长的采样时间间隔。

将这两个条件综合起来,就可以获得可能得到的最佳分辨率,此时应有

$$\Delta f_1 = \frac{\Delta\Omega}{2\pi} = -\alpha N = \Delta f_2 = \frac{\Omega}{2\pi N} \tag{2.15}$$

于是,有

$$N = \sqrt{\frac{\Omega}{2\pi\alpha}} \tag{2.16}$$

利用这个值,可以得到

$$\Delta f = \sqrt{\frac{\alpha\Omega}{2\pi}} \tag{2.17}$$

因此,当轴的转速减小时,频率分辨率将会提高。实际上,转子转速非常低

时的振动特性一般是不重要的，这是因为此时所产生的力都是比较小的。式(2.16)还表明，对于较大的 α 值来说，也即很大的变化率情况，频率分辨率是较差的，这将会导致传统的减速过程分析变得不够准确。对于涉及转速变化很快的应用场合，人们采用了另一种不同的分析方法，其中借助了卡尔曼(Kalman)滤波。这一方法要稍微复杂一些，我们将在第 8 章中进行讨论。

为了说明式(2.10)～式(2.16)所给出的方法，这里考虑一个发电厂用的燃气涡轮设备，图 2.13 给出了转子转速随时间的变化图。

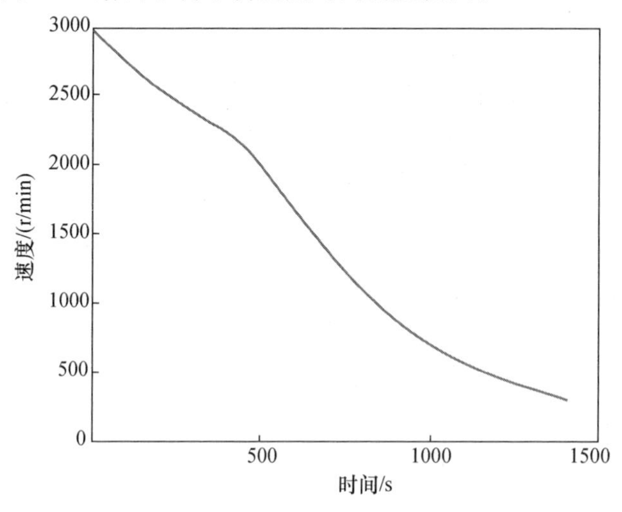

图 2.13　转速衰减曲线

很明显，该图中的曲线不是指数形式的，不过可以近似视为指数曲线形式。就此处的初始段来说，其速度降低率大约为每秒降低 6r/min，由此不难给出一个等效的 α 近似值。

在评估其瞬态行为时，可能会遇到如下问题。为了使得频率分辨率最大，需要选择较长的时间段，而过大的时间段又会带来较大的误差(原因在于设备转速的变化)。因此，我们需要折中考虑，这里的采样过程不再直接采用时间变量，而改用完整的轴转数作为变量，这种做法也就自动消除了任何可能的泄漏问题。

如果我们对 N 转进行采样(时间长度为 T)，那么，分辨率就是转数 $=\dfrac{1}{T}=\dfrac{\Omega}{2\pi N}$。在这段时间内轴的转速将减小 $\Delta\Omega=-\alpha\Omega T=2\alpha\pi N(\text{rad/s})$，而$\dfrac{\Delta\Omega}{2\pi}=\Delta f$。于是，根据式(2.15)就得到了$\dfrac{\Omega}{2\pi N}=\alpha N$。

上述问题中的 α 值是初始段速度降低率与初始速度之比，即 $\alpha = \frac{6}{3000} = \frac{1}{500}$。由此可得 $N = \sqrt{\frac{\Omega}{2\pi\alpha}} = \sqrt{\frac{50}{1/500}} = 50\sqrt{10} \Rightarrow N \approx 158 = 158\text{r}$。

由于一般需要考察 4 个谐波项，因而，每转过程中需要 8 个采样点，那么，在每个数据窗口中就包含了 8×158 = 1264 个样本。最后的频率分辨率是 $\Delta f = \frac{\Omega}{2\pi N} = \frac{100\pi}{2\pi \times 158} = \frac{50}{158} \approx \frac{1}{3}\text{Hz}$。我们可以直接检查这些数值：每周 158 次采样需时 3.16s，同时转速将下降 6×3.16 = 19r/min 或 19/60≈1/3Hz。显然，这个最优折中结果正是前面这两个相互矛盾的方面所产生的结果。

利用这一方法，表 2.1 中给出了一系列转速下降率情况下的最佳分辨率结果。初始转速设定为 3000r/min，表中的时间值是指降低到 10% 转速所需要的时间。

表 2.1　降速运行中的频率分辨率

时间/s	α	N/r	Δf/Hz
10	0.23	15	3.4
50	0.046	33	1.5
100	0.023	47	1.1
500	0.0046	104	0.48
1000	0.0023	147	0.34

虽然很多情况中转速下降曲线是近似于指数曲线形式的，不过图 2.13 中的曲线是明显偏离指数形式的，可以将它近似为线性曲线。由此，可以采用相同的逻辑估计运行参数。记转速为 S，单位为 r/s（这里要比采用 r/min 更清晰一些），于是，$S = \Omega/2\pi$，且 $\frac{\mathrm{d}S}{\mathrm{d}t} = -\frac{2}{60}$。$N$ 转对应的时间为 $N/50$s，这段时间内轴的转数将下降 $\Delta S = -\frac{2}{60} \times \frac{N}{50}$。于是，最优采样就对应 $\Delta f = \frac{50}{N} = \frac{2}{60} \times \frac{N}{50}$ 或 $N = 50\sqrt{30}$。值得注意的是，这一结果与前面的并没有太大的差异，因此，可以认为，转速下降率的精确细节对于最优采样参数的确定没有明显的影响。

对于那些具有较高转速下降率的设备来说，分析其减速过程行为的另一途径是所谓的 Vold－Kalman 方法，将在第 8 章中介绍。尽管该方法在数学上要复杂得多，但是对于某些类型的设备来说（即具有快速的瞬态过程的设备），它却是非常有价值的。

2.2.4.2 系统响应

这里我们将注意力转到与瞬态振动信号相关的另一个方面,它也是做出设备状态的正确评估之前必须要考察的内容。为了深入认识设备在达到稳态运转所对应的响应水平这一过程中的速度特征,我们来考虑两种情形:第一种是设备对阶跃力(恒力)的响应过程;第二种是设备对正弦型激励的响应。

对于单自由度系统,在单位阶跃激励作用下所产生的瞬态响应可以借助拉普拉斯变换计算得到,即

$$c(t) = 1 = \frac{1}{\beta} e^{\zeta\omega_n t} \sin(\omega_n \beta t + \theta) \tag{2.18}$$

其中的$\beta = \sqrt{1-\zeta^2}$,$\theta = \arctan(\beta/\zeta)$,$\omega_n$代表的是无阻尼固有频率,而$\zeta$为阻尼比(即实际阻尼系数与临界阻尼系数之比)。

在不同阻尼值条件下,单位激励力产生的响应如图2.14所示。可以看出,响应的特征时间为$\tau = 1/\zeta\omega_n$。类似的情形也发生在从静止开始振动的振子。很明显,系统的响应需要经过一段时间之后才会达到稳态。可以将其运动方程表示为

$$m\ddot{y} + c\dot{y} + ky = me\omega^2 \cos\omega t \tag{2.19}$$

式中:e为不平衡质量的偏心距。也可以将式(2.19)改写为另一常见形式,即

$$\ddot{y} + 2\zeta\omega_n \dot{y} + \omega_n^2 y = e\omega^2 \cos\omega t \tag{2.20}$$

方程的解可以表示为

$$y = \frac{me\omega^2 \cos\omega t}{\sqrt{(\omega_n^2 - \omega^2)^2 + 4\zeta^2\omega^2\omega_n^2}} + e^{-\zeta\omega_n t}(A\sin\omega_d t + B\cos\omega_d t) \tag{2.21}$$

式中:ω_d为阻尼固有频率,且$\omega_d = \omega_n\sqrt{1-\zeta^2}$。

实际应用中,阻尼固有频率和无阻尼固有频率之间的差异是较小的,一般很少考虑这一不同。随后的工作就是确定前式中的待定常数A和B了,从而获得完整的解。非常明显,在达到稳态解的过程中,时间尺度$1/\zeta\omega_n$是十分重要的参数,图2.15给出了一个实例,其中可观察到收敛的速度。

如果要确定该响应达到稳态值上下1%范围所需经历的时间,那么,应有$\zeta\omega_n t = 2\pi\zeta m = \log_e 100$,其中的$m$为周期个数。这里不妨以一个典型情况为例,设系统的阻尼比为2%,且$\omega_n = 80\pi$,那么,可以计算出$m = 37$,当每秒振动50个周期时这也就意味着系统只需经过0.75s即达到饱和。如果所考虑的设备在这段时间内速度下降得并不显著,那么,准静态分析就是可行的了。值得注意的

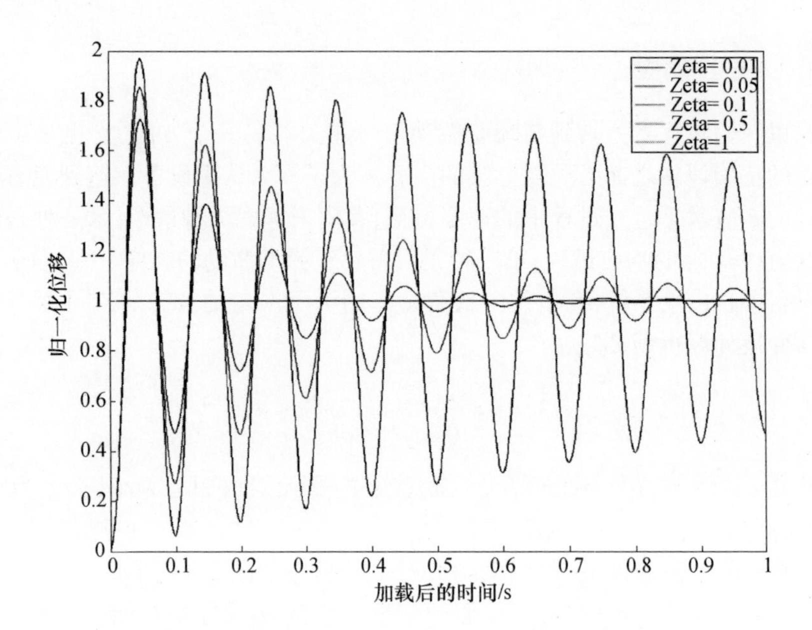

图 2.14　阶跃力的响应(图中的 Zeta 代表的是阻尼比 ζ)

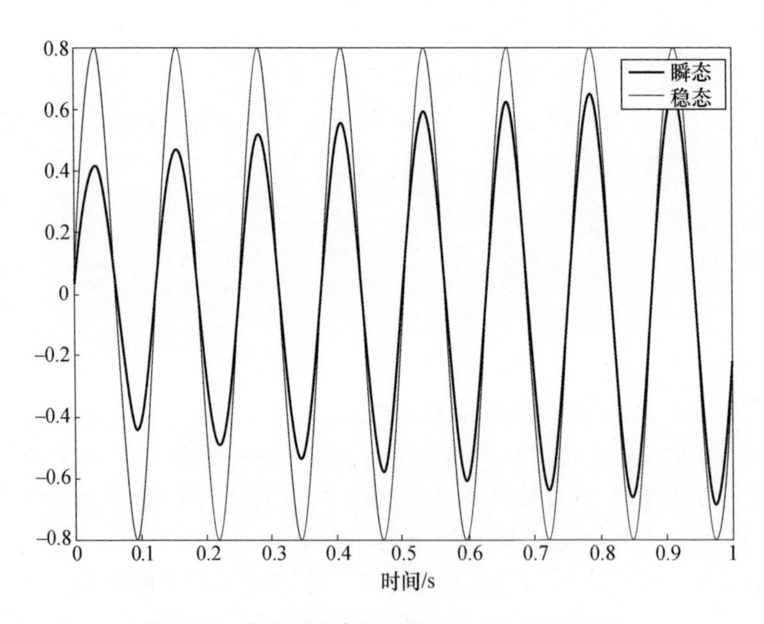

图 2.15　收敛到稳态的过程($\omega_n=50, \xi=0.025$)

是,对于一个无阻尼系统来说,它永远不会达到所谓的稳态值。对于最一般情况下的系统,往往还必须在时域内分析其一般性的响应过程。

不难看出,对于一个较为迅速的瞬态过程而言,分析中将存在着两个难点。第一个难点在于如何获得时域和频率内足够充足的信息,这一点已经在2.2.4.1节中讨论过了;第二个难点则在于系统是如何对瞬态力产生响应的。

一般地,系统的响应可以描述为

$$h(t-\tau)=\frac{e^{-\zeta\omega_n(t-\tau)}}{m\omega_d}\sin\omega_d(t-\tau),t>\tau \tag{2.22}$$

进而,转子的位移可表示为

$$y(t) = \int_0^t h(t-\tau)\left[e\omega^2\cos\omega\tau + e\frac{d\omega}{dt}\sin\omega\tau\right]d\tau \tag{2.23}$$

利用卷积分定理,可以很方便地得到这个方程的傅里叶变换形式(尽管可能涉及较多的计算,后文会做介绍)。在得到了傅里叶变换 Y 和 F 之后,函数 H 也就很容易计算了。显然,这一过程也就解决了所谓的"不饱和响应"的确定问题。此处实际上就是借助脉冲响应函数充分利用设备的动力学响应。在实际应用中,为了简化计算,大多数的分析人员都会对饱和状态做出近似处理。在给定了合理模型之后,就可以对所定义的瞬态过程进行仿真分析了。

2.2.5 轴心轨迹

在评估设备行为的工作中,不可避免地会涉及很多技术手段,有些是较为复杂的,而另外一些则相对简单一点。就设备性能测试而言,一个极为简单的手段就是绘制出轴心或轴承运动轨迹,这些都能够给我们提供非常有价值的信息。

轴心轨迹可以有很多种表示形式,这里不进行全面的讨论,仅考虑以 x 和 y 坐标表示轴转动一周或若干周过程中的轴心路径。在图2.16中给出了4种可能的轨迹,据此我们可以深入认识设备的工作过程。与设备诊断领域中其他技术一样,通过这里的轨迹形状一般并不能构成判定某些设备故障的最终证据,不过它们经常能够提供相互关联着的多个证据中的一部分。因此,这里所面临的一个问题就是,从图2.16所示的轨迹中我们能推断出什么?需要注意的是,这里的4幅图像都是在固定的轴速条件下得到的。图2.16(a)所给出的是圆形轨迹,它意味着设备行为是对称性的,或者说,在与轴线垂直的两个方向上的刚度是一致的。为了确认这一点,可能需要检查其他一些转速下的轨迹情况,因为一台对称性的设备应当在所有转速条件下都表现出圆形轨迹。此外,该轨迹形状还反映了载荷力是简谐的,并且不会在某个方向上表现出主导作用。

在图2.16(b)中,轨迹变成了椭圆形状,这非常清晰地表明了该设备在两个正交方向上具有不同的刚度特性,并且意味着垂直方向上要更为柔软一些,不

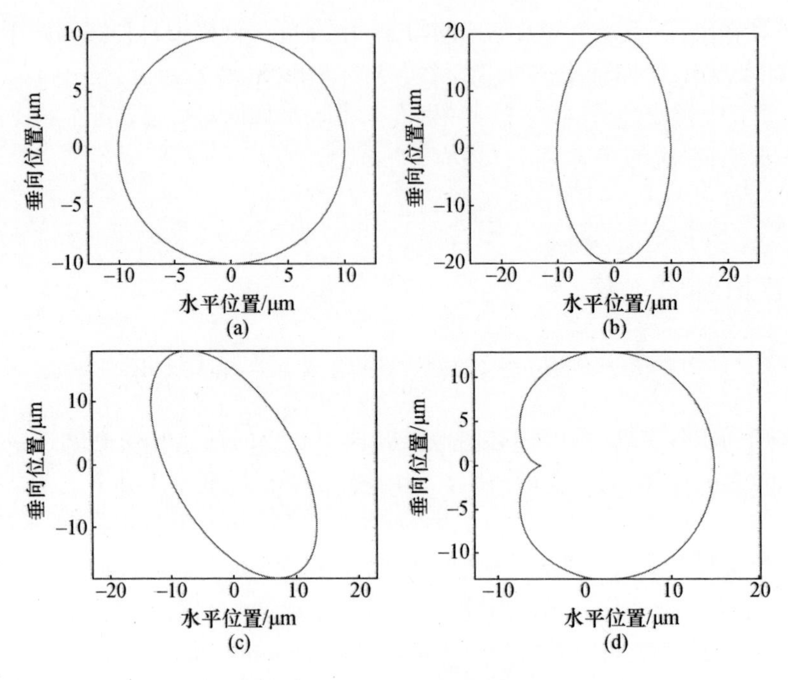

图 2.16　一些常见的轴心轨迹

(a)对称设备的轨迹；(b)非对称设备的轨迹；

(c)耦合设备的轨迹；(d)非线性设备的轨迹。

过,为了证明这一点,还需要更多的证据。初看上去,这似乎有点令人惊讶。实际上,由于刚度是不对称的,所以垂直方向和水平方向上的固有频率将会不同,因而,有可能这里的转速恰好比较靠近垂向共振频率。因此,为了最终判定两个方向上的相对刚度情况,仍然需要检查其他转速条件下的结果。

图 2.16(c)给出的也是一种椭圆形轨迹,不过该椭圆是倾斜的。这一图像意味着在 x 和 y 方向上可能存在着交叉耦合效应,这一效应可能源自于支撑结构、轴承(特别是带油膜的滑动轴承)以及陀螺效应等,不过后者仅在悬伸系统中才会比较显著。最后,图 2.16(d)中给出的轨迹表现出了较大的改变,出现了内部的循环行为。这意味着该系统具有某些非线性特征,有些时候则表明存在着某些外部载荷的频率与工作转速不对应的情况。非线性因素一般可以产生于含油轴承、轴的摩擦、齿轮箱以及轴的裂纹,后者比较少见一些。这些问题将在第 5 章中更为详尽地讨论这些特征。

2.2.6　极坐标图

工程技术人员经常采用极坐标图评估一定转速范围内的设备性能。数据是以幅值和相位的形式表达的,这与散点图中的实部和虚部表达方式是不同的,当然,这两种表达方法是完全等价的。数据记录一般针对一系列转速进行,不过图中不会拓展到过长的时间区间,这与散点图也是类似的,其主要目的是希望能够尽可能地将动力学特性的各个方面都包含进来。

图 2.17 给出了一个极坐标图的实例,图中曲线上的点代表了设备上某个指定的测试点处的振动幅值和相位(不同转速条件下)。很显然,这意味着我们所讨论的是同步振动成分。从图 2.17 所示的曲线可以直接观察到,在一个瞬态过程中(加速过程或减速过程)响应随频率的变化情况。曲线上的每一个点都可以与一个转速关联起来,而靠近运行速度的任何临界转速一般都会导致相位的改变。

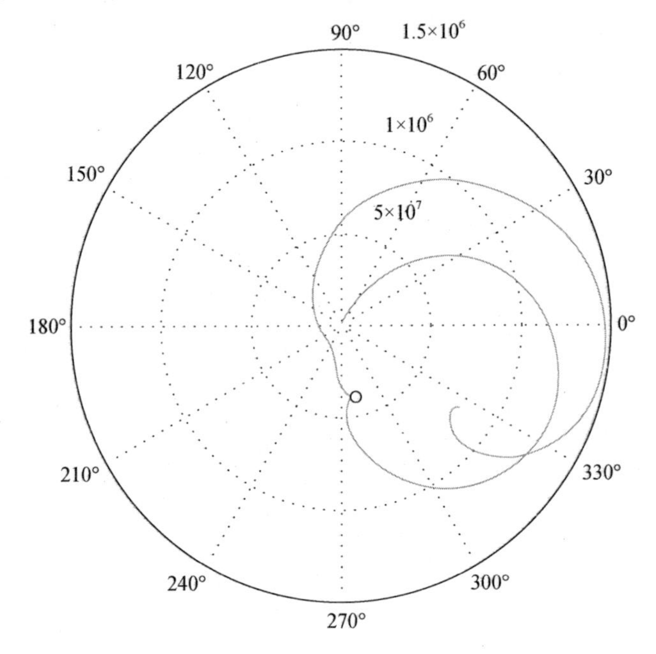

图 2.17　典型的极坐标图

极坐标图上的信息是与一阶降速运行图(瞬态响应)完全一致的,只不过是采用了更为紧凑的表达形式而已。事实上,对于旋转设备所产生的极大量数据来说,如何以紧凑的方式表达也是人们长期以来所关心的问题。前面这幅极坐标图中的数据来自于一台快速提速至工作转速的燃气涡轮,其中的 3 个圆(两个直径较大的圆和一个直径较小的圆)表明了共振行为的存在。

2.2.7　谱图

谱图是另一种可以给出总体概貌的手段,图 2.18 给出了一个实例。这个实例虽然是针对声发射(因而给出的是高频段)的,然而,它仍然适用于振动数据的分析。这种图与瀑布图十分类似,它针对每个时间框架给出了相应的傅里叶谱。每个点的高度一般是通过颜色标记的,不过此处采用了灰度区分。很明显,在构建这个图时也必须考虑时间分辨率这一问题,有关时间-频率分析以及更多相关问题,将在第8章中进行讨论。谱图为人们提供了仅在单幅图形上进行极大量信息描述的另一非常有用的手段。当然,很多情况中可能需要认真关注图中的一些特定细节部分。

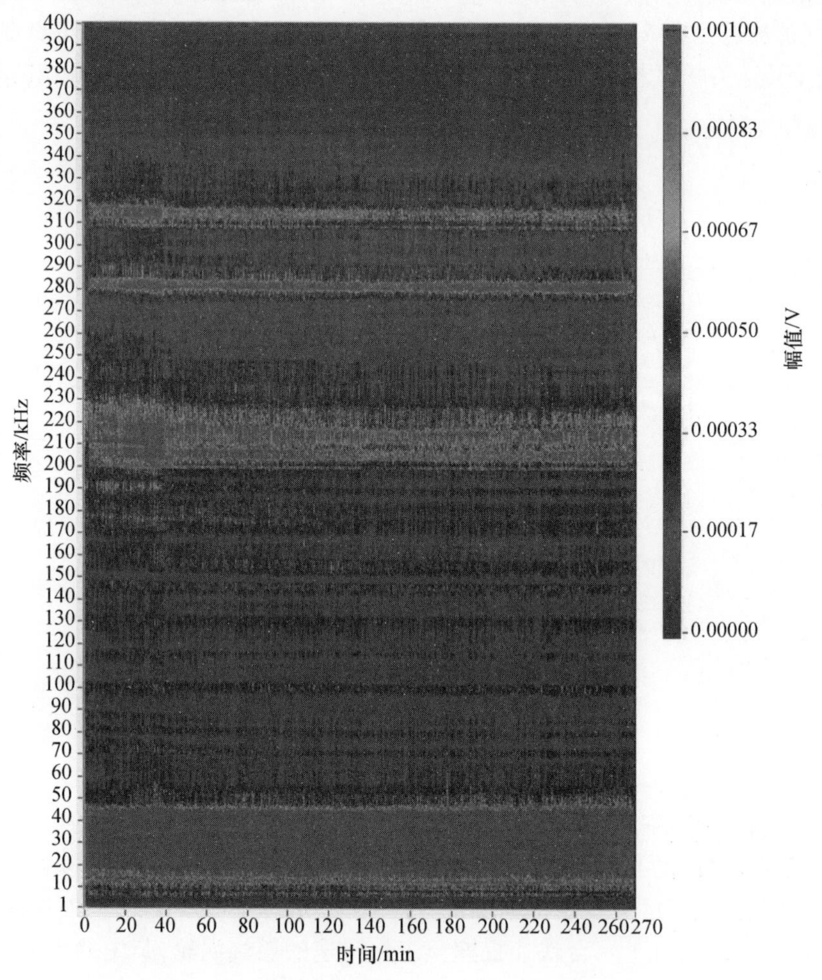

图 2.18 反映声发射数据的谱图(源自于 Swansea 的大学博士论文[5] "Use of acoustic emission for bearing monitoring",经作者许可后使用)

2.3 计算比较

2.2 节中主要讨论的是常用的一些数据描述方法，并简要介绍了测试信号解读中所涉及的一些物理原理。很显然，最为重要的一步应当是利用这些数据推断出设备的状态(通过分析那些生成测试参数的物理过程)。换言之，工程技术人员应根据外部测试信号推断出内部的参数情况。当然，这些测试信号和数据不可避免地带有噪声和误差成分。这一步工作远不是想象的那么简单，有时甚至未引起应有的重视。

在个别场合下，人们可以精确测量出感兴趣的参数，然而，通常情况下，这些信息只能根据其他一些数据推断。这种推断过程一般需要依靠多种源知识，其中包括对相似设备的认识、前一运行过程中的记录、维护记录以及数学模型等。在过去的几十年间，在推断过程中数学模型变得越来越重要。当然，数据记录是无可替代的。一个合理的数学模型所带来的好处在于，我们可以据此分析“如果……那么会……”此类的一些问题。模型的合理性是一个有趣的问题，本书多个地方都会进行讨论，特别是第 7 章(利用测试数据来改进模型)。

值得强调的是，无论何种形式的模型，都只能视为一个工具，借助这一工具可以增强我们对设备的全面认识和理解。由于模型中包含了我们对工作过程的物理层面的理解(即使是有限的理解)，因此，利用它们是可以获得更为全面的设备信息的。当然，也要注意，正如测量会受到某些不确定性干扰那样，任何形式的模型也同样如此。

很多模型是建立在有限元方法基础之上的，Friswell 等人[6]曾经针对转子动力学问题对此做过详细的讨论。当然，还有很多其他的书籍也讨论过这一主题，其中 Irons 和 Ahmad[7]对此类方法进行过更为一般性的分析，这些作者在序言(“计算是为了更好地理解，而不仅仅是数字运算”)中给出过非常恰当的概述，我们也非常赞同他们的观点。

2.4 检测和诊断过程

在设备监控和诊断问题中，存在着大量不同情形，每一情形都有自身的特点。虽然这一领域中的工作难以通过简单的列表或流程给出，但是仍然存在着一些具有共性的方面。毋庸置疑，完整的数据记录是非常有价值的，利用现代数据存储技术，获得完整的数据记录也是比较容易实现的。2.2.2 节中已经介绍了一些适合于较长时间段数据处理的统计方法，借助这些方法可以获得关于设备过程的一些初步的认识。当然,在某些情况下,人们的经验也是可以利用的,据此甚至可以直接做出设备停机决定。总体来说,统计方法一般只能帮助我们找出哪些部位或哪些可能事件需要去进一步检查。

进一步的分析一般需要考察频域内的数据信息,这有助于我们把相关现象与设备运转过程有效地关联起来。我们将在第 4 章和第 5 章中讨论透平机械类设备中最常发生的一些故障,这里只做粗略的概述。当激励主要发生于同步转速时,最常出现的就是不平衡问题,当然,该问题也有可能来源于发生弯曲的转子,不过这并不是最常见的情况。第 4 章中将指出,通过进一步的检查我们是能够将这两种不同效应区分开来的。此外,应当注意的是,高阶激励的出现一般表明系统中存在着某些形式的非线性因素,如可能是转子裂纹或者是不对中,无论哪一种情况,都需要我们做进一步的考察,其中可能涉及设备瞬态过程的分析。

当出现某些振动成分的频率不是轴速的整数倍时,一般意味着系统中存在某些非线性行为。对于带有含油轴承的设备,如果该频率低于转子转速的 1/2,那么,可能发生了油膜振荡,这一问题是转子不对中或轴承受载不正常导致的另外一个结果。另外,转子和定子之间的摩擦也可能导致非同步的激励以及更为多样化的行为或现象。

本章所介绍的相关技术措施实际上提供了一种"初级过滤器"的功能,为设备行为的改变起到指示作用。为了识别出相关事件的本质特征,显然,还需要对数据信息做进一步的分析,从而更深入地认识与之对应的可能存在的问题。

习题

2.1 试述"阶次分析"的含义,并说明为什么它是旋转类设备监控应用中的一个重要概念。进一步分析如下问题:一个大型锅炉给水泵从 6000r/min 开始减速停机,初始减速速率为 120(r/min)/s,需要的响应应达到四阶转速:

(1) 怎样采样才能获得最大的分辨率?指出数据块长度和采样速率。

(2) 最终的频率分辨率是多少?

2.2 如果假设习题 2.1 中采用的是指数型减速方式,那么,在减速过程中分辨率是如何变化的?如果采用的是线性减速方式,那么,分辨率又是如何变化的?

2.3 现设一个信号为 $y=\sin(50\pi t)+3\cos(100\pi t)$,并利用 200 个采样点获得傅里叶谱,分别讨论采样长度为 0.5s、1s、2s 和 4s 时所得到的结果。

2.4 现设一个信号为 $y=\sin(50\pi t)+4\cos(55\pi t)$,为使两种频率成分能够

充分分离，试确定合适的采样速率和采样点数，并讨论所得到的结果。

2.5　设在一个有限频率段内的某信号可以表示为 $y(t) = \dfrac{1}{2\Delta\omega}\int_{\omega_0-\Delta\omega}^{\omega_0+\Delta\omega}\cos\omega t\,\mathrm{d}\omega$，其中的 $2\Delta\omega$ 为总的带宽。试计算 $\Delta\omega = \pi$ 和 $\Delta\omega = 50\pi$ 情况下的时间响应，并绘制对应的曲线（设常数 $\omega_0 = 100\pi$）。

2.6　设有一个散点图中包含了 1000 个数据点，参变量分别为 x_i 和 y_i，且有

$$\sum_{i=1}^{1000}(x_i - \bar{x})^2 = 73750,\ \sum_{i=1}^{1000}(x_i - \bar{x})(y_i - \bar{y}) = -23600,\ \sum_{i=1}^{1000}(y_i - \bar{y})^2 = 53860$$

其中 $\bar{x} = 3$、$\bar{y} = 2$ 代表的是平均值。试分析用于定义这组数据标准差的椭圆的尺寸和方位，并指出在 $x = 7 \pm 1$，$y = 2 \pm \dfrac{1}{2}$ 这一区间范围内数据点的出现概率。

参 考 文 献

[1] Bossley, K. M., McKendrick, R. J., Harris, C. J. and Mercer, C., 1999, Hybrid computer order tracking, *Mechanical Systems and Signal Processing*, 13(4), 627 -641.

[2] Cooley, J. W. and Tukey, J. W., 1965, An algorithm for the calculation of complex Fourier series, *Mathematics of Computation*, 19, 297 301.

[3] Lees, A. W., Sinha, J. K. and Friswell, M. I., 2009, Model based identification of rotating machines, *Mechanical Systems and Signal Processing*, 23(6), 1884 - 1893.

[4] Fyfe, K. R. and Munck, E. D. S., 1997, Analysis of computed order tracking, *Mechanical Systems and Signal Processing*, 11(2), 187 -205.

[5] Quiney, Z. A., 2011, Use of acoustic emission for bearing monitoring, PhD thesis, Swansea University, Swansea, U. K.

[6] Friswell, M. I., Penny, J. E. T., Garvey, S. D. and Lees, A. W., 2010, *Dynamics of Rotating Machines*, Cambridge University Press, New York.

[7] Irons, B. M. and Ahmad, S., 1980, *Finite Element Techniques*, Ellis - Horwood, Chichester, U. K.

第3章 建模与分析

3.1 引言

这一章主要针对旋转类设备介绍一些基本的分析方法。从某种程度上来说,这类似于结构动力学的研究,最重要的一个不同之处在于,这里的系统和载荷都会随着轴的转速变化而改变。当然,这一点也是后续各章所讨论的内容的一个主要前提。

就结构和旋转类设备的动力学行为而言,可以注意到它们之间存在着两个基本的区别。首先,由于陀螺项以及轴承特性的影响,转轴的动力学特性是与转速相关联的;其次,由于轴的旋转可以提供能量,因而,在特定条件下,系统的振动可能发生增长,即变得不稳定。这两个问题将在本章中加以阐述。

3.2 模型的必要性

对于任何设备来说,无论采用何种监控方案,其目的都是快速识别出设备性能的变化趋势。这一问题的解决可以是不同水平上的,如可以设计一个非常简单的监控系统,当检测到振动增大到某个不利量值时就将该设备停机。然而,对于一些比较复杂而精密的设备来说,人们更希望利用监控数据更好地了解和认识设备载荷情况,并据此指导此类设备的维护和操作。显然,这就需要采用某些形式的数学模型帮助我们了解它们,大多数情况下(除了一些极为简单的设备),这些模型一般是有限元形式的。

一般而言,人们是通过将测得的振动水平与从模型计算得到的振动水平进行对比,从而实现对设备行为的认识。显然,这一工作需要相当细致才能完成。关于有限元模型的详细讨论不是本书的目的,感兴趣的读者可以去参阅相关书籍(如 Zienkievicz 等人的教材[1])。此外,Friswell 等人[2]还曾讨论过有限元模型在旋转类设备中的应用问题,下面我们会给出一个非常简短的介绍。

3.3 建模方法

在介绍状态监控的书中提及建模方法似乎令人费解,原因在于一些工程技术人员往往会把建模与设备检测视为两个毫不相干的领域。实际上,如果希望透彻地认识和了解设备的内部过程,那么,这两个方面不可避免地会联系到一起,并且它们还是同等重要的。仅仅借助模型而不进行检测,显然会失去一定的真实性,而仅仅进行检测则又难以获知设备的内部运行特征。

在有限元建模中,尽管弯曲梁是最简单的,但是它同时也是最为重要的一种模型。很多设备的转子都可以视为带有一个或多个圆盘的旋转梁模型。当然,一些场合中可能还需要更为复杂一点的模型表达,特别是横截面带有显著变化(如扭曲)的情形,此类情况相对较少,Friswell 等人[2]曾经对一些实例做过讨论。

3.3.1 梁模型

结构分析中的有限元方法可以视为瑞利-里兹法的拓展,这一方法采用试探函数对物体的位移进行描述,然后计算出相应的动能和势能。为了以试探函数来描述结构的运动,必须解决的一个关键点是将巨量(甚至无限)的自由度个数转化为试探函数的有限个参数。在经典的瑞利-里兹法中一般只考虑较少的试探参数,而在有限元方法中我们可以考虑相当多个试探参数。大量的旋转类设备可以利用简单的线性元件建模,这里我们以此为例介绍有限元方法的基本原理。不妨设有一台简单的设备,其转子可以描述为两端支撑在轴承之上的梁,建模步骤如下。将该转子划分成若干段,也称为单元。理论上,可以随意选取这些单元的数量,不过实际上并非如此,这个问题是相当重要的,后面我们再详细讨论。为方便起见,这里只将该转子划分为两个单元。每个单元的末端均可视为一个节点,可用于代表该端的位移情况。对于弯曲梁来说,Euler 曾给出过最简单的一种描述。这里不妨设梁具有矩形横截面(尺寸为 $a \times b$),长度为 L(远大于横截面尺寸)。很明显,梁中存在着一个曲面,弯曲变形过程中该曲面上不存在拉压变形,这一曲面一般称为中性面,对于均匀梁它通过中心线。位于中性面上方的点受到的是拉应力,而下方的点则受到的是压应力,如图 3.1 所示。一般地,我们采用这样一个重要假设,即当梁发生弯曲时,横截面依然保持平面形状,并且始终垂直于中性面,换言之,也就是忽略剪切变形。

考虑距离中性轴为 x 的点,弯曲发生后该处的曲率半径可设为 R。如图 3.2 所示,很容易看出在中性轴上方的点处于拉伸状态,而下方的点则处于受压状态。于是,应变就可以表示为

$$\varepsilon = \frac{x}{R} \tag{3.1}$$

与之对应的应力为

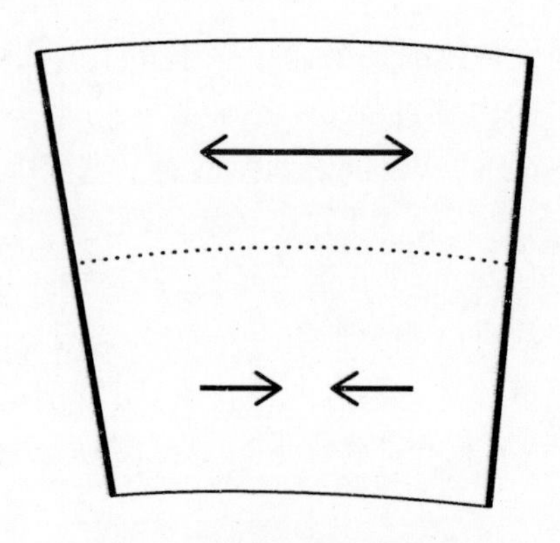

图 3.1　弯曲过程中的应变

$$\sigma = E\frac{x}{R} \tag{3.2}$$

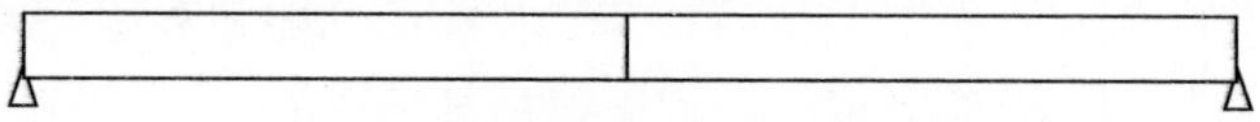

图 3.2　安装在两个轴承上的简单转子

关于中性轴所产生的弯矩可通过积分求得,即

$$M_r = \int E\frac{x^2}{R}\mathrm{d}x\mathrm{d}y = \frac{EI}{R} \tag{3.3}$$

式中:I 为截面惯性矩;E 为弹性模量。

曲率半径 R 是弯曲变形二阶导数的倒数,于是有

$$M_r = EI\frac{\partial^2 u}{\partial z^2} \tag{3.4}$$

利用这一关系式,就可以导出欧拉梁的运动方程了。考虑梁上一个微元段(位于 z 与 $z+\delta z$ 之间)的运动情况,那么,剪力差值应为

$$P(z+\delta z) - P(z) = \rho A\frac{\mathrm{d}^2 u}{\mathrm{d}t^2} \tag{3.5}$$

由于剪力是弯矩 M_r 的导数,因而,可导得欧拉－伯努利方程为

$$\frac{\partial^2}{\partial z^2}\left(EI\frac{\partial^2 u}{\partial z^2}\right) - \rho A\frac{\mathrm{d}^2 u}{\mathrm{d}t^2} = 0 \tag{3.6}$$

根据这一方程,不难得到第 n 阶固有频率为

$$\omega_n = \frac{n^2\pi^2}{L^2}\sqrt{\frac{EI}{\rho A}} \tag{3.7}$$

式中:L 为梁的长度;A 为横截面面积;ρ 为材料密度。

3.3.2 有限元方法

值得再次提及的是,有限元方法是瑞利-里兹变分法的延伸,不过该方法要更为先进一些。如果试探函数的自由度足够多,从而能够更好地表征设备模态形状,那么,固有频率的计算精度也会得以提高。这就意味着,模型中的单元数量越多,分析结果一般也就越好,当然,相应地也带来了更大的计算工作量。因此,实际应用中我们就必须清楚究竟需要达到多高的精度。对于实际设备问题,分析人员通常面临的是如何使测试数据与理论模型相互吻合起来,从而获得深入的理解。显然,这个过程需要足够的精度支持,不过也没有必要对精度提出过高的要求。

实际上,在对给定的转子进行抽象建模的过程中,分析人员的技巧和经验是最为重要的。一般而言,他们主要考虑两个方面,有时这两个方面还可能是相互矛盾的。一方面,所建立的模型必须反映设备的几何,其中包括各段的变化情况;另一方面,还必须考虑这些单元的数量,以确保能够获得合理的可信度。显然,这两个方面需要进行统一,一般可采用所谓的节点缩聚方法进行,即所建立的模型能够相当细致地反映出设备几何,但是在振动计算之前需要将这个非常巨大的模型进行缩减。下面先来考察两端铰支的均匀梁的建模问题。首先,将该梁视为欧拉梁模型,这样可以得到解析解;其次,将剪切和转动因素考虑进来以进行修正。

3.3.2.1 单元描述

设有一个梁单元,两端的节点位于 z 轴上,并假定节点参数为横向位移 u 和斜率 $\mathrm{d}u/\mathrm{d}z$(转角)。进一步,假设单元内的横向位移场形式为

$$u = a_0 + a_1 z + a_2 z^2 + a_3 z^3 \tag{3.8}$$

由于式(3.8)中的参数 a_n 难以与整个系统关联起来,因而必须消去它们,这可以利用节点变量完成。对于这个单元来说,它具有 4 个自由度,分别对应于 a_0、a_1、a_2 和 a_3。我们可以构造关于 4 个节点变量的关系式,以矢量和矩阵形式表达如下(设单元长度为 l_e),即

$$\begin{Bmatrix} u_1 \\ \left(\dfrac{\mathrm{d}u}{\mathrm{d}z}\right)_1 \\ u_2 \\ \left(\dfrac{\mathrm{d}u}{\mathrm{d}z}\right)_2 \end{Bmatrix} = \begin{bmatrix} 1 & 0 & 0 & 0 \\ 0 & 1 & 0 & 0 \\ 1 & l_e & l_e^2 & l_e^3 \\ 0 & 1 & 2l_e & 3l_e^2 \end{bmatrix} \begin{Bmatrix} a_o \\ a_1 \\ a_2 \\ a_3 \end{Bmatrix} \tag{3.9}$$

式(3.9)左端中的下标对应于不同的节点。根据这个方程,就可以得到矢量$\{\boldsymbol{a}\}$,即

$$\{\boldsymbol{a}\}=[\boldsymbol{C}]^{-1}\{\boldsymbol{v}\} \tag{3.10}$$

其中$\{\boldsymbol{v}\}^{\mathrm{T}}=\left\{u_1\left(\frac{\mathrm{d}u}{\mathrm{d}z}\right)_1 u_2\left(\frac{\mathrm{d}u}{\mathrm{d}z}\right)_2\right\}$,且有

$$[\boldsymbol{C}]^{-1}=\begin{bmatrix} 1 & 0 & 0 & 0 \\ 0 & 1 & 0 & 0 \\ -3/l_e^2 & -2/l_e & 3/l_e^2 & -1/l_e \\ 2/l_e^3 & 1/l_e^2 & -2/l_e^3 & 1/l_e^2 \end{bmatrix} \tag{3.11}$$

为计算单元在变形后的势能,可以借助下式,即

$$PE=\int_0^{l_e} EI\left(\frac{\partial^2 u}{\partial z^2}\right)^2 \mathrm{d}z \tag{3.12}$$

进一步可以表示为

$$PE=EI\int_0^{l_e}(2a_2+6a_3 z)^2 \mathrm{d}z \tag{3.13}$$

因为希望消去参数$\{\boldsymbol{a}\}$,因而,将势能表示为矩阵形式会更为方便,于是有

$$PE=EI\int_0^{l_e}\{\boldsymbol{a}\}^{\mathrm{T}}\begin{Bmatrix} 0 \\ 0 \\ 2 \\ 6z \end{Bmatrix}\{0 \quad 0 \quad 2 \quad 6z\}\{\boldsymbol{a}\}\mathrm{d}z \tag{3.14}$$

利用式(3.10),就可以将这个势能以节点变量的形式描述了,进而也就消去了参数$\{\boldsymbol{a}\}$,即

$$PE=EI\int_0^{l_e}\{\boldsymbol{v}\}^{\mathrm{T}}[\boldsymbol{C}]^{-\mathrm{T}}\begin{Bmatrix} 0 \\ 0 \\ 2 \\ 6z \end{Bmatrix}\{0 \quad 0 \quad 2 \quad 6z\}[\boldsymbol{C}]^{-1}\{\boldsymbol{v}\}\mathrm{d}z \tag{3.15}$$

积分之后就得到了单元的势能,即

$$PE=\{\boldsymbol{v}\}^{\mathrm{T}}[\boldsymbol{K}]\{\boldsymbol{v}\}$$

其中

$$\boldsymbol{K}=\frac{2EI}{l_e^3}\begin{bmatrix} 6 & 3l_e & -6 & 3l_e \\ 3l_e & 2l_e^2 & -3l_e & l_e^2 \\ -6 & -3l_e & 6 & -3l_e \\ 3l_e & l_e^2 & -3l_e & 2l_e^2 \end{bmatrix} \tag{3.16}$$

质量矩阵可以通过分析动能计算，此时有

$$KE = \int_0^{l_e} \{\boldsymbol{v}\}^{\mathrm{T}}[\boldsymbol{C}]^{-\mathrm{T}}\{1 \quad z \quad z^2 \quad z^3\}\begin{Bmatrix} 1 \\ z \\ z^2 \\ z^3 \end{Bmatrix}[\boldsymbol{C}]^{-1}\{\boldsymbol{v}\}\,\mathrm{d}z \tag{3.17}$$

进一步，动能就可以表示为

$$KE = \omega^2\{\boldsymbol{v}\}^{\mathrm{T}}[\boldsymbol{M}]\{\boldsymbol{v}\}$$

其中

$$\boldsymbol{M} = \frac{ml_e}{420}\begin{bmatrix} 156 & 22l_e & 54 & -13l_e \\ 22l_e & 4l_e^2 & 13l_e & -3l_e^2 \\ 54 & 13l_e & 156 & -22l_e \\ -13l_e & -3l_e^2 & -22l_e & 4l_e^2 \end{bmatrix} \tag{3.18}$$

式中：m 为单位长度梁的质量。

至此，我们已经分析了单个方向上的运动情况，然而，大多数设备问题中往往至少需要考虑两个正交方向上的运动，因此，单元矩阵的推导还需要做进一步的工作，此时，它们将是 8×8 矩阵而不再是 4×4 矩阵了。对于一个轴对称的转子而言，如果采用欧拉－伯努利梁描述，那么，单元的质量矩阵将变成

$$\boldsymbol{M}_e = \frac{\rho_e A_e l_e}{420}\begin{bmatrix} 156 & 0 & 0 & 22l_e & 54 & 0 & 0 & -13l_e \\ 0 & 156 & -22l_e & 0 & 0 & 54 & -13l_e & 0 \\ 0 & -22l_e & 4l_e^2 & 0 & 0 & -13l_e & -3l_e^2 & 0 \\ 22l_e & 0 & 0 & 4l_e^2 & 13l_e & 0 & 0 & -3l_e^2 \\ 54 & 0 & 0 & 13l_e & 156 & 0 & 0 & -22l_e \\ 0 & 54 & -13l_e & 0 & 0 & 156 & 22l_e & 0 \\ 0 & -13l_e & -3l_e^2 & 0 & 0 & 22l_e & 4l_e^2 & 0 \\ -13l_e & 0 & 0 & -3l_e^2 & -22l_e & 0 & 0 & 4l_e^2 \end{bmatrix} \tag{3.19}$$

而单元的刚度矩阵则变为

$$
\boldsymbol{K}=\frac{E_eI_e}{l_e^3}\begin{bmatrix}
12 & 0 & 0 & 6l_e & -12 & 0 & 0 & 6l_e \\
0 & 12 & -6l_e & 0 & 0 & -12 & -6l_e & 0 \\
0 & -6l_e & 4l_e^2 & 0 & 0 & 6l_e & 2l_e^2 & 0 \\
6l_e & 0 & 0 & 4l_e^2 & -6l_e & 0 & 0 & 2l_e^2 \\
-12 & 0 & 0 & -6l_e & 12 & 0 & 0 & -6l_e \\
0 & -12 & 6l_e & 0 & 0 & 12 & 6l_e & 0 \\
0 & -6l_e & 2l_e^2 & 0 & 0 & 6l_e & 4l_e^2 & 0 \\
6l_e & 0 & 0 & 2l_e^2 & -6l_e & 0 & 0 & 4l_e^2
\end{bmatrix}
\tag{3.20}
$$

上述推导都是建立在欧拉－伯努利梁理论基础之上的，尽管这对于细长转子构型（即较大的长径比）的建模来说是可行的，不过人们经常还需要借助更为复杂一些的铁摩辛柯梁理论进行更加细致一些的建模，该理论主要计入了剪切和转动效应。在经过稍微复杂一些的推导之后，我们不难得到单元的刚度矩阵为

$$
\boldsymbol{K}=\frac{EI}{(1+\boldsymbol{\Phi}_e)l_e^2}\begin{bmatrix}
12 & 6l_e & -12 & 6l_e \\
6l_e & l_e^2(4+\boldsymbol{\Phi}_e) & -6l_e & l_e^2(2-\boldsymbol{\Phi}_e) \\
-12 & -6l_e & 12 & -6l_e \\
6l_e & l_e^2(2-\boldsymbol{\Phi}_e) & -6l_e & l_e^2(4+\boldsymbol{\Phi}_e)
\end{bmatrix}
\tag{3.21}
$$

其中

$$
\boldsymbol{\Phi}_e=\frac{12EI}{\kappa GA_el_e^2}
$$

式中：κ 为剪切常数；G 为剪切模量；A_e 为横截面面积。

质量矩阵的推导要烦琐一些，一般可以表示为两个 4×4 矩阵之和的形式，每个矩阵分别代表质量和转动惯量。完整的推导可以参阅 Friswell 等人著作[2]的第 4 章，这里仅给出其结果，即每个单元的质量矩阵可以表示为

$$
\boldsymbol{M}_e=\frac{\rho_eA_el_e}{840(1+\boldsymbol{\Phi}_e)^2}\begin{bmatrix}
m_1 & m_2 & m_3 & m_4 \\
m_2 & m_5 & -m_4 & m_6 \\
m_3 & -m_4 & m_1 & -m_2 \\
m_4 & m_6 & -m_2 & m_5
\end{bmatrix}
$$

$$
+\frac{\rho_e I_e}{30(1+\Phi_e)^2 l_e}\begin{bmatrix} m_7 & m_8 & -m_7 & m_8 \\ m_8 & m_9 & -m_8 & m_{10} \\ -m_7 & -m_8 & m_7 & -m_8 \\ m_8 & m_{10} & -m_8 & m_9 \end{bmatrix} \tag{3.22}
$$

其中

$$
m_1=312+588\Phi_e+288\Phi_e^2, m_2=(44+77\Phi_e+35\Phi_e^2)l_e
$$

$$
m_3=108+252\Phi_e+140\Phi_e^2, m_4=-(26+63\Phi_e+35\Phi_e^2)l_e
$$

$$
m_5=(8+14\Phi_e+7\Phi_e^2)l_e^2, m_6=-(6+14\Phi_e+7\Phi_e^2)l_e^2
$$

$$
m_7=36, m_8=(3-15\Phi_e)l_e, m_9=(4+15\Phi_e+10\Phi_e^2)l_e^2
$$

$$
m_{10}=-(1+5\Phi_e-5\Phi_e^2)l_e^2
$$

上面这个质量矩阵表达式中的第二部分代表的就是转动惯性的效应。必须强调的是,虽然铁摩辛柯梁单元的推导要比欧拉梁单元复杂一些,但是实际应用的过程中并不存在其他更多的困难,这些将在3.3.3节中进一步讨论。

3.3.2.2 矩阵组装

到目前为止,单元的动能和势能都已经以节点坐标的形式表示出来了,下面就需要将这些单元组装起来。这里我们考虑一根由两个单元组成的梁,如图3.2所示。假设所关心的振动发生在一个平面内,因而,这里的3个节点将具有6个自由度。若将第n个单元所对应的矩阵元素记为$(k_{ij})_n$,那么,将两个单元的刚度矩阵组装以后就可以得到整个梁的刚度矩阵为

$$
\boldsymbol{K}=\begin{bmatrix} (k_{11})_1 & (k_{12})_1 & (k_{13})_1 & (k_{14})_1 & 0 & 0 \\ (k_{21})_1 & (k_{22})_1 & (k_{23})_1 & (k_{24})_1 & 0 & 0 \\ (k_{31})_1 & (k_{32})_1 & (k_{33})_1+(k_{11})_2 & (k_{34})_1+(k_{12})_2 & (k_{13})_2 & (k_{14})_2 \\ (k_{41})_1 & (k_{42})_1 & (k_{43})_1+(k_{21})_2 & (k_{44})_1+(k_{22})_2 & (k_{23})_2 & (k_{24})_2 \\ 0 & 0 & (k_{31})_2 & (k_{32})_2 & (k_{33})_2 & (k_{34})_2 \\ 0 & 0 & (k_{41})_2 & (k_{42})_2 & (k_{43})_2 & (k_{44})_2 \end{bmatrix} \tag{3.23}
$$

而总的质量矩阵也可以类似地组装得到。这样一来,我们也就将整个结构的能量(进而力的分布)以节点参数的形式表达出来了。

对于更为复杂的单元类型，数学处理过程可能存在一些不同，不过这一分析过程的物理本质是相同的。

以式(3.23)的模式对系统的矩阵进行组装以后，再结合轴上附带的质量以及轴承参数，就能够导出系统的运动方程，一般可以表示为

$$\boldsymbol{Kx} + \boldsymbol{C}\dot{\boldsymbol{x}} + \boldsymbol{G}\Omega\dot{\boldsymbol{x}} + \boldsymbol{M}\dot{\boldsymbol{x}} = \boldsymbol{F}(t) \tag{3.24}$$

可以看出，这个方程中出现了两个附加项，其中的 $\boldsymbol{C}$ 代表的是阻尼，而 $\boldsymbol{G}$ 则代表了陀螺项。就阻尼而言，有时是难以准确量化的，它们大多来源于轴承。转子自身所产生的阻尼的处理方式则与此有很大不同，它可能会导致转子的不稳定（参考 Friswell 等人的文献[2]）。在考虑角动量守恒性时，就可以观察到陀螺项的存在，矩阵 $\boldsymbol{G}$ 是反对称的。最值得注意的一点就是，陀螺项的存在使得系统的动力学特性受到了轴的旋转速度的影响。此外，陀螺项的重要性依赖于所考察的轴的几何，在实际设备中，如果主要的惯性位于轴承之间，那么，陀螺项一般是不太重要的，而如果转子是悬伸形式的，那么，它将变得非常重要。

现在说明以上述方式进行设备建模的好处。尽管会涉及较多的运算，然而，这一处理方式却具有非常直观的物理意义。通过对每一个单元设定固定的函数关系（式(3.8)），具有无限个自由度的原系统也就简化成了一个有限自由度的系统（自由度数等于节点数的 4 倍）。这个模型在刻画实际系统行为时所能达到的准确度主要取决于该模型描述实际变形的能力，而这一点又是由模型中的单元数量决定的。理论上说，模型中的单元数量越多就越好，不过这会导致过大的计算负担，因此，有必要了解模型的精细化是否达到了合适的精度。

为了说明这一点，我们考虑如下实例。

实例 3.1　设有一根直径为 10mm 的轴，两端支撑在轴承上，支撑点距离 0.5m。试利用 1 个、2 个、4 个、8 个欧拉 - 伯努利梁单元确定前四阶固有频率。

解：由于模型采用欧拉 - 伯努利梁理论，因而，可以得到精确解，固有频率应为

$$\omega_n = n^2 \pi^2 \sqrt{\frac{EI}{ml^4}}$$

图 3.3 中分别给出了单元数为 1、2、4 和 8 时的转子模型。表 3.1 中给出了有限元计算的结果。可以看出，利用较少的单元数量可以很好地预测较低阶固有频率，而对于较高阶固有频率来说，就必须采用更多一些的单元，这实际上表明了需要更精细的模型才能更好地描述模态的变形情况。

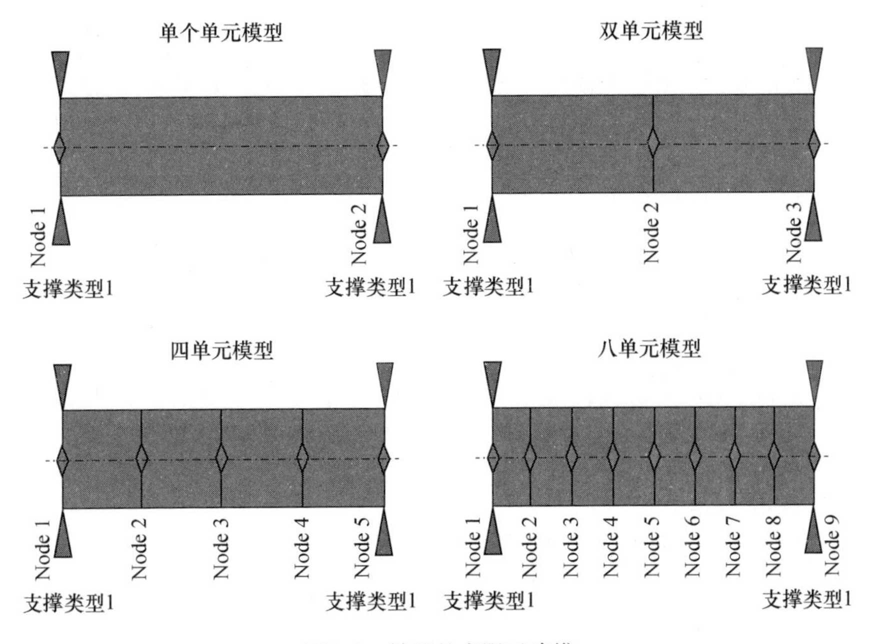

图 3.3　转子的有限元建模

表 3.1　简支梁的固有频率值　（单位:Hz）

模态 \ 单元数量	1	2	4	8	精确值
1	90.5	81.8	81.5	81.5	81.5
2	414.6	361.9	327.3	326.1	326.0
3	—	909.5	746.9	734.5	733.5
4	—	1658	1447	1309	1304

在这个相对比较简单的计算实例中,可以清晰地认识到如下几点。

(1) 所有情况中,有限元方法计算出的固有频率总是大于精确值。实际上,采用这种单元类型的时候都会导致这一结果(在利用该单元类型进行分析的过程中一般要求相邻单元之间在位移和转角上保持连续性),原因在于模型受到了更多的限制,刚性变大了。

(2) 随着单元数的增大精度也随之提高,不过当模态数量增大时精度会降低。

(3) 采用两个单元进行模型描述时,能够准确地给出第一阶模态,不过第二阶模态的计算就会出现较大的误差。

在讨论了旋转类设备建模的基本框架后,现在再来介绍一下测试数据的分析。人们一般将建模和设备数据视为完全独立的两个方面,不过在本书中,我们认为它们应当视为一个有机联系着的整体,也即设备数据应当用于指导建模,而模型预测又反过来可以帮助更好地理解和认识设备,因此二者是不可分割的。此外,应当提及的是,虽然对于一根理想的匀质梁来说可以采用解析分析方法来处理,然而,在分析具有非均匀横截面的梁时如果利用式(3.6)就会变得过于烦琐了。因此,在大多数实际分析研究中,有限元方法仍然是最方便的手段。

3.3.3 建模选择

前面介绍的一些实例都采用的是欧拉梁理论,该理论忽略了剪切和转动惯性效应的影响。这种单元只是建模过程中可供选择的类型之一而已,分析人员必须确定选用何种单元描述系统。一般来说,在确定的过程中需要考虑以下几点。

(1) 梁模型是否恰当?

(2) 剪切变形和(或)转动惯性是否重要?(一般取决于转子的长径比和所考虑的模态)

(3) 需要采用多少个单元来描述?

(4) 是否需要考虑其他一些因素,如轴承、密封以及质量的分布情况。

与欧拉梁理论不同的是,铁摩辛柯梁理论同时考虑了剪切和转动惯性效应,表3.2中给出了这些项所导致的结果,针对的是一个由16个单元组成的圆形截面梁模型。该表中的数据是用归一化频率f/Ξ_0表示的,其中

$$\Xi_0 = \frac{L^2}{\pi^2}\sqrt{\frac{\rho A}{EI}} \tag{3.25}$$

表3.2 长径比对归一化频率计算的影响

模态	比值(D/L)				欧拉解
	0.025	0.05	0.075	0.1	
1	0.9992	0.9970	0.9933	0.9882	1
2	3.9881	3.9531	3.8971	3.8235	4
3	8.9414	8.7717	8.5136	8.1947	9
4	15.8213	15.3161	14.5915	13.7567	16

表3.2中给出了归一化频率和一组长径比的值。不难发现,这两个附加因素对于较高阶模态来说会产生较明显的影响。

尽管对于厚梁来说铁摩辛柯模型要优于欧拉梁模型,不过它也不是精确的,当直径与长度的比值增大时,理想化的梁模型精度会明显下降,此时,只能采用完整的三维实体模型才能保证足够的精度了。值得庆幸的是,就旋转类设备分

析而言,这种情形是相当罕见的。虽然该模型的推导要稍微复杂些,不过在所有的商用软件中都提供了这种单元类型,应用时并不会比采用欧拉梁单元更复杂。正因为如此,在转子计算中建议采用此类单元类型,当然,不包括那些需要采用更为复杂的模型情况。

3.4 分析方法

第2章中已经介绍了旋转类设备测试数据的主要描述手段,在大量实际问题中这些数据量是非常大的,有时为了更好地理解这些数据的意义,还经常需要以各种不同方式对它们进行观察。对于任何故障诊断问题,其最本质的特征是将这些观察与对设备过程的理解互相关联起来,这也就意味着需要某种理论模型的支撑。有时所需的模型可以是对实际设备的不够成熟的理想化描述,不过,更多的时候,人们仍然需要更为细致的模型,其中有限元方法为构建这些模型提供了最重要的一条途径。在大多数场合中,可能缺少足够的信息构建准确的模型,不过这并不能否定建模对于加深理解的作用。在第7章中将讨论将模型与设备测试数据相互关联起来的一些较新技术手段,特别地,我们将对支撑结构特性进行推导和分析,这是一个常见的难点问题,尤其是对于特别巨大的设备。在完成建模工作之后,利用模型就可以得到一系列结果了。在一些情况中,这些结果能够重现出前面提及的测试数据图像,由于借助模型可以更好地进行数据分析,因而,利用这些结果还能获得其他一些有用的图像。

总体来说,有限元技术的发展改变了旋转类设备的分析和设计,同时也改变了人们对其的理解。它为我们深入认识设备的动力学过程提供了一个一般性框架。

3.4.1 不平衡响应

质量不平衡是涡轮机械设备中最常见的一种故障,因此,就从讨论不平衡转子开始。这一主题无疑是此类设备研究中最为重要的一个,在第4章中还会作详细的分析。这里对此给出一个简短的概述,目的是引出一些在后续讨论中需要涉及的一些基本思想。根据一般性的运动方程式(3.24),可以得到与轴的转速 $\boldsymbol{\Omega}$(rad/s)对应的响应 $\boldsymbol{x}$,可由下式给出,即

$$\boldsymbol{K}\boldsymbol{x} + \mathrm{j}\boldsymbol{C}\boldsymbol{\Omega}\boldsymbol{x} + \mathrm{j}\boldsymbol{G}\boldsymbol{\Omega}^2\boldsymbol{x} - \boldsymbol{M}\boldsymbol{\Omega}^2\boldsymbol{x} = \boldsymbol{M}\boldsymbol{\Omega}^2 e \tag{3.26}$$

需要注意的是,轴自身也为系统的振动提供了载荷项。这一方程的解可以表示为

$$\boldsymbol{x} = [\boldsymbol{K} + \mathrm{j}\boldsymbol{C}\boldsymbol{\Omega} + \mathrm{j}\boldsymbol{G}\boldsymbol{\Omega}^2 - \boldsymbol{M}\boldsymbol{\Omega}^2]^{-1}\boldsymbol{M}\boldsymbol{\Omega}^2 e \tag{3.27}$$

当给定了一个偏心质量矢量后,利用这个表达式就可以计算和绘制相应的降速运行曲线了。应当注意的是,这里的计算是准静态意义上的,因为它模拟的是无限长时间内的转速下降过程。不过,这一点所造成的差异是较小的。

在利用式(3.27)进行计算时,还可以看出,即使是针对中等尺度的模型(在一个频率范围内)也将涉及大量的计算。为了更有效地进行计算,人们一般会采用模态参数进行处理,这一方法将在3.5.1节中阐述。

3.4.2 坎贝尔图

类似于非旋转结构物的基本分析思想,第一步工作是进行固有频率分析,不同之处在于这里需要额外考虑到这些固有频率将是转速的函数。坎贝尔图可以将这些固有频率与轴的转速之间的函数关系表示出来,图3.4给出了坎贝尔图的一个实例。

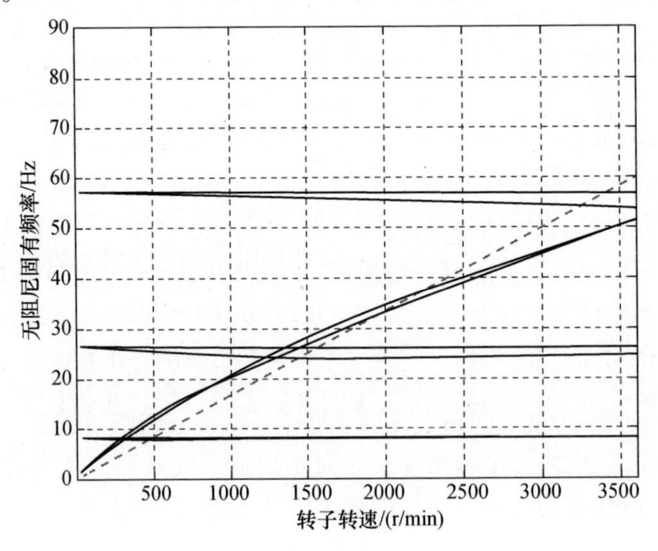

图3.4 坎贝尔图

对于给定的转速 $\boldsymbol{\Omega}$,固有频率由下式给出,即

$$\boldsymbol{K}\boldsymbol{x} + \mathrm{j}\boldsymbol{C}\omega\boldsymbol{x} + \mathrm{j}\boldsymbol{G}\boldsymbol{\Omega}\omega\boldsymbol{x} - \boldsymbol{M}\omega^2\boldsymbol{x} = 0 \tag{3.28}$$

$\boldsymbol{\Omega}$ 和 ω 是不同的量,前者代表的是转速,而后者是指振动频率。由于激励力一般是与轴的转速对应的,因而,频率与转速之间确定的对应关系是非常重要的,它们与固有频率线的交点一般称为临界转速。在旋转类设备的设计和运行中,这些临界转速是极其重要的。当然,仅有这些还不足以给出完整的设备情况,特别地,坎贝尔图中所给出的临界转速并不一定说明某些问题的发生,原因在于某

些被激发出的共振行为可能不会很显著。实际上，由于阻尼较大或者激励力的分布不合适，又或者某些几何效应的存在，共振有可能不会形成，例如，对于安装在对称基础上的设备，不平衡性就不会激发出某些反向模态。这一点将在第4章中进一步讨论。应当指出的是，尽管坎贝尔图对于设备诊断是非常有价值的，然而，由于缺乏阻尼方面的信息，因而，它仍然是不够完整的，我们有必要加以补充。

从图3.5(a)~(d)所给出的这4幅图中，可以观察到坎贝尔图的一些不同情形，这些情形来自于安装在轴上的大型推进器的叶片（轴的两端采用了滚动

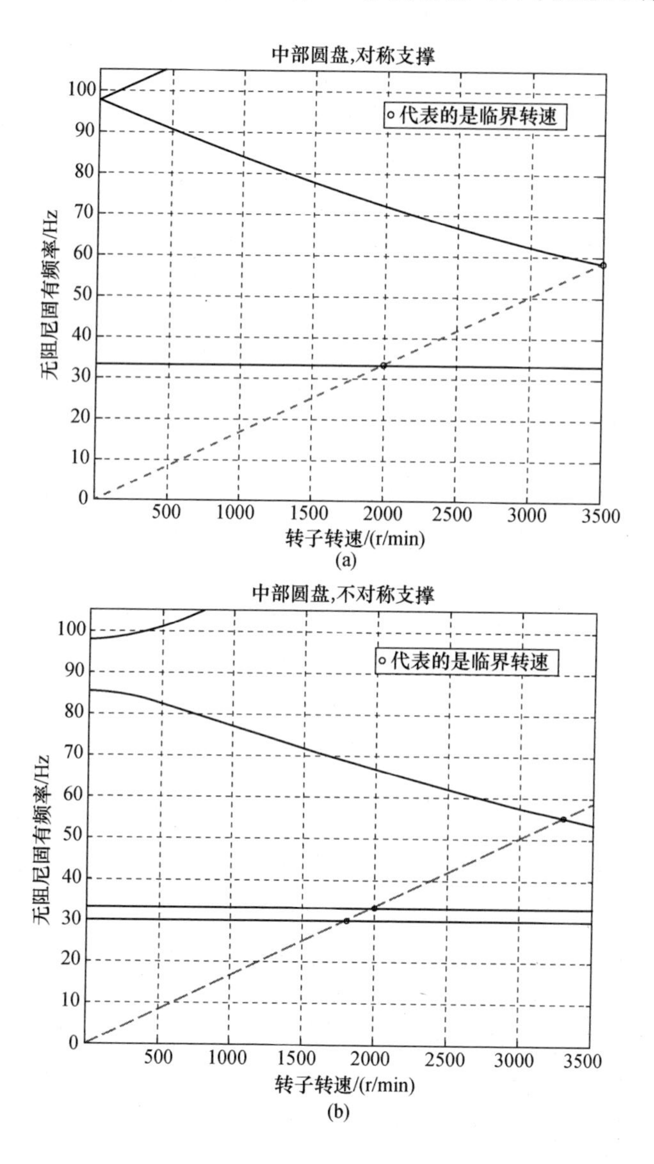

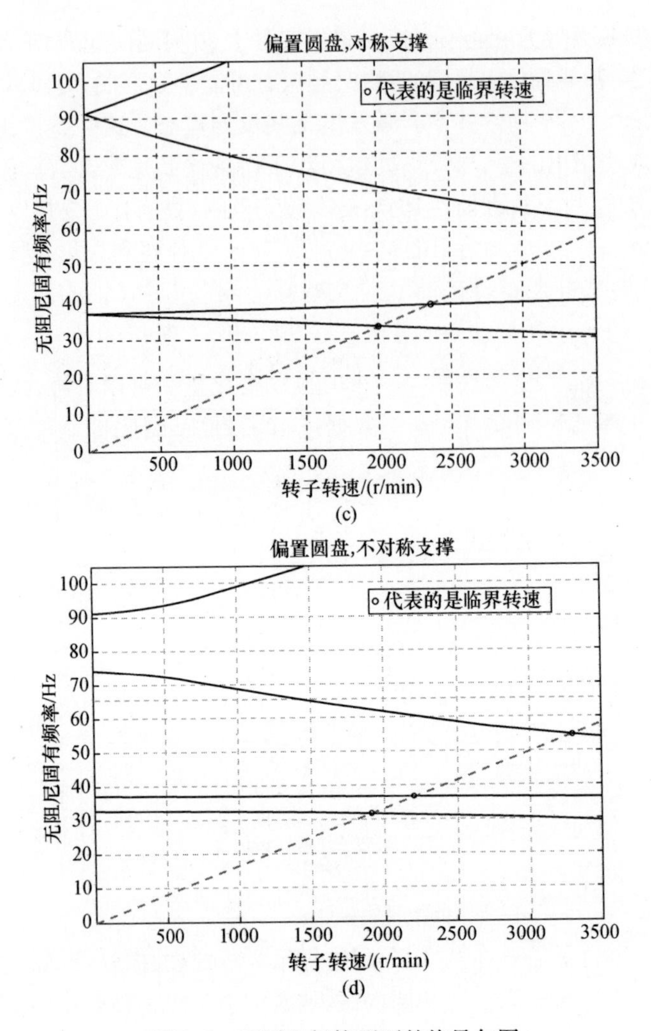

图 3.5　不同几何构型下的坎贝尔图

轴承支撑)。由于是大型推进器,因而陀螺力矩会对某些模态产生影响,这取决于模态的角变形情况。在图 3.5(a)中,因为推进器是对中安装的,因而,第一阶模态只是一种“弹跳”运动,于是,不会出现陀螺效应,该效应将出现在第二阶模式上。应当注意的是,这种情形下只存在两个临界转速(一个为前向另一个为反向)。对于图 3.5(b)所示的情形,支撑结构在 x 和 y 方向上被设定了不同的刚度,这一点从零转速处的频率分裂现象即可看出。图 3.5(c)、(d)反映的情形是:推进器的轴向位置发生了变化,不再是对中安装了。这意味着即便是最低阶的振动模态也会包含一定的转动,因而,一阶模态中会出现陀螺效应。这里应当注意的是,对于简单的轴承来说(非油膜类型的轴承),很容易观察到前向模态的频率随着转速增大而增大，而反向模态的频率则降低。

3.4.3 阻尼系统的分析

前面对转子响应的分析（作为转速的函数）是针对一些简单情形的，有关这一主题更深入的讨论将在第 4 章给出。虽然一般来说受迫响应分析是最有价值的，不过对固有频率和模态形状的认识往往能帮助分析人员更好地理解设备的工作过程。在自由振动的分析中，人们除了需要确定每一阶模态的固有频率和模态形状以外，一般还需要考虑其阻尼系数。

显然，这就给我们带来了一个额外的问题，在分析中必须考虑 3 个矩阵（忽略陀螺项），此时的方程应为

$$\boldsymbol{K}\boldsymbol{x}+\boldsymbol{C}\dot{\boldsymbol{x}}+\boldsymbol{M}\ddot{\boldsymbol{x}}=0 \tag{3.29}$$

针对上面这 3 个矩阵（$\boldsymbol{K}$、$\boldsymbol{M}$、$\boldsymbol{C}$），需要采用合适的方法计算固有频率、模态形状以及模态阻尼系数。将上式以“状态空间”形式表达是一个非常方便的求解办法。因此，我们分别以 x 和 $\dot{x}$ 表示位置与速度，它们是彼此独立的参量。显然，这就意味着必须引入一个附加的方程说明速度为位置的时间导数，于是，式（3.29）这个二阶方程就可以转化为如下所示的两个一阶方程，即

$$\boldsymbol{K}\boldsymbol{x}+\boldsymbol{C}\dot{\boldsymbol{x}}+\boldsymbol{M}\frac{\mathrm{d}\dot{\boldsymbol{x}}}{\mathrm{d}t}=0 \tag{3.30}$$

$$\dot{\boldsymbol{x}}=\frac{\mathrm{d}\boldsymbol{x}}{\mathrm{d}t} \tag{3.31}$$

也可以将这两个方程组合起来表示成一个矩阵形式的方程，即

$$\begin{bmatrix}\boldsymbol{K} & 0\\ 0 & -\boldsymbol{M}\end{bmatrix}\begin{Bmatrix}\boldsymbol{x}\\ \dot{\boldsymbol{x}}\end{Bmatrix}+\begin{bmatrix}\boldsymbol{C} & \boldsymbol{M}\\ \boldsymbol{M} & 0\end{bmatrix}\frac{\mathrm{d}}{\mathrm{d}t}\begin{Bmatrix}\boldsymbol{x}\\ \dot{\boldsymbol{x}}\end{Bmatrix}=0 \tag{3.32}$$

显然，上式实际上就是如下形式，即

$$\boldsymbol{A}\boldsymbol{q}+\boldsymbol{B}\dot{\boldsymbol{q}}=0 \tag{3.33}$$

由于未知矢量变成了 $\{\boldsymbol{x}\quad \dot{\boldsymbol{x}}\}^{\mathrm{T}}$，因而，此时的维度就是原问题的 2 倍了。此外，还应注意，这种分析过程可以直接计算出固有频率，而不是像无阻尼二阶方程计算中得到的是固有频率的平方了。一般来说，计算出的固有频率值是复数形式的，即 $\omega_k=\alpha_k+\mathrm{j}\beta_k$，这里有必要说明其物理意义。不妨回想一下形如式（3.33）这样的方程，其求解过程是首先假设形式解为 $\boldsymbol{q}=\boldsymbol{q}_0\mathrm{e}^{\lambda t}$，然后，代入方程计算，从而得到如下的特征值方程，即

$$\boldsymbol{A}\boldsymbol{q}_0+\lambda\boldsymbol{B}\boldsymbol{q}_0=0 \tag{3.34}$$

如果原问题(二阶方程)的自由度数为 n,那么,式(3.32)的特征值问题将存在 $2n$ 个解,每一个解都包含了特征值 λ 和对应的特征矢量 $\boldsymbol{q}_0$。自由振动方程式(3.33)的第 k 个解为

$$q_k = q_{0k}e^{\alpha_k t}(A\sin\beta_k t + B\cos\beta_k t) \tag{3.35}$$

由此可以清楚地看出,如果 α 是负值,那么,任何扰动都会随时间衰减;如果为正值,那么,扰动就会不断增长,系统就变得不稳定了。式中的 A 和 B 是常数,它们应根据初始条件确定。将其与单自由度系统比较即可看出,第 k 阶固有频率 ω_{nk} 和阻尼系数 ζ_k 应分别为

$$\omega_{nk} = \sqrt{\alpha_k^2 + \beta_k^2} \tag{3.36}$$

$$\zeta_k = \frac{\alpha_k}{\sqrt{\alpha_k^2 + \beta_k^2}} \tag{3.37}$$

根据这两个关系式可知,β_k 就是阻尼固有频率,即

$$\omega_{dk} = \beta_k = \omega_{nk}\sqrt{1 - \zeta_k^2} \tag{3.38}$$

为便于理解,这里不妨考虑一个单自由度系统的自由振动方程,它可以表示为

$$kx + c\dot{x} + m\ddot{x} = 0 \tag{3.39}$$

假设形式解为 $x = x_0e^{st}$,将其代入式(3.39)可得

$$(k + cs + ms^2)x_0e^{st} = 0 \tag{3.40}$$

由此可以得到两个根为

$$s = \frac{-c \pm \sqrt{c^2 - 4km}}{2m} = \frac{-c}{2m} \pm \sqrt{\left(\frac{c}{2m}\right)^2 - \left(\frac{k}{m}\right)^2} \tag{3.41}$$

令 $\zeta = \left(\frac{c}{2m}\right)\sqrt{\frac{m}{k}}$,并将根号下的因子(−1)提出之后可得

$$s = -\zeta\omega_n \pm j\omega_n\sqrt{1 - \zeta^2} \tag{3.42}$$

应当注意的是,当 $\zeta = 1$ 时,s 的虚部(对应于振荡成分)为零,因而,解为实数根。这种情况一般称该系统处于临界阻尼状态,不会出现振动运动。图 3.6 给出了一个实例,它对应于一个支撑在 4 个轴承上的交流发电机模型,图中示出了阻尼系数 ζ_k 与固有频率 ω_{nk} 之间的对应关系(前几阶模态)。对于这个特定的实例来说,图中这些参数随转子转速的变化不是特别明显,不过可以借助三维图更好地观察。

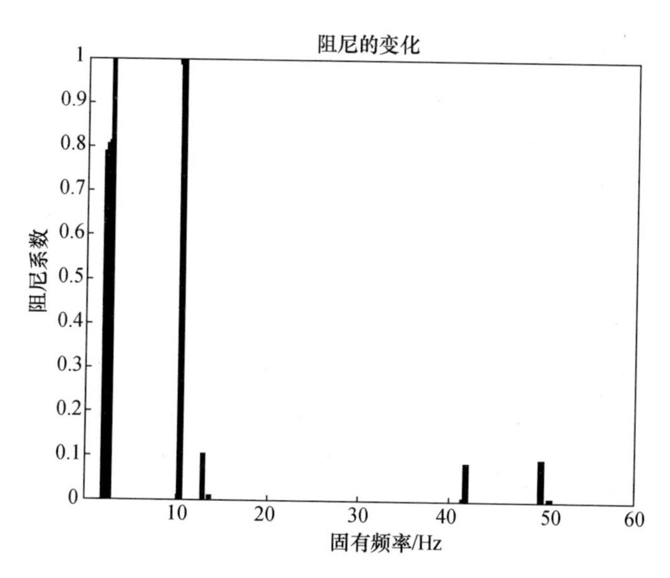

图 3.6　不同模态下的阻尼系数

对于多自由度系统来说,上述分析可以针对单个模态进行。虽然在很多转子系统中总的阻尼可能是适中的,不过某些特定模态仍然可能处于临界阻尼或过阻尼情况。在那些带有含油滑动轴承的系统中,更容易出现这一情况,这类轴承往往是系统阻尼的最主要提供者。

关于系统的阻尼及其所导致的动力学行为,还有另一个需要关注的问题。在结构分析中,人们经常会假定阻尼矩阵是刚度矩阵和质量矩阵的线性组合,也即 $\boldsymbol{C}=a\boldsymbol{K}+b\boldsymbol{M}$,这就是所谓的经典阻尼模型或者说比例阻尼模型。很多研究人员都曾经试图为这个模型提供某些合理性依据,然而,实际上是并不存在的。之所以采用这一模型,是因为据此可以大大简化数学处理过程,并且对于适中的阻尼来说由此得到的分析结果也是合理的。事实上,在很多情况中阻尼仅在共振频率附近才是比较重要的,因而,这个处理方式也确实是可接受的。当然,在很多旋转类设备问题中,由于阻尼主要是由轴承提供的,因此,采用该处理方式会带来一些有趣的结果。

当采用比例阻尼进行分析时,模态函数是实函数,它们就是无阻尼系统的模态。如果采用更一般的阻尼,那么,就会得到复数形式的特征函数(模态形状),下面考察它们的物理含义。不妨假设第 k 阶模态形状可以表示为

$$\psi_k=A_k(x)+\mathrm{j}B_k(x)\tag{3.43}$$

将其乘以时域分量并取其实部,可得

$$y_k=\mathrm{Re}\left(\left(A_k(x)+\mathrm{j}B_k(x)\right)\mathrm{e}^{\alpha_k\omega_{nk}t}\left(\cos\omega_{nd}t+\mathrm{j}\sin\omega_{nd}t\right)\right)\tag{3.44}$$

于是,这一模态的贡献为

$$y_k = e^{\alpha_k \omega_{nk} t}(A_k(x)\cos\omega_{dk}t - B_k(x)\sin\omega_{dk}t) \tag{3.45}$$

可以看出,这一成分的相位为

$$\theta_k = \arctan\left(\frac{-B_k(x)}{A_k(x)}\right) \tag{3.46}$$

该相位显然是与 x 相关的,这就表明复模态实际上代表的是行波,而不是实模态所代表的驻波。

对于任何实际设备来说,其响应都将包含一系列模态的贡献,这些模态可能是实的或者复的,叠加之后将会导致相位随位置而改变。

3.4.4 根轨迹与稳定性

前面主要介绍了运动方程中的阻尼项的处理,对于旋转类设备来说阻尼是相当重要的,同时这也是此类设备的分析要比非旋转类结构物更为复杂的一个原因。这一节主要考察旋转类设备分析中涉及的一个基本问题,系统能够从轴的转动中获得能量,在特定条件下这些能量中的一部分可以传递到某些振动模式中,进而会导致微小的扰动不随时间衰减而是逐渐增长,即转子的不稳定问题。这个问题的发生可能来源于 3 种因素。

(1)轴承设计或载荷分布不合适。

(2)转子阻尼过大。

(3)转子严重不对称。

在故障诊断领域中,最为常见的是第一种因素。对于带有多个轴承的设备来说,对中性的不同会改变设备的静态载荷,由此可产生次同步涡动现象,在第 6 章中将对此做较为完整的介绍。这里需要注意的一个要点是:当某个特征值的实部为正时,将会导致不稳定性(后面将解释其含义)。此外,还应注意阻尼是一个重要参数,它决定了各振动模式在实际问题中的重要程度。

前面我们已经指出,坎贝尔图虽然是一个非常有用的分析工具,然而,它所给出的信息仍然是不完整的。换言之,尽管了解固有频率是相当重要的,不过这并非我们所想认识的全部内容。例如,一个模态是否为过阻尼的或者在载荷激励下是否会被激发出来,这些也是需要搞清楚的。由此可见,分析过程中都会要求我们对阻尼有所了解。

在根轨迹图中,每个振动模式的复频率均绘制在阿尔甘平面上。应当注意的是,根轨迹这一术语已经被人们广为接受,不过稍微有点遗憾的是,它容易让人跟控制理论中的同一术语(即根轨迹分析方法)产生联想,而实际上它们并无关联。图 3.7 给出了一个根轨迹图实例,其中的每条线代表了轴的转速在某个范围内变化时模态频率的轨迹。坐标 y 代表的是振动频率,而坐标 x 反映的是衰减率(由此很容易确定阻尼系数)。需要注意的是,任何出现在图中右半平面上的根都意味着振动随时间增长,因而系统是不稳定的。

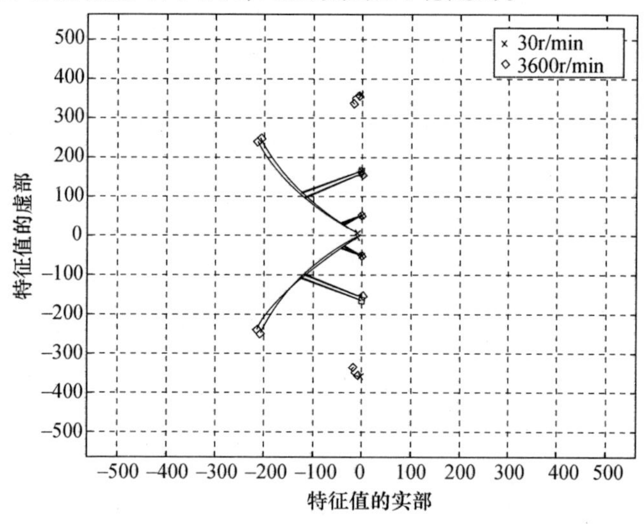

图 3.7　根轨迹图

3.4.5　总体响应

根轨迹图对于分析稳定性问题来说是十分有用的工具,不过如果需要评估整个系统各个特定模式的重要性,就显得比较粗糙了。为获得一些有益的认识,首先考虑简谐激励作用下系统的受迫响应问题。根据式(3.24)可以看出

$$\boldsymbol{x} = [\boldsymbol{K} + \mathrm{j}\boldsymbol{C}\omega + \mathrm{j}\boldsymbol{G\Omega}\omega - \boldsymbol{M}\omega^2]^{-1} f(\omega) \tag{3.47}$$

由此不难看出,下面这个参量是非常重要的,即

$$D = \det(\boldsymbol{K} + \mathrm{j}\boldsymbol{C}\omega + \mathrm{j}\boldsymbol{G\Omega}\omega - \boldsymbol{M}\omega^2) \tag{3.48}$$

图 3.8 中示出了该动刚度的倒数情况,在计算和绘制这个图像时需要细心地设置比例因子,以避免数值计算中的一些困难。

尽管这一做法并不能准确地反映出系统的响应,不过它的确可以揭示出一些可能的问题,而无须详尽的激励点信息。

利用这个三维图像,可以了解到各个共振状态的相对重要性。当然,它所体现的信息也是不完整的,特别是无法揭示稳定性问题。为便于理解,这里考虑描述旋转类设备行为的二阶微分方程。若以无量纲形式表示,那么,一个单自由度

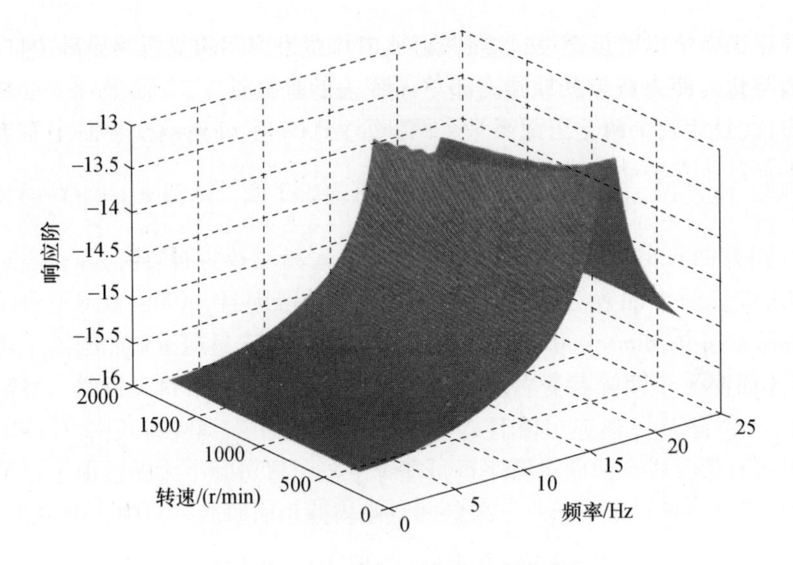

图 3.8　方程式(3.48)行列式的倒数

系统的方程应为

$$\ddot{x}+2\zeta\omega_0\dot{x}+\omega_0^2x=\frac{F}{m} \tag{3.49}$$

不妨设由不平衡转子引发的激励力形式可以表示为 $F=m\varepsilon\Omega^2\cos\Omega t$,其中 ε 为质量的偏心距,于是,上述方程的完整解为

$$x=\frac{\varepsilon\Omega^2\cos\Omega t}{(-\omega^2+2\mathrm{j}\zeta\omega\omega_0+\omega_0^2)}+A\exp(-\zeta\omega_0 t)\cos(\omega_0\sqrt{1-\zeta^2}t+\phi) \tag{3.50}$$

在这个表达式中,A 和 ϕ 是常数,它们应根据初始条件确定。第一项给出的是稳态响应部分,它反映的是系统对激励力的响应,不过并不能揭示系统的稳定性情况。第二项给出的是瞬态响应部分,很明显,如果某个模态的阻尼 ζ 是正数,那么,这个瞬态成分将会随时间衰减,反之,如果是负值,那么,扰动将会随时间不断增长,因而,系统变成不稳定的了。对于旋转类设备来说,不稳定是一个需要着重考虑的问题,其根本原因在于转子转动过程中会不断地为转子振动提供能量输入。

3.5　建模中需要进一步考虑的因素

很多降速运行曲线的特性都可以通过理论预测获得,特别是利用有限元模型。当然,要想真正彻底地认识设备行为,还必须将模型预测与设备数据进行比较分析。正因为如此,在前面的 3.2 节中我们已经对有限元方法做了非常简短的介绍,更深入的讨论可以参阅一些书籍(如 Friswell 等人的著作[2])。在这一节中,我们将介绍一些进一步的分析内容,通过这些内容可以更好地完成数值分析工作。

3.5.1 模态形状

式(3.24)已经给出了一般性的运动方程,系统的运动可以借助一些矩阵描述,这些矩阵代表了系统的质量、刚度和陀螺项。获得这些矩阵的方法有好几种,其中最为常见的就是有限元方法。根据线性方程的基本理论可知,即使系统不受激励力的作用,在某些情况下方程也可以存在非零解,它们的频率就是系统的固有频率。当无外力作用时,运动方程应为(不考虑陀螺项)

$$\boldsymbol{K}\boldsymbol{x} + \boldsymbol{C}\dot{\boldsymbol{x}} + \boldsymbol{M}\ddot{\boldsymbol{x}} = 0 \tag{3.51}$$

将形式解 $x = x_0 e^{j\omega t}$ 代入上面这个方程后可得

$$(\boldsymbol{K} + j\omega\boldsymbol{C} - \omega^2\boldsymbol{M})x_0 = 0 \tag{3.52}$$

此处如果不考虑阻尼,那么,该方程存在非零解的条件为

$$|\boldsymbol{K} - \omega^2\boldsymbol{M}| = 0 \tag{3.53}$$

由此即可得到 n 个固有频率值,并且每个频率都对应了一个位移函数或者说模态形状 u_n,它满足如下方程,即

$$(\boldsymbol{K} - \omega_n^2\boldsymbol{M})u_n = 0 \tag{3.54}$$

这些模态形状具有一些有趣而有用的特性,这里做一简要介绍。不妨记 $\lambda_n = \omega_n^2$,考虑与两个不同的固有频率对应的模态形状 n 和 m,那么,有如下关系式,即

$$\begin{cases} \boldsymbol{K}\boldsymbol{u}_n = \lambda_n\boldsymbol{M}\boldsymbol{u}_n \\ \boldsymbol{K}\boldsymbol{u}_m = \lambda_m\boldsymbol{M}\boldsymbol{u}_m \end{cases} \tag{3.55}$$

将上面的第一式乘以 u_m^{T},第二式乘以 u_n^{T},可以导得如下结果,即

$$\boldsymbol{u}_m^{\mathrm{T}}\boldsymbol{K}\boldsymbol{u}_n - \boldsymbol{u}_n^{\mathrm{T}}\boldsymbol{K}\boldsymbol{u}_m = \lambda_m\boldsymbol{u}_n^{\mathrm{T}}\boldsymbol{M}\boldsymbol{u}_m - \lambda_n\boldsymbol{u}_m^{\mathrm{T}}\boldsymbol{M}\boldsymbol{u}_n \tag{3.56}$$

因为刚度矩阵是对称阵,所以很容易就可看出式(3.56)左端项为零。类似地,根据质量矩阵的对称性可知

$$\boldsymbol{u}_n^{\mathrm{T}}\boldsymbol{M}\boldsymbol{u}_m = \boldsymbol{u}_m^{\mathrm{T}}\boldsymbol{M}\boldsymbol{u}_n \tag{3.57}$$

显然,根据上述两个关系式就可以得到一个非常重要的结果,即

$$0 = (\lambda_n - \lambda_m)\boldsymbol{u}_n^{\mathrm{T}}\boldsymbol{M}\boldsymbol{u}_m \tag{3.58}$$

为什么说这个结果是重要的？这是因为式(3.58)中右端项中的系数部分是不为零的，因而，上式也就表明任意两个不同的模态是关于质量矩阵正交的，这一性质可以用于动力学行为分析的多个方面。

举例来说，我们考虑一个一般系统受到激励力 $\boldsymbol{F}$ 所产生的响应。运动方程可以表示为

$$\boldsymbol{K}\boldsymbol{x} + \boldsymbol{C}\dot{\boldsymbol{x}} + \boldsymbol{M}\ddot{\boldsymbol{x}} = \boldsymbol{F} \tag{3.59}$$

如果激励函数是已知的，那么，这个方程就可以进行时域上的积分求解，不过，对实际模型来说，这种计算是非常耗时的。因此，人们一般在频域求解，解可以表示为

$$\boldsymbol{x}(t) = \sum \boldsymbol{X}(\omega)\mathrm{e}^{\mathrm{j}\omega t} \tag{3.60}$$

若记函数 $F(t)$ 的傅里叶变换为 $\tilde{F}(\omega)$，那么，就可以得到

$$\boldsymbol{X}(\omega) = [\boldsymbol{K} + \mathrm{j}\omega\boldsymbol{C} - \omega^2\boldsymbol{M}]\tilde{F}(\omega) \tag{3.61}$$

如果模型比较复杂或者需要考虑很多频率点处的响应，那么，这个计算过程也是非常耗时的。更为方便的做法是将运动表示成模态函数的组合形式，即

$$\boldsymbol{x}(t) = \sum_{n=1}^{N} \boldsymbol{u}_n q_n(t) \tag{3.62}$$

将式(3.62)代入运动方程中，有

$$\boldsymbol{K}\sum \boldsymbol{u}_n q_n + \boldsymbol{C}\sum \boldsymbol{u}_n \dot{q}_n + \boldsymbol{M}\sum \boldsymbol{u}_n \ddot{q}_n = \boldsymbol{F} \tag{3.63}$$

然后将式(3.63)先乘以 $\boldsymbol{u}_m^{\mathrm{T}}$，再对所有的 n 求和，可得

$$\sum \boldsymbol{u}_m^{\mathrm{T}}\boldsymbol{K} q_n \boldsymbol{u}_n + \sum \boldsymbol{u}_m^{\mathrm{T}}\boldsymbol{C}\dot{q}_n \boldsymbol{u}_n + \sum \boldsymbol{u}_m^{\mathrm{T}}\boldsymbol{M}\ddot{q}_n \boldsymbol{u}_n = \boldsymbol{u}_m^{\mathrm{T}}\boldsymbol{F} \tag{3.64}$$

现在考察式(3.64)中左端的求和项。根据式(3.55)可以看出，由于 $\boldsymbol{K}\boldsymbol{u}_n = \lambda_n \boldsymbol{M}\boldsymbol{u}_n$，因此，第一个和第三个求和项中的非零子项只出现在 $n = m$ 时，于是，式(3.64)可以改写为

$$\lambda_m a_m q_m + \sum \boldsymbol{u}_m^{\mathrm{T}}\boldsymbol{C}\dot{q}_n \boldsymbol{u}_n + a_m \ddot{q}_m = \boldsymbol{u}_m^{\mathrm{T}}\boldsymbol{F} \tag{3.65}$$

式中：$a_m = \boldsymbol{u}_m^{\mathrm{T}}\boldsymbol{M}\boldsymbol{u}_m$。考虑到模态形状可以进行比例缩放，因而，我们可以很方便地选择合适的比例变换使得 $a_m = 1$。现在剩下的难点就是阻尼项了，为此，人们通常假设系统具有所谓的经典阻尼或称为比例阻尼（参见3.4.3节的讨论）。此时的阻尼矩阵可以表示为

$$\boldsymbol{C} = \alpha\boldsymbol{M} + \beta\boldsymbol{K} \tag{3.66}$$

在这一假设前提下,式(3.65)变成

$$\lambda_m q_m + \alpha \dot{q}_m + \lambda_m \beta \dot{q}_m + \ddot{q}_m = \boldsymbol{u}_m^{\mathrm{T}} \boldsymbol{F} \tag{3.67}$$

在旋转类设备场合中,激励往往是正弦形式的,此时,可以寻求如下形式的解,即

$$q_m = q_{m0} \mathrm{e}^{\mathrm{j}\omega t}$$

将其代入式(3.67),可以导得

$$q_m = \frac{\boldsymbol{u}_m^{\mathrm{T}} \boldsymbol{F}}{\omega_m^2 - \omega^2 + \mathrm{j}\omega(\alpha + \omega_m^2 \beta)} \tag{3.68}$$

显然,这是非常便捷的一种做法。根据式(3.68)我们可以借助式(3.62)重构出完整的位移响应 $x(t)$,并且不会涉及耗时较多的矩阵求逆运算。当然,关于经典阻尼假设的合理性仍然是一个难题。实际上,目前还没有任何合理性依据,然而,在很多场合中这一假设确实能够给出合理的近似结果,因此,这里可以认为该假设是有合理性的。事实上,在正弦激励条件下,仅当激励频率靠近共振点时阻尼才会起到比较重要的作用。此外,可以看出,在式(3.66)中包含了两个参数,因此,可以建立两个频率点处的阻尼模型,这对于很多实际设备来说已经足够反映其主要特征了。

在系统分析中有可能需要采用更为一般的阻尼形式,有时甚至是必需的。Friswell 和 Lees[3] 已经指出了可以将位移响应表示为阻尼模态形状的组合形式。当然,这些阻尼模态一般是复数形式的,它们对应于行波而不是驻波。不过,这种情形下的数学处理要烦琐得多,因此,只要可能,人们都会采用经典阻尼假设处理。

在将阻尼考虑为比例阻尼模型之后,我们就可以将模态形状作为一组特殊的坐标系统对运动方程进行解耦处理。这种做法不仅在数学简化处理上是十分重要的,并且由此我们还可以更好地理解系统动力学过程的物理本质。为了阐明这一点,这里以一个不平衡转子为例进行介绍(关于不平衡问题将在第 4 章中更加详细的进行讨论)。如图 3.9 所示,一个转子由一根均匀轴构成,轴上带有两个圆盘,分别位于跨距的两个 1/3 位置,并设这两个圆盘带有相同的不平衡度,且相位相反。

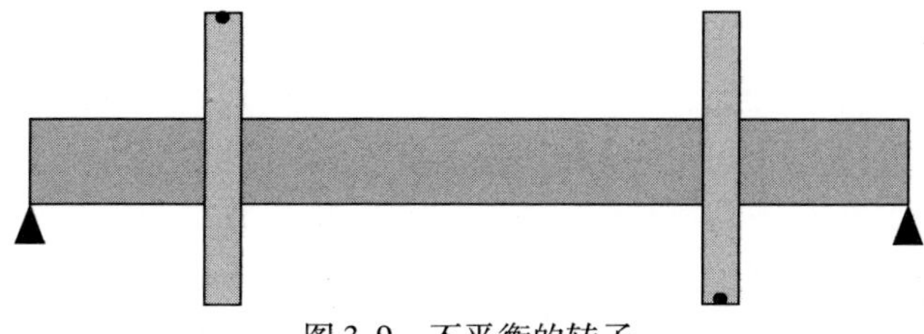

图 3.9　不平衡的转子

不妨设这个实例中的临界转速(固有频率)分别为15Hz和40Hz,由于转子是对称的,因而,其模态形状应为(未归一化)

$$\begin{cases} \boldsymbol{u}_1 = \begin{Bmatrix} 1 \\ 1 \end{Bmatrix} \\ \boldsymbol{u}_2 = \begin{Bmatrix} 1 \\ -1 \end{Bmatrix} \end{cases} \tag{3.69}$$

应当指出的是,对于这个简单的实例来说,我们是可以通过观察直接给出其模态形状(通过考察物理本质得到,这里主要考虑到该系统是对称的)。然而,对于实际设备来说,往往需要进行较多的计算才能得到模态。

进一步,假设该系统的每个模态中的临界阻尼为2%,而加载力是正比于转速平方的,这也是不平衡激励的特征。图3.10给出了两种不同激励条件下的响应曲线,两种情况中作用在两个圆盘上的力是相等的,不过第一种情况中它们是同相的,而第二种情况中是反相的。可以将其表示为如下数学形式,即

$$\begin{cases} \boldsymbol{F}_1 = a\begin{Bmatrix} 1 \\ 1 \end{Bmatrix} \\ \boldsymbol{F}_2 = a\begin{Bmatrix} 1 \\ -1 \end{Bmatrix} \end{cases} \tag{3.70}$$

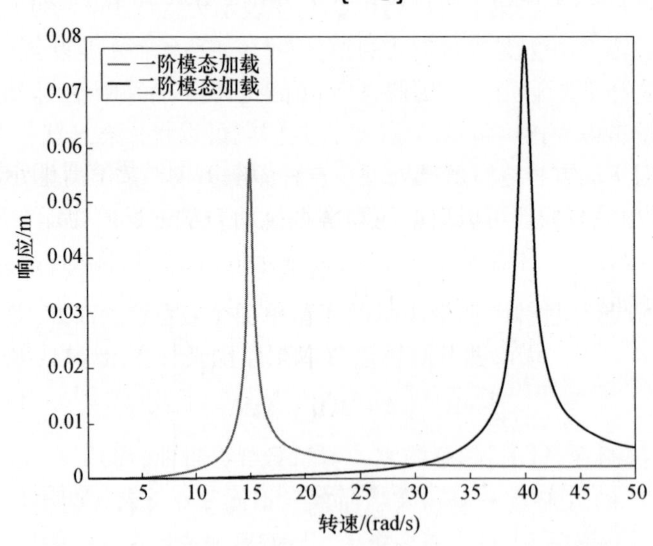

图3.10　不平衡响应

值得注意的是,第一种激励条件对于二阶固有频率对应的模态响应没有贡

献，同时，第二种激励条件也没有激发一阶固有频率对应的模态响应。这一结果对于若干故障的诊断是有用的，我们将在第 4 章中详细探讨。这一现象之所以产生，是因为

$$\boldsymbol{u}_2^{\mathrm{T}}\boldsymbol{F}_1 = a\{1 \quad -1\}\begin{Bmatrix}1\\1\end{Bmatrix} = 0 = \boldsymbol{u}_1^{\mathrm{T}}\boldsymbol{F}_2 = a\{1 \quad 1\}\begin{Bmatrix}1\\-1\end{Bmatrix} \tag{3.71}$$

这实际上就是模态的正交性导致的结果。这个例子说明了利用模态信息可以更好地认识设备乃至任何振动系统的动力学行为。

3.5.2 摄动方法

考察一个模型对于小的扰动的敏感性往往是非常有益的。如果假设刚度或阻尼项的变化不太大，那么，以无阻尼固有频率和模态函数描述系统的运动在一定程度上可以认为是合理的，只是需要进一步分析这些项的变化带来的影响。

考虑一个一般性的无阻尼结构，利用有限元方法可以写出其运动方程为

$$[\boldsymbol{K} + \Delta\boldsymbol{K}]\{\boldsymbol{y}\} - \omega^2[\boldsymbol{M} + \Delta\boldsymbol{M}]\{\boldsymbol{y}\} = 0 \tag{3.72}$$

不妨引入一个摄动参数 λ，并设第 n 阶模态形状可以表示为

$$\{\boldsymbol{y}_n\} = \{\boldsymbol{y}_{0n}\} + \lambda\{\boldsymbol{y}_{1n}\} + \lambda^2\{\boldsymbol{y}_{2n}\} + \cdots \tag{3.73}$$

第 n 阶固有频率可表示为

$$\omega_n = \omega_{0n} + \lambda\omega_{1n} + \lambda^2\omega_{2n} + \cdots \tag{3.74}$$

将这两个展开式代入式(3.72)中，可以得到

$$\begin{aligned}&[\boldsymbol{K} + \lambda\Delta\boldsymbol{K}]\{\boldsymbol{y}_{0n} + \lambda\boldsymbol{y}_{1n} + \lambda^2\boldsymbol{y}_{2n} + \cdots\}\\&-(\omega_{n0} + \lambda\omega_{n1} + \lambda^2\omega_{n2})^2[\boldsymbol{M} + \lambda\Delta\boldsymbol{M}]\{\boldsymbol{y}_{0n} + \lambda\boldsymbol{y}_{1n} + \lambda^2\boldsymbol{y}_{2n}\} = 0\end{aligned} \tag{3.75}$$

由此也就得到了针对参数 λ 的一组方程，对于 λ^0 来说，有

$$[\boldsymbol{K}]\{\boldsymbol{y}_{0n}\} - \omega_{0n}^2[\boldsymbol{M}]\{\boldsymbol{y}_{0n}\} = \{0\} \tag{3.76}$$

对于 λ^1，有

$$\boldsymbol{K}\boldsymbol{y}_{1n} + [\Delta\boldsymbol{K}]\boldsymbol{y}_{0n} - \omega_{0n}^2\boldsymbol{M}\boldsymbol{y}_{1n} - \Delta\boldsymbol{M}\omega_{0n}^2\boldsymbol{y}_{0n} - 2\omega_{0n}\omega_{1n}\boldsymbol{M}\boldsymbol{y}_{0n} = \{0\} \tag{3.77}$$

其他幂次对应的方程也可列出，不过越来越复杂而已。对于这里的分析来说，我们只需要考虑零阶和一阶幂次对应的方程。

可以看出，式(3.76)就是不存在摄动时的情况，可以借助一些标准的方法求解，这样一来，频率 ω_{0n} 及其对应的模态形状 $\{\boldsymbol{y}_{0n}\}$ 也就得到了，并且利用这些模态可以构造出完备的正交函数系。进一步，可以将一阶变化 $\{\boldsymbol{y}_{1n}\}$ 表示成这些已知模态的组合形式，即

$$\boldsymbol{y}_{1n} = \sum a_{nm}\boldsymbol{y}_{0m} \tag{3.78}$$

将其代入式(3.77),不难得到

$$[\boldsymbol{K} - \omega_{0n}^2\boldsymbol{M}]\{\sum a_{nm}\boldsymbol{y}_{0m}\} + [\Delta\boldsymbol{K} - \omega_{n0}^2\Delta\boldsymbol{M}]\boldsymbol{y}_{0n} - 2\omega_{0n}\omega_{1n}[\boldsymbol{M}]\boldsymbol{y}_{0n} = \{0\} \tag{3.79}$$

取 $n=m$,于是,式(3.79)左端的第一项变为零了。将该式乘以 $\{\boldsymbol{y}_{0n}\}^{\mathrm{T}}$,利用正交关系可以得到

$$\boldsymbol{y}_{0n}^{\mathrm{T}}[\Delta\boldsymbol{K} - \omega_{n0}^2\Delta\boldsymbol{M}]\boldsymbol{y}_{0n} - 2\omega_{0n}\omega_{1n} = \{0\} \tag{3.80}$$

由此即得到了一阶频率变化为

$$\omega_{1n} = \frac{\boldsymbol{y}_{0n}^{\mathrm{T}}[\Delta\boldsymbol{K} - \omega_{0n}^2\Delta\boldsymbol{M}]\boldsymbol{y}_{0n}}{2\omega_{0n}} \tag{3.81}$$

如果将式(3.81)以频率的平方形式表示,那么,会更具物理意义,即

$$\Delta\omega_n^2 = 2\omega_{0n}\omega_{1n} = \boldsymbol{y}_{0n}^{\mathrm{T}}[\Delta\boldsymbol{K} - \omega_{0n}^2\Delta\boldsymbol{M}]\boldsymbol{y}_{0n} \tag{3.82}$$

将这一表达式代回到式(3.79),并假设 $n \neq m$,可以直接导出关于 a_{nm} 的方程,由此也就得到了模态形状的变化。此时,根据式(3.79)可以导得

$$a_{nm} = \frac{\{\boldsymbol{y}_{0n}\}^{\mathrm{T}}[\mathrm{i}\omega_{0n}\boldsymbol{C}]\{\boldsymbol{y}_{0m}\}}{\omega_{0n}^2 - \omega_{0m}^2} \tag{3.83}$$

至此,式(3.81)和式(3.83)就给出了一阶摄动解。通过考察二阶的贡献,还可以检查上述分析的正确性,不过这一点已经超出了我们所讨论的范畴。最后应提及的是,关于摄动方法还可以参考 Wilkinson[4]、Fox 和 Kapoor[5] 等人的著作,Lees[6] 还给出过该方法的一个特定应用。

下面我们来讨论一个实例。

实例 3.2　计算一根均匀梁的固有频率,梁上 1/4 跨距位置带有 2t 质量。假设支撑之间的跨距为 5m,梁的直径为 0.5m。在考虑一阶模态时可以采用欧拉 - 伯努利梁理论。

由于梁上带有质量,因而,其固有频率会下降。这里仅考虑最低阶模态的频率变化,将模态形状(质量归一化)中质量附着点处的位移幅值记为 $y_{1L/4}$,那么,式(3.81)固有频率的变化应为

$$\Delta\omega_1 = -\omega_1\Delta\boldsymbol{M}y_{1L/4}^2$$

当然,这一结果只适用于较小的附加质量。当质量变化较大时,模态形状将如式(3.73)所示的那样改变,计算要变得更复杂一些了。这一方法不仅能够帮助我们快速进行系统的评估,同时还可揭示出哪些参数是重要的。

图 3.11 给出了最低阶固有频率随附加质量（最大为 2500kg）的变化情况，其中对每种情况都进行了完整的频率计算（精确解）和摄动法计算（一阶近似解）。

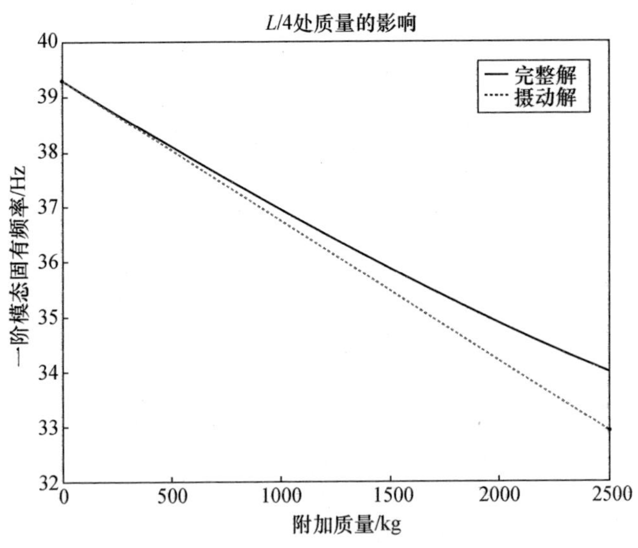

图 3.11　精确解和摄动解的对比

很明显，摄动法计算结果很好地预测了频率的变化情况，不过，随着附加质量的增大，其预测精度逐渐变差。从图中还可以直接衍生得到更多的信息，如对于附加质量位于中点而不是 $L/4$ 点的情形也可以直接评估其固有频率的变化情况了。通过考察附加质量放置于 1/4 和 1/2 位置处模态形状的相对幅值，可以得到各自的变化量为

$$\begin{cases} y_{1L/4} = 0.0114 \\ y_{1L/2} = 0.0161 \end{cases}$$

这就意味着（根据式（3.81）），系统对中点带有附加质量的敏感性是 1/4 位置带有质量情形的 r 倍，r 值由下式给出，即

$$r = \left(\frac{y_{1L/2}}{y_{1L/4}} \right)^2 = 1.987$$

无须进一步计算，就可以说附加质量位于中点处所产生的效应大约是放置于 1/4 位置处的 2 倍。事实上，正是无须计算即可观察到可能的变化效应这一点，才使得该方法非常有用。

作为参考，图 3.12 给出了附加质量位于中点处所产生的相关结果。

总之,借助这个方法分析人员能够显著加深从单次数值计算中得到的认识。

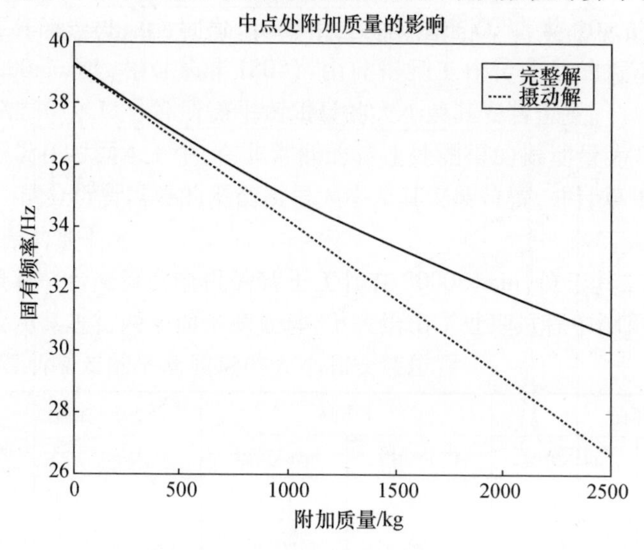

图 3.12 精确解和摄动解的对比

3.6 结束语

旋转类设备的测试数据一般是比较复杂的,并且依赖于多个参数,这些数据中包含了非常丰富的信息。为了能够有效诊断相关设备问题,一般需要对这些数据进行消化整理。数据的不同描述方式对于综合判断设备内部运行过程来说是十分重要的。本章概述了这些数据的多种表达手段,以及一些分析和建模方法。对于实际设备问题来说,绝大多数情况下都需要将这些方法组合起来使用。在阐述了这些基本方法之后,第 4 章 ~ 第 6 章将针对旋转类设备所存在的一些常见问题进行深入讨论。

习题

3.1 一根长为 1.5m 的均匀钢轴两端支撑在短的刚性轴承上,轴径为 20mm。轴的中点处需要安装 1cm 厚度的钢盘,试计算钢盘直径分别为 50mm、100mm 和 150mm 时系统的固有频率。

3.2 一根长为 1m 的轴两端支撑在完全相同的两个轴承上,轴承刚度均为 10^6N/m,轴径为 20mm,且距离每个轴承 0.25m 处均安装有一个圆盘,它们的直径都是 100mm,厚度为 10mm。试利用欧拉梁单元,借助有限元方法计算出前两阶固有频率,并说明如果单元数量加倍,那么结果有何变化。

3.3 针对习题 3.2,试利用铁摩辛柯梁单元计算,也即考虑剪切和转动惯量效应,并分析所得结果。

3.4 利用两端铰支的欧拉梁固有频率解析表达式以及对应的正弦型模态形状信息,试计算习题 3.1 所述系统的一阶固有频率。

3.5 一个大型风扇安装在两个相距 2m 的短的刚性轴承上,钢轴的轴径为 0.2m,风扇叶轮悬伸长度为 0.5m,且叶轮质量为 800kg,它可以视为一个直径为 1.5m 的圆盘。试绘制坎贝尔图,并确定与固有频率相等的转速(临界转速)。

参 考 文 献

[1] Zienkievicz, O. C. , Taylor, R. L. , and Zhu, J. Z. , 2005, *The Finite Element Method*, 6th edn. , Elsevier Butterworth - Hienemann, Oxford, U. K.

[2] Friswell, M. I. , Penny, J. E. T. , Garvey, S. D. and Lees, A. W. , 2010, *Dynamics of Rotating Machines*, Cambridge University Press, New York.

[3] Friswell, M. I. and Lees, A. W. , 1998, Resonance frequencies of viscously damped structures, *Journal of Sound & Vibration*, 217(5), 950 959.

[4] Wilkinson, J. H. , 1965, *The Algebraic Eigenvalue Problem*, Clarendon Press, Oxford, U. K.

[5] Fox, R. L. and Kapoor, M. L. , 1968, Rates of change of eigenvalues and eigenvectors, *American Institute of Aeronautics and Astronautics Journal*, 6(12), 2426 - 2429.

[6] Lees, A. W. , 1999, The use of perturbation theory for complex modes, in 17*th International Modal Analysis Conference*, Kissimmee, FL.

第 4 章　设备故障——第一部分

4.1　引言

所有监控的目的都是为了了解设备的当前状态,因此,有必要介绍和讨论设备故障的各种类型及其表现。对于某个故障类型来说,设备将会表现出怎样的响应显然与该设备的几何形状是有关的。尽管这一问题的影响因素比较多,不过人们依然可以对若干较为重要的故障类型做出一般性的描述。在讨论比较困难而复杂的故障之前,先对转子不平衡特性进行分析是非常有益的。在第 3 章中,已经简要介绍了不平衡问题,并以此为例讨论了一些相关技术方法。由于不平衡问题是所有转子故障中最为常见的,因而,有必要介绍进一步的细节内容,包括转子不平衡的识别与校正方法等。不仅如此,这一方面问题中还存在另一个重要因素,也即转子自身的柔性,这也是必须考虑的。因此,将从讨论刚性转子和柔性转子的差异开始,它对校正问题中的优化方法有着重要影响。

4.2　刚性和柔性转子的定义

研究设备的不平衡问题是重要的,原因有两个:第一,转子不平衡是旋转类设备出现较大振动最为常见的一个来源,事实上,这一点已经为人们所熟知;第二,对局部的不平衡导致分布式的振动响应这一过程的分析可以帮助我们更深入地掌握相关的分析技术,这对于研究和解决其他动力学问题也是有益的。

这里所讨论的内容是针对一般的柔性转子。这一术语本身就可能引起某些混淆,在一些早期的书籍和论文中,当转子工作转速位于一阶临界转速的 70% 以上时,则将其称为柔性转子。对于本书所考察的问题来说,这一定义显然是难以适用的。Reiger[1] 曾经给出过一个更具意义的定义,即柔性转子是指那些在长度方向上若干孤立截面处加装合适的校正重量(原文如此)也无法在全转速范围内实现有效平衡的转子。

为清晰起见,这里首先必须将转子和设备区分开来。顾名思义,转子就是指能够发生转动的部件。明确了这一点之后,考察如图 4.1 所示的一台简单设备。

转子的质量为100kg,每个轴承的刚度为5×10^6N/m,由此得到的共振频率应为50.3Hz。如果假设该转子转速为2400r/min,那么,这一转速相当于固有频率的80%,因此,该设备似乎可以视为柔性的。

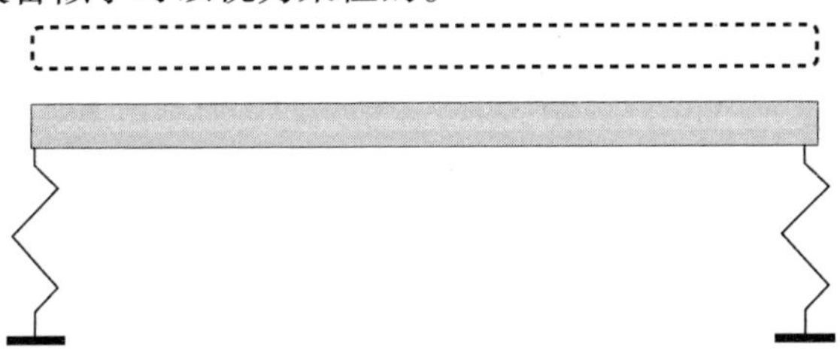

图4.1　支撑在弹性基础上的刚性转子

然而,这个转子应当是刚性的。它的运动可以描述为4个自由度的刚体运动,分别为两个平动和两个转动。一阶模态形状如图4.1中的虚线所示,这只是一个偏离平衡位置的均匀平动,这一模态有时也称为弹跳模式,可以发生在垂直于转轴的两个正交方向上。这里需要指出的是,转子不平衡不会激发出轴向运动模式,同时,此处的分析也不考虑扭转运动模式。当然,实际上不存在真正刚性的转子,不过采用刚性转子这一概念却会带来极大的便利;或者说,它实际上就是一种非常方便的理论抽象和近似。Friswell等人[2]曾经对刚性转子的动力学问题做过相当透彻的讨论。

在纸面内这个转子只存在两种形式的运动成分,即各点处以相同的幅值平动和绕中点的转动运动。任何可能的运动都只是这两种基本振动模式的线性组合。图4.2给出了刚性转子的二阶模式,经常称为摇摆模式,它同样存在于两个方向上。

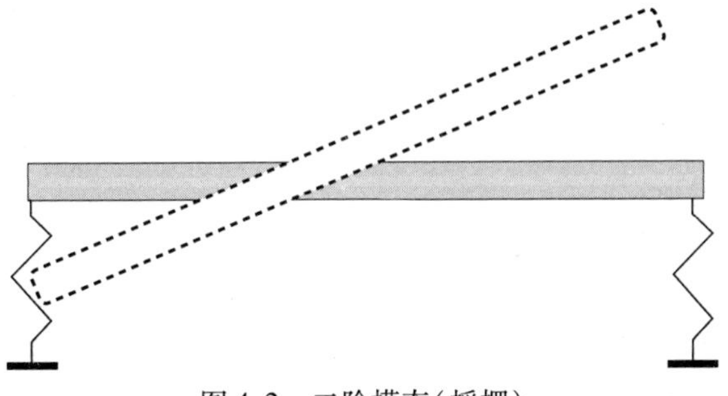

图4.2　二阶模态(摇摆)

一般而言,转子将会在两个相互正交的方向上运动,于是,总的自由度数就是4个。以两个轴承处的位移表示这些自由度可能是最为直观的方式,不过,这种选择并不是唯一的,如我们可以选择转子上任意两个点处的坐标。实际上,如果采用另一组不太直观的自由度,那么,系统的动力学分析还能够变得非常简洁。按照 Friswell 等人[2]的工作,转子的运动可以以其质心的运动以及转子关于 x 和 y 轴的转动来描述,其运动方程应为

$$k_{x1}(u-a\psi)+k_{x2}(u+b\psi)+m\ddot{u}=0$$

$$k_{y1}(v+a\theta)+k_{y2}(v-b\theta)+m\ddot{v}=0$$

$$ak_{y1}(v+a\theta)-bk_{y2}(v-b\theta)+I_p\Omega\dot{\psi}+I_d\ddot{\theta}=0$$

$$-ak_{x1}(u-a\psi)+bk_{x2}(u+b\psi)-I_p\Omega\dot{\theta}+I_d\ddot{\psi}=0 \tag{4.1}$$

式中:u 和 v 分别为质心在 x 和 y 方向上的运动;θ 和 ψ 分别为关于 x 和 y 轴的转动;I_d和 I_p分别为径向和极向惯性矩;Ω 为轴的转速。质心到轴承 1 的距离为 a,到轴承 2 的距离为 b。

上面这组方程实际上就是借助牛顿定律对平动和转动运动进行分析得到的。包含 $I_p\Omega$ 的两项是陀螺力矩,源于角动量守恒性。Friswell 等人[2]曾经对这些力矩做过透彻的分析。对于很多转子而言,特别是轴承支撑在主要惯性部件两侧的场合,这些陀螺力矩项的影响比较弱,而对于带有悬伸转子的设备或者那些带有巨型叶轮的设备来说,这些项是非常重要的。为了保持描述的完整性,上述方程均将它们包含进来。对这组方程做简单的调整不难得到

$$(k_{x1}+k_{x2})u+(-ak_{x1}+bk_{x2})\psi+m\ddot{u}=0$$

$$(k_{y1}+k_{y2})v+(ak_{y1}-bk_{y2})\theta+m\ddot{v}=0$$

$$(ak_{y1}-bk_{y2})v+(a^2k_{y1}+b^2k_{y2})\theta+I_p\Omega\dot{\psi}+I_d\ddot{\theta}=0$$

$$(-ak_{x1}+bk_{x2})u+(a^2k_{x1}+b^2k_{x2})\psi-I_p\Omega\dot{\theta}+I_d\ddot{\psi}=0 \tag{4.2}$$

若引入如下参数

$$k_{xT}=k_{x1}+k_{x2},k_{yT}=k_{y1}+k_{y2},k_{xC}=-ak_{x1}+bk_{x2},k_{yC}=-ak_{y1}+bk_{y2}$$

$$k_{xR}=a^2k_{x1}+b^2k_{x2},k_{yR}=a^2k_{y1}+b^2k_{y2} \tag{4.3}$$

那么,前式(4.2)就可以表示为更加简洁的形式,即

$$k_{sT}u+k_{xC}\psi+m\ddot{u}=0$$

$$k_{yT}v-k_{yC}\theta+m\ddot{v}=0$$

$$-k_{yC}v+k_{yR}\theta+I_p\Omega\dot{\psi}+I_d\ddot{\theta}=0$$

$$k_{xC}u+k_{xR}\psi-I_p\Omega\dot{\theta}+I_d\ddot{\psi}=0 \tag{4.4}$$

很明显,由于陀螺项的存在,u 和 v 方向上的运动是相互耦合的,因此,一般需要将这 4 个方程联立起来求解才能得到转子系统的响应。考虑到这里讨论的

转子是刚性的，因而，两端的运动（轴承位置的运动）是可以确定的，进而系统的动力学行为也就完全确定了。若设两个轴承位置为 A 和 B，各自的运动记为 $x_A(t)$、$y_A(t)$、$x_B(t)$、$y_B(t)$，那么，质心的运动就可以表示为

$$x_C = \frac{ax_A + bx_B}{a + b}, y_C = \frac{ay_A + by_B}{a + b} \tag{4.5}$$

当转子为柔性时，上面这一结果是不成立的，这也是刚性转子与柔性转子的一个主要不同之处。如果转子是柔性的，那么，点 A、B 和 C 之间的关系要复杂得多，本质上将是频率相关的。

为方便起见，可以定义如下参数，即

$$f_x = x_C - \frac{x_A + x_B}{2}, f_y = y_C - \frac{y_A + y_B}{2} \tag{4.6}$$

利用这些参数可以确定转子的柔性程度，即

$$r_f = \sqrt{f_x^2 + f_y^2} \tag{4.7}$$

通过在 3 个任意轴向位置对轴心点进行测量，就可以完成上述参数测试。图 4.3 给出了这一参数随着转子柔性变化的改变情况。计算中采用了 4 个单元构成的均匀梁模型，且通过改变刚度因子实现弹性模量的改变。

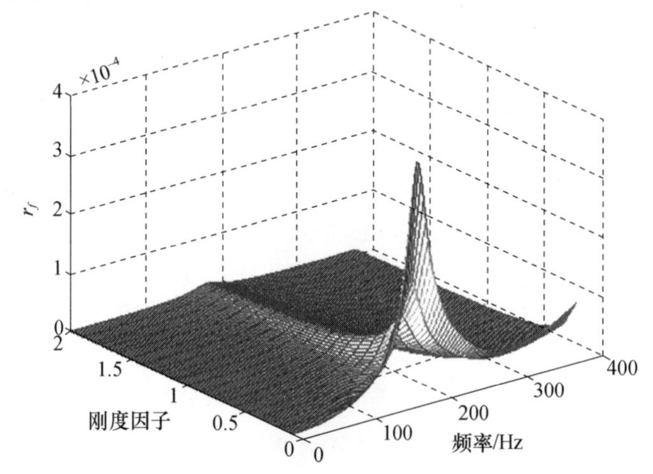

图 4.3　柔性系数随转子刚度的变化

由于弹性模量发生了改变，因而，模型的刚度也随之发生变化，进而模拟了不同程度的柔性情形。应当指出的是，在不引入进一步的假设或者可靠的理论模型时，如果测试位置少于 3 个，那么，不能得到确定性的结果。当然，这一工作并不是那么简单，如果有可靠的理论模型将是最为理想的，这也是本书其他章节

致力于构建此类模型的原因。实际上，正如第6章将会提及的，对于一个完整的设备来说，转子自身的建模是设备描述中最容易的部分。这里先来考察转子自身的动力学特性。

最简单的情况就是刚性转子，其上带有质量 M，且关于质心的径向惯性矩为 I_d。很容易就可以导得这个刚性转子的两个固有频率（忽略陀螺项），即

$$\omega_1 = \sqrt{\frac{k_T}{m}}, \omega_2 = \sqrt{\frac{k_R}{I_d}} \tag{4.8}$$

设均匀转子安装在两个理想的轴承上，转子的尺寸和质量给定，通过改变杨氏模量可以改变该转子的固有频率（自由－自由边界下），或者更准确地说，改变一阶弯曲固有频率。（应当注意，对于一个实际转子来说，在自由－自由边界下这一模式是第7个模态，前面6个都是刚体运动模式，频率均为0，它们对应的是沿着3个坐标方向的刚体平动与围绕3个坐标轴的刚体转动）一阶弯曲模式频率对于揭示转子的行为是一个非常有效的指标，根据转子模型可以很容易地计算出这一频率。不仅如此，由于计算中不会涉及轴承和支撑结构的不确定性，因而，由此揭示的结果往往也是比较可靠的。验证所计算出的频率是否正确也很简单，只需将转子用吊索悬挂起来（通过吊车），然后进行敲击试验即可（最好是在水平方向上进行，这样可以尽量减小悬挂系统的影响）。

现在考虑引入转子柔性后的情况。式(4.4)描述的是处于支撑结构上的刚性转子的运动，据此可知，如果轴自身可以发生弯曲，那么，系统的刚度显然会减小，进而一阶固有频率就会降低。

针对一根均匀的转子，图4.4中给出了转子自身刚度发生变化时系统整体固有频率的变化情况（注意：这里的轴承刚度是保持不变的）。对于更一般的转子来说，其结果只会在细节上有所区别，主体结论仍然是一致的。在这幅图中，每个坐标轴都针对刚性转子的一阶固有频率（一阶对称模式）进行了归一化处理。该图表明，如果转子的一阶弯曲固有频率（自由－自由边界下）是刚性转子一阶固有频率（安装在轴承上）的2倍，那么，设备整体的固有频率将会降低到刚性转子情况下的68%；如果前者的倍数是10倍，那么，整体固有频率仅降低了大约3%；如果转子固有频率是刚性情况下的4倍，那么，转子柔性的影响将使得系统的固有频率降低约12%。除了这里所给出的频率上的变化以外，刚性和柔性转子特性还存在其他一些重要差异，将在后面再讨论。

表4.1中给出了相关的数据说明，它是针对一根长为1m的均匀转子，转子两端安装在轴承上，每个轴承的刚度为 5×10^5 N/m，转子直径为3cm，材料为钢。为了改变刚度，这里对材料的弹性模量进行了对应的修改。

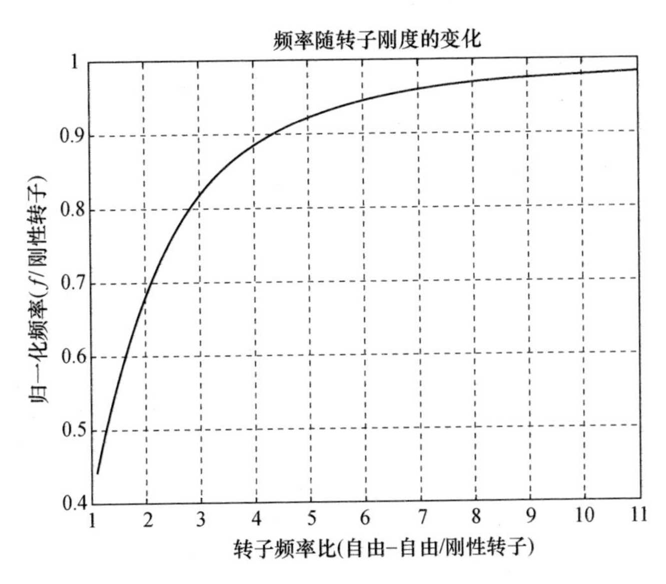

图 4.4　转子刚度对系统共振点的影响

表 4.1　1m 轴的固有频率变化情况

自由 - 自由边界下的固有频率/Hz	模态 1/Hz	模态 2/Hz
67.7	27.7	88.8
117.3	42.1	106.3
151.3	48.8	110.6
179.1	52.7	112.5
203.1	55.3	113.6
224.5	57.2	114.5
244.1	58.5	114.9
262.2	59.6	115.2
279.1	60.4	115.5
∞（刚性）	67.8	117.4

利用上述模型再来分析一下模态形状和固有频率，其中最为重要的就是最大位移发生的位置和量值（或者也可以是最大的应力）。在刚性转子情况下（对应于无穷大的弯曲固有频率（自由 - 自由边界下）），一阶模式的振动幅值显然就等于轴承 1 处的振幅。然而，当转子是柔性时，轴会发生弯曲变形，进而不同于刚性情况，因而，最大振幅就可能不在轴承处出现，图 4.5 给出了这一变化情况的示例。

可以看出，对于简单梁这种情形，如果自由 - 自由固有频率是刚性转子共振

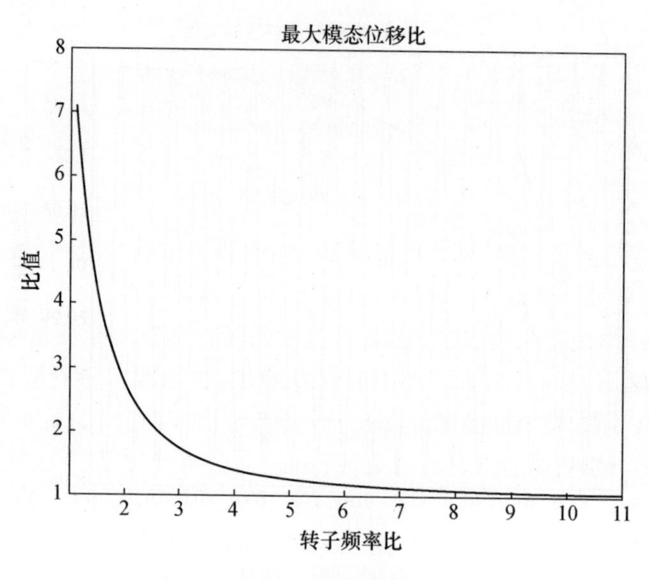

图 4.5　模态位移比

频率的 2 倍,那么,最大幅值大约是轴承位置处的 2.5 倍。当然,这里只是借助这一简单实例来阐明相关结果,实际场合中需要利用恰当的模型来进行分析。

刚性转子和柔性转子直径的另一个非常重要的差异与这里的讨论有着密切关联。刚性转子恰好具有与 6 个自由度对应的 6 个振动模态(自由 - 自由边界下),每个方向上两个横向模式,其中一个为扭转,另一个为纵向。与此不同的是,柔性转子却具有大量的振动模式(自由 - 自由边界下)。这就意味着柔性转子的运动是不能通过 6 个刚体模式描述的,这一点对于转子平衡来说是非常重要的,将在 4.3 节中阐述。

很多设备的工作转速都会高于它们的二阶临界转速值,这些场合中转子究竟该视为刚性的还是柔性的就变得不是那么清晰了。无论如何,我们都应当认识到它们之间的区别,因为这一点将会直接决定所需采用的平衡措施,例如,两个校正面是否足够,还是需要更多个呢,这些问题都与此有关。实际上,从商业角度来说,人们总是希望减少不必要的校正工作,而从技术人员角度来看,他们也必须对所掌控的设备尽可能地加深认识。

4.3 质量不平衡

4.3.1 概述

在旋转类设备中,最为常见的问题就是质量不平衡导致的转子响应了。虽然很多年以来,人们已经很好地认识了这一问题,然而,它始终还是此类设备中最主要的问题。应当注意的是,这一问题主要来源于高速设备对较小的制造公差所具有的强敏感性。

当没有外力作用于系统上时,自由振动方程一般可以描述为

$$\boldsymbol{K}\boldsymbol{x} + \boldsymbol{C}\dot{\boldsymbol{x}} + \boldsymbol{M}\ddot{\boldsymbol{x}} = 0 \tag{4.9}$$

为了更好地理解这一方程在旋转类设备问题中的含义,我们有必要仔细考察其中的每一项。对于式中的惯性项来说,加速度是指转子质心的加速度,而不是几何中心,这二者的不同之处主要体现在偏心质量上。由于质心与几何中心(或者说转动中心)是不吻合的,因而,轴在转动过程中会使得质心处产生一个加速度。这种位置上的差异可以表示成

$$\boldsymbol{x}_G = \begin{Bmatrix} \boldsymbol{u}_G \\ \boldsymbol{v}_G \end{Bmatrix} = \begin{Bmatrix} \boldsymbol{u} + \boldsymbol{\varepsilon}\cos\phi \\ \boldsymbol{v} + \boldsymbol{\varepsilon}\sin\phi \end{Bmatrix} \tag{4.10}$$

偏心量 $\boldsymbol{\varepsilon}$ 一般是一个矢量,它反映了转子上每一点处的质量偏心情况。

于是,在式(4.9)中的惯性项里面,$\boldsymbol{x}$ 应替换为 $\boldsymbol{x}_G$,这样一来,方程就变成

$$\boldsymbol{K}\boldsymbol{x} + \boldsymbol{C}\dot{\boldsymbol{x}} + \boldsymbol{M}\ddot{\boldsymbol{x}}_G = 0 \tag{4.11}$$

对于恒定的转速 $\boldsymbol{\Omega}$(rad/s),即可得到

$$(\boldsymbol{K} + \mathrm{j}\boldsymbol{C}\boldsymbol{\Omega} - \boldsymbol{M}\boldsymbol{\Omega}^2)\boldsymbol{x} = \boldsymbol{M}\boldsymbol{\Omega}^2\varepsilon \mathrm{e}^{\mathrm{j}\boldsymbol{\Omega}t} \tag{4.12}$$

这一方程的稳态响应应当是 $\boldsymbol{x} = \boldsymbol{x}_0\mathrm{e}^{\mathrm{j}\boldsymbol{\Omega}t}$ 形式的,将其代入式(4.12)后就可以消去正弦项,从而得到

$$(\boldsymbol{K} + \mathrm{j}\boldsymbol{C}\boldsymbol{\Omega} - \boldsymbol{M}\boldsymbol{\Omega}^2)\boldsymbol{x}_0 = \boldsymbol{M}\boldsymbol{\Omega}^2\boldsymbol{\varepsilon} \tag{4.13}$$

由此可得解为

$$\boldsymbol{x}_0 = [\boldsymbol{K} + \mathrm{j}\boldsymbol{C}\boldsymbol{\Omega} - \boldsymbol{M}\boldsymbol{\Omega}^2]^{-1}\boldsymbol{M}\boldsymbol{\Omega}^2\boldsymbol{\varepsilon} \tag{4.14}$$

在分析讨论该解的具体细节之前,我们就可以直接观察到 3 个特征。

(1) 响应是同步的,也即稳态工况下振动频率就是转子转速。

(2) 当转速趋于零时,响应也趋于零。

(3) 当转速增大时,振动将趋于一个有限的极限值。

这里对第三个特征做一说明,它具有非常简洁的物理含义。事实上,从式(4.14)不难看出,当 $\boldsymbol{\Omega}\to\infty$ 时,有 $y_0 = -\boldsymbol{\varepsilon}$。换言之,当转速增大后,转子将趋于绕其质心转动,而不是绕几何中心转动,从现象上看就是一种振动。实际上,这也是必然的结果,因为任何其他情况都会导致生成无穷大的力。

质量不平衡条件下的模态特征也是值得分析的,它能够帮助我们更好地认

识质量不平衡现象的特性。当然,这些模态特征对于数值研究来说也是很有用的,可以大大减少计算时间。

如果假设阻尼可以视为经典的或比例类型的,那么,系统的模态将可构成一个完备正交函数集,待求的响应也就可以表示为

$$x_0(z) = \sum_{n=1}^{\infty} a_n \psi_n(z) \tag{4.15}$$

这里应注意所谓的比例阻尼模型,它假设了阻尼矩阵可以表示为质量矩阵和刚度矩阵的线性组合形式。正如第 3 章所讨论过的,这一假设是没有物理基础的,不过确实可以显著简化计算,并且在很多场合中并不会显著扭曲模型结果。对于很多旋转类设备,阻尼一般集中体现在轴承处,因而,这一假设本质上是不太合理的。尽管如此,对于阻尼适中的情况来说,利用这一假设仍然是可行的,并且能够帮助我们更好地认识相关动力学行为。

将式(4.15)代入式(4.13)中,然后同时乘以 $\boldsymbol{\psi}_m^{\mathrm{T}}$,可以得到

$$\sum_{n=1}^{\infty} a_n \boldsymbol{\psi}_m^{\mathrm{T}} \boldsymbol{K} \psi_n + \mathrm{j}\boldsymbol{\Omega} \sum_{n=1}^{\infty} a_n \boldsymbol{\psi}_m^{\mathrm{T}} \boldsymbol{C} \boldsymbol{\psi}_n - \boldsymbol{\Omega}^2 \sum_{n=1}^{\infty} a_n \boldsymbol{\psi}_m^{\mathrm{T}} \boldsymbol{M} \psi_n = \boldsymbol{\psi}_m^{\mathrm{T}} \boldsymbol{M} \boldsymbol{\varepsilon} \tag{4.16}$$

根据模态的正交性,有

$$\begin{aligned} \boldsymbol{\psi}_m^{\mathrm{T}} \boldsymbol{K} \psi_n &= \omega_n^2 \delta_{nm} \\ \boldsymbol{\psi}_m^{\mathrm{T}} \boldsymbol{C} \psi_n &= (\alpha + \beta \omega_n^2) \delta_{nm} \\ \boldsymbol{\psi}_m^{\mathrm{T}} \boldsymbol{M} \psi_n &= \delta_{nm} \end{aligned} \tag{4.17}$$

式中:δ_{nm}为克罗内克尔符号。将这组关系式代入式(4.16),可以发现,对于每个 m 值来说,只有 $n = m$ 的子项非零,于是有

$$a_m(\omega_m^2 + \mathrm{j}\boldsymbol{\Omega}[\alpha + \beta\omega_m^2] - \boldsymbol{\Omega}^2) = \boldsymbol{\psi}_m^{\mathrm{T}} \boldsymbol{M} \boldsymbol{\Omega}^2 \boldsymbol{\varepsilon} \tag{4.18}$$

进而可得

$$a_m = \frac{\boldsymbol{\psi}_m^{\mathrm{T}} \boldsymbol{M} \boldsymbol{\Omega}^2 \boldsymbol{\varepsilon}}{(\omega_m^2 + j\Omega[\alpha + \beta\omega_m^2] - \Omega^2)} \tag{4.19}$$

据此也就可以获得系统的完整响应了。

转子的不平衡是各类旋转设备的共同特征,同步振动现象也是不平衡问题的重要特征,当然并不唯一。转子弯曲也会导致同步振动行为,不过与纯粹的不平衡所导致的响应相比而言,这种情况下还会存在某些显著不同的特点,这些将在 4.4 节中进行介绍。

在继续讨论之前,有必要对式(4.19)做一分析。该式以相当简洁的方式给出了系统响应中所包含的模态成分,从中所反映出的一个基本信息就是,第 m

阶模态的贡献正比于 $\boldsymbol{\psi}_m^{\mathrm{T}}\boldsymbol{M}\boldsymbol{\varepsilon}$ 与一个比较复杂的转速函数的乘积。对于均匀转子来说,中点处的不平衡性不会对二阶模式产生任何影响,原因在于这一模式在该点处的幅值为零。实际上,人们经常会将不同转子转速条件下得到的幅值进行对比,从而用于确定包括不平衡问题在内的多种故障信息。

尽管详尽的设备模型可以帮助我们更深入地认识其运行中的相关问题和现象,不过很多情况下即便只具有有限的信息,也可以从中获得一些有益认识,当然,其中可能带有某些不确定性。下面讨论一个实例。

实例 4.1　图 4.6 给出了某设备的降速运行曲线,在 480r/min 和 1900r/min 这两个转速值处存在着两个显著的峰值。如果假设不平衡性主要是由单个偏心质量产生的,那么,它的轴向位置应当是怎样的?

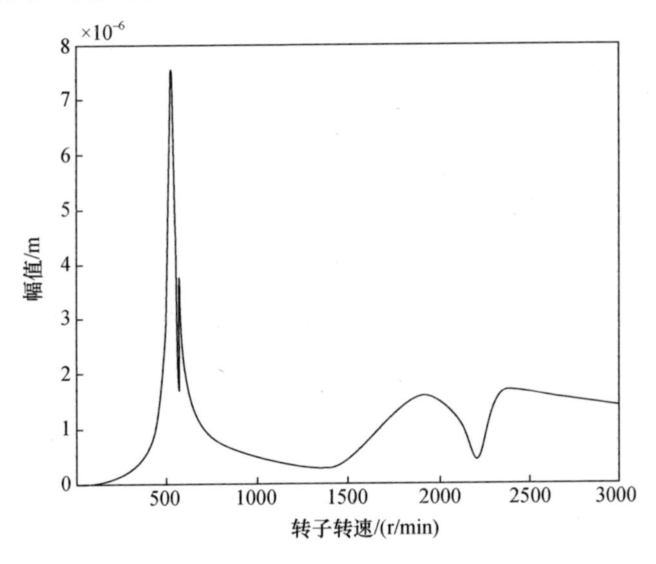

图 4.6　瞬态响应曲线

如果我们已经了解了与这两个临界转速相关的模态形状信息(即使是近似的也可以),那么,根据这些有限的信息就已经可以进行某些方面的分析评估了。这里不妨假设这两个模态形状类似于均匀转子所具有的模态情况,如图 4.7 所示。

从图 4.6 中不难看出,第一个峰大约比第二个峰高 5 倍,而 1900r/min 处峰值的出现直接反映了不平衡质量不可能位于中点处。此外,根据这两个峰值处的带宽与共振频率的比值,我们还可注意到这两个模式所对应的阻尼也是显著不同的,二阶模式的阻尼约是一阶模式的 3 倍。由此可以给出如下关系式,即

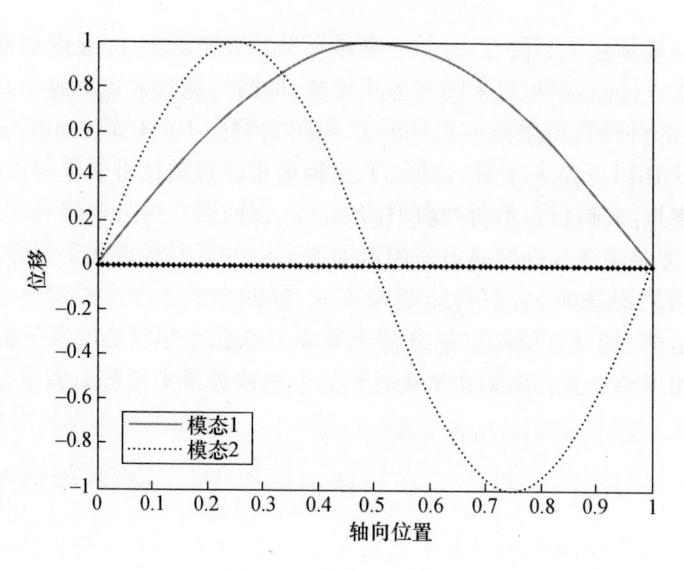

图 4.7　模态形状估计

$$x(\omega_1)=3a\sin\left(\frac{\pi z_u}{L}\right),\quad x(\omega_2)=a\sin\left(\frac{2\pi z_u}{L}\right)$$

于是,有

$$\frac{x(\omega_1)}{x(\omega_2)}=5=\frac{3a\sin\left(\frac{\pi z_u}{L}\right)}{a\sin\left(\frac{2\pi z_u}{L}\right)}$$

由此导得

$$10\times\sin\left(\frac{\pi z_u}{L}\right)\cos\left(\frac{\pi z_u}{L}\right)=3\times\sin\left(\frac{\pi z_u}{L}\right)$$

进而可得

$$z_u=\arccos(0.3)\times L/\pi\approx0.4L$$

由于缺少阻尼模型,因而,这一结果当然会存在某些不确定性,不过利用模态形状信息已经可以进行某些合理化的估计了。

4.3.2　转子动平衡

为了减小或消除不平衡的影响,人们已经提出了多种动平衡技术。早期的研究工作主要建立在刚性转子基础上,近些年来,由于柔性转子越来越显现出其重要性,这一方面的动平衡技术也有了长足的发展。Parkinson[3] 曾经对这一领域进行过较为全面的回顾,引用了 100 多篇相关文献。Foiles 等人[4] 综述了近些年来的一些研究进展,涵盖了160多篇文献。尽管这一领域中的一些基本方法目前已经被人们很好地理解和掌握了(至少在研究层面上),不过有关这一主题的文献仍然层出不穷,这也反映出该问题具有非常重要的实际意义,事实上,我们前面就已经指出过,在旋转类设备中不平衡问题正是最主要的一类问题。

动平衡技术可以划分为两类:第一类技术主要去分析附加质量和固定转速的影响;第二类则主要是在每一阶模态附近进行平衡处理。这两类技术均假设系统是线性的,不过实际场合中有时也会特意引入一些非线性校正,并通过运行测试来减小不平衡度。此外,对于模态技术来说,还存在一些更为严格的要求。

从原理上看,所有的转子动平衡都是借助附加的小质量所产生的影响消除原有的不平衡性。一定精度范围内,可以将一个比较简单的动平衡过程视为线性的。

4.3.2.1 影响系数法:单平面

这一概念是比较直观的,它是指在固定的转速条件下测试附加质量对振动的影响(以幅值和相位的形式)。

显然,最直接的问题就是去确定所需的平衡质量(经常称为配重),不过一般应当以矢量形式给出,其中包括了调整质量的位置及其大小。为有效实现设备的动平衡,一般要求在任意给定时刻能够对转子的方位进行识别,与此相关的技术手段可以是在轴上着色并辅之以光学探头,也可以是一些电子编码器。Friswell 等人[2]曾经指出,动平衡可以在无相位基准条件下实现,不过其实现过程要复杂得多,因而,仅在无法获得相位信号时才可将其作为最终的解决办法。较为通用的动平衡方法中是带有相位测试的,后面将通过一个简单实例进行阐述。

如果只有一个共振影响设备的动力学行为,那么,在单个平面内对该设备进行动平衡就可以了。这种情况下,降速运行曲线中只存在一个峰值。所谓的单平面动平衡是指仅在轴上单个轴向位置处安装平衡质量。这一技术的基本思想是十分简单的,即通过选用不同的附加质量从振幅和相位角度去分析系统对其的敏感性。在此基础上,就可以计算出为消除原有的振动需要采用的附加质量的大小和位置。

具体测量过程如下。

(1) 在轴上设置一些标记,用于确定相位信息。它们可以是光学探头可探测的物理标记,或者是某些电子编码器,主要目的是确保能够进行相位测量。

(2) 在测试转速下对设备的振动进行测量。

(3) 暂停设备的运行,在转子上安装一个已知质量块,且其与相位基准构成确定的角度关系。

(4) 启动设备运行至测试转速,并再次测量设备的振动。

(5) 根据两次振动测试结果的差异,获得转子对附加质量的敏感性,并据此计算出校正质量的大小和安装位置。

(6) 设备停机,安装校正质量,此后该设备即可投入运行。

为了使上述过程中涉及的计算内容更加清晰,我们不妨假设所测得的振动幅值为 r_0,相位为 θ_0,因而,x 方向上的运动就可以表示为 $u = r_0\cos(\Omega t + \theta_0)$。可以将其改写为如下的复数形式,即

$$u = \mathrm{Re}(u_0 \mathrm{e}^{\mathrm{j}\theta_0}) \tag{4.20}$$

转子的运动方程为

$$ku + c\dot{u} + m\ddot{u} = m\Omega^2 \varepsilon \cos\Omega t \tag{4.21}$$

如果将这一方程也表示为复数形式,则有

$$(k + \mathrm{j}c\Omega - m\Omega^2)u = m\varepsilon\Omega^2 \mathrm{e}^{\mathrm{j}(\Omega t + \phi)} = D(\Omega)u_0 \mathrm{e}^{\mathrm{j}\Omega t} \tag{4.22}$$

一般而言,式(4.22)中的 u_0是复数,消去正弦项可得

$$D(\Omega)u_0 = m\varepsilon\Omega^2 \mathrm{e}^{\mathrm{j}\phi} \tag{4.23}$$

应当注意的是,由于所有的参数一般是未知的,因而,根据式(4.22)还不能得到多少有用的结果,而根据式(4.23)不难看出,由于转子的转速 Ω 为常数,因而,未知的质量、刚度和阻尼等参数将集中体现到单个待定参数 $D(\Omega)$之中(ϕ 和 $m\varepsilon$ 变成了隐含待定参量),它实际上就描述了特定转速条件下设备完整的动力学行为。

如果将一个质量 m_1 以 ϕ_1 角安装到转子上,然后重新运行设备,设测得的振动为 u_1,那么,运动方程就可以写成

$$D(\Omega)u_1 = m\varepsilon\Omega^2 \mathrm{e}^{\mathrm{j}\phi} + m_1 r_1 \Omega^2 \mathrm{e}^{\mathrm{j}\phi_1} \tag{4.24}$$

将式(4.23)与式(4.24)相减也就得到了附加质量产生的振动量(幅值和相位),也就是系统的敏感性,由此可得

$$D(\Omega)(u_1 - u_0) = m_1 r_1 \Omega^2 \mathrm{e}^{\mathrm{j}\phi_1} \tag{4.25}$$

于是,有

$$D(\Omega) = \frac{m_1 r_1 \Omega^2 \mathrm{e}^{\mathrm{j}\phi_1}}{(u_1 - u_0)} \tag{4.26}$$

此时,这个参数 D 也就完全确定了。利用式(4.22),还可计算出原有的不平衡度。事实上,考虑到

$$D(\Omega)u_0=\frac{m_1r_1\mathrm{e}^{\mathrm{j}\phi_1}\Omega^2u_0}{u_1-u_0}=m\varepsilon\Omega^2\mathrm{e}^{\mathrm{j}\phi} \tag{4.27}$$

对其取模即可给出不平衡度为

$$m\varepsilon=\left|\frac{m_1r_1u_0}{u_1-u_0}\right| \tag{4.28}$$

并且不平衡的方位由下式给出,即

$$\phi=\arctan\left(\frac{\mathrm{lm}(D(\Omega))}{\mathrm{Re}(D(\Omega))}\right) \tag{4.29}$$

这些实际上就给出了转子平衡处理所需的所有信息。只需将前面的试探性质量移去,并在转子上新增一个不平衡度为 $m\varepsilon$ 的校正质量即可实现动平衡,需要注意的是,该校正质量的安装方位应与 ϕ 恰好相反,也即 $\phi+180^0$。下面给出一个实例进行讨论。

实例 4.2　单平面动平衡。

设有一台设备运行在最大转速 1450r/min,其降速运行曲线如图 4.6 所示,可以看出,在所考察的转速范围内只有一个共振峰(临界转速)。因此,只需进行单平面平衡即可完成该转速下的设备处理。现假定该设备的一个轴承处振动量为 25μm,相对相位基准其相角滞后 45°。我们在转子上半径为 100mm 处安装一个 10g 的试探性质量块,相角为 180°(与相位标记点恰好反向)。在重新运行至同一转速后,测得的振动为 20μm,相对基准而言,相角超前了 30°。根据这些信息就可以确定出合适的平衡质量,从而完全消除掉原有振动。

若将原来的振动表示为复数形式,则有 $u_0=25\left(\cos\frac{\pi}{4}+\mathrm{j}\sin\frac{\pi}{4}\right)=25\left(\frac{\sqrt{2}}{2}+\mathrm{j}\frac{\sqrt{2}}{2}\right)$。为了方便后续的计算,最好采用笛卡儿形式和 μm 长度单位。附加上试探性质量后,测得的振动可表示为

$$u_1=20\left(\cos\frac{\pi}{6}-\mathrm{j}\sin\frac{\pi}{6}\right)=20\left(\frac{\sqrt{3}}{2}-\mathrm{j}\frac{1}{2}\right)$$

于是,由附加质量产生的振动为

$$\Delta u=u_1-u_0=10\sqrt{3}-\frac{25}{\sqrt{2}}+\mathrm{j}\left(-10-\frac{25}{\sqrt{2}}\right)$$

我们的目标是确定不平衡度,因而,需要确定 $D(\Omega)$。对于这里的情形,我们有

$$D(\Omega)\Delta u=-0.001\Omega^2$$

由此即可得到 $D(\Omega)$,进一步则有

$$m\varepsilon\Omega^2 = D(\Omega)u_0 = -\frac{0.001\Omega^2 u_0}{\Delta u}$$

这一结果表明，平衡质量必须反向安装。不平衡度应为

$$m\varepsilon = 0.001 \times \frac{25}{\sqrt{2}}(1+\mathrm{j}) \times \frac{1}{10\sqrt{3} - \frac{25}{\sqrt{2}} + \mathrm{j}\left(-10 - \frac{25}{\sqrt{2}}\right)}$$

化简后不难得到 $m\varepsilon = (6.4683, -6.3035) \times 10^{-4}$，其方位为

$$\theta = \arctan\left(\frac{-6.3035}{6.4683}\right)$$

根据这一结果可知，不平衡度为 $9.03 \times 10^{-4}\mathrm{kg \cdot m}$，相角为 $-44°$。于是，如果校正质量需要安装在半径为 10cm 的位置，那么，为了实现动平衡，就必须在超前相位基准 134°的位置安装一个 9g 的质量。

尽管初看上去上面这个过程似乎比较复杂，实际上却是比较简单的，技术人员在观察到试探性质量的效应之后，只需根据所需消除的振动调整质量的大小和安装位置即可。

前面主要讨论的是只需进行单平面平衡的情形，对于此类情况这一处理过程也就结束了。然而，如果在设备的降速运行曲线中存在着多个共振峰，那么，一般就需要在多个平面内进行平衡处理了（平衡面的数量必须等于共振峰的个数），当然，其处理过程也是非常相似的。

4.3.2.2 两平面动平衡

两平面动平衡一般需要采用两个试探性质量，并对转子上两个不同点的响应进行测量。复数振动量 $\boldsymbol{u}$ 将是一个带有两个分量的矢量（多平面动平衡情况中分量的个数更多），而 $\boldsymbol{D}$ 这一项则变成了一个矩阵量。这里应当再次强调指出的是，两平面平衡过程从原理上是完全等同于单平面处理过程的，只是计算过程要稍微复杂一些而已。

与单平面情况相比，不同点在于，这里有两个平衡面需要考虑，其自由度为两个，系统的动刚度 $\boldsymbol{D}(\Omega)$ 为 2×2 矩阵。类似于式（4.25），我们需要建立两个方程描述动力学行为。不妨记所引入的两个试探性的不平衡度为 $m\varepsilon_{01}$ 和 $m\varepsilon_{02}$，应当注意每一项都是矢量，它们给出了对应平衡面处的质量信息，即

$$\boldsymbol{D}(\Omega)\begin{Bmatrix} u_{11} \\ u_{12} \end{Bmatrix} = \begin{Bmatrix} m\varepsilon_{01}\mathrm{e}^{\mathrm{j}\phi_{01}} \\ m\varepsilon_{02}\mathrm{e}^{\mathrm{j}\phi_{02}} \end{Bmatrix}\Omega^2 + \begin{Bmatrix} m_{11}r_{11}\mathrm{e}^{\mathrm{j}\phi_{11}} \\ m_{12}r_{12}\mathrm{e}^{\mathrm{j}\phi_{12}} \end{Bmatrix}\Omega^2 \tag{4.30}$$

$$\boldsymbol{D}(\Omega)\begin{Bmatrix} u_{21} \\ u_{22} \end{Bmatrix} = \begin{Bmatrix} m\varepsilon_{01}\mathrm{e}^{\mathrm{j}\phi_{01}} \\ m\varepsilon_{02}\mathrm{e}^{\mathrm{j}\phi_{02}} \end{Bmatrix}\Omega^2 + \begin{Bmatrix} m_{21}r_{21}\mathrm{e}^{\mathrm{j}\phi_{21}} \\ m_{22}r_{22}\mathrm{e}^{\mathrm{j}\phi_{22}} \end{Bmatrix}\Omega^2 \tag{4.31}$$

这两个试探性情形必须是线性无关的，并且必须同时包含两个平衡面的处理。为方便起见，这里可以引入新的记号

$$R_{nk}=r_{nk}\mathrm{e}^{\mathrm{j}\phi_{nk}} \tag{4.32}$$

然后，按照单平面动平衡处理过程，利用两次试探性运行结果的差异就可以将式(4.31)和式(4.32)组合起来，从而得到

$$\boldsymbol{D}(\Omega)\begin{bmatrix}\Delta u_{11} & \Delta u_{21}\\ \Delta u_{12} & \Delta u_{22}\end{bmatrix}=\begin{bmatrix}m_{11}R_{11} & m_{21}R_{21}\\ m_{12}R_{12} & m_{22}R_{22}\end{bmatrix} \tag{4.33}$$

式中：$\Delta u_{kj}=u_{kj}-u_{0j}$为试探性质量带来的振动变化量。可以看出，式(4.33)实际上将动平衡处理过程中得到的相关数据进行了封装，据此也就可以确定出矩阵$\boldsymbol{D}$，即

$$\boldsymbol{D}(\Omega)=\begin{bmatrix}m_{11}R_{11} & m_{21}R_{21}\\ m_{12}R_{12} & m_{22}R_{22}\end{bmatrix}\begin{bmatrix}\Delta u_{11} & \Delta u_{21}\\ \Delta u_{12} & \Delta u_{22}\end{bmatrix}^{-1} \tag{4.34}$$

进一步，转子的不平衡度可由下式给出，即

$$\begin{Bmatrix}m\varepsilon_1\mathrm{e}^{\mathrm{j}\phi_{01}}\\ m\varepsilon_2\mathrm{e}^{\mathrm{j}\phi_{02}}\end{Bmatrix}=\begin{bmatrix}m_{11}R_{11} & m_{21}R_{21}\\ m_{12}R_{12} & m_{22}R_{22}\end{bmatrix}\begin{bmatrix}\Delta u_{11} & \Delta u_{21}\\ \Delta u_{12} & \Delta u_{22}\end{bmatrix}^{-1}\begin{Bmatrix}r_{01}\\ r_{02}\end{Bmatrix} \tag{4.35}$$

这一结果也很容易表示为幅值和相位的形式，参见下面的实例4.3。值得注意的是，该结果实际上也就给出了转子等效的质心位置，为了对其进行补偿，平衡质量必须与之反向安装，也即180°安装。

实例4.3　一个两平面平衡问题。

设已知一个转子需要在两个平面内进行平衡处理，振动测试是在两个轴承处的x方向上进行的。原状态和两次试探校正后的状态如表4.2所列。

表4.2　实例4.3的数据

轴承 / 圆盘	轴承1处的幅值/mm	轴承1处的相位/(°)	轴承2处的幅值/mm	轴承2处的相位/(°)
原始情况	0.4	120	0.3	240
圆盘1(150mm,100g,0°)	0.5	140	0.35	150
圆盘2(150mm,100g,0°)	0.45	50	0.4	300

按照式(4.30)~式(4.36)所给出的步骤，可以得到如下相关参数(此处的所有测试数据均采用了mm单位)：

所得到的振动量为

$$\boldsymbol{u}_0=\begin{Bmatrix}u_{01}\\u_{02}\end{Bmatrix}=\begin{Bmatrix}0.4\times e^{j\times120\times\pi/180}\\0.3\times e^{j\times240\times\pi/180}\end{Bmatrix}=\begin{Bmatrix}-0.2+0.3464j\\-0.15-0.2598j\end{Bmatrix}\text{mm}$$

第一次试探校正为

$$\boldsymbol{f}_1=\begin{Bmatrix}m_{11}R_{11}\\m_{12}R_{12}\end{Bmatrix}=\begin{Bmatrix}0.1\times0.15\\0\end{Bmatrix}\text{kg}\cdot\text{m}$$

所得到的响应为

$$\boldsymbol{u}_1=\begin{Bmatrix}u_{11}\\u_{12}\end{Bmatrix}=\begin{Bmatrix}0.5\times e^{j\times140\times\pi/180}\\0.35\times e^{j\times150\times\pi/180}\end{Bmatrix}=\begin{Bmatrix}-0.383+0.321j\\-0.303-0.175j\end{Bmatrix}\text{mm}$$

于是,有

$$\Delta\boldsymbol{u}_1=\boldsymbol{u}_1-\boldsymbol{u}_0=\begin{Bmatrix}-0.183-0.025j\\-0.153+0.4348j\end{Bmatrix}\text{mm}。$$

第二次试探校正为

$$\boldsymbol{f}_2=\begin{Bmatrix}0\\0.1\times0.15\end{Bmatrix}\text{kg}\cdot\text{m}$$

测得的响应为

$$\boldsymbol{u}_2=\begin{Bmatrix}u_{21}\\u_{22}\end{Bmatrix}=\begin{Bmatrix}0.45\times e^{j\times50\times\pi/180}\\0.4\times e^{j\times300\times\pi/180}\end{Bmatrix}=\begin{Bmatrix}0.289+0.345j\\0.2-0.346j\end{Bmatrix}\text{mm}$$

于是,差值为

$$\Delta\boldsymbol{u}_2=\boldsymbol{u}_2-\boldsymbol{u}_0=\begin{Bmatrix}0.489-0.0017j\\0.350-0.087j\end{Bmatrix}\text{mm}$$

根据式(4.36),就可以计算出不平衡度,即

$$\boldsymbol{f}_0=\begin{bmatrix}0.015&0\\0&0.015\end{bmatrix}\begin{bmatrix}-0.183-0.025j&0.489-0.002j\\-0.153+0.435j&0.350-0.087j\end{bmatrix}^{-1}\begin{Bmatrix}-0.2+0.346j\\-0.150-0.250j\end{Bmatrix}\text{kg}\cdot\text{m}$$

化简后可得 $\boldsymbol{f}_0=\begin{Bmatrix}-0.0192+0.0032j\\-0.0135+0.0108j\end{Bmatrix}$,于是,有 $|\boldsymbol{f}_0|=\begin{Bmatrix}0.0195\\0.0173\end{Bmatrix}\text{kg}\cdot\text{m}$,而相角则由下式给出,$\theta_1=\arctan\left(\dfrac{-0.0032}{0.0192}\right)$,$\theta_2=\arctan\left(\dfrac{-0.0108}{0.0135}\right)$,由此可得平面1和平面2上的相角应分别是171°和141°。

从上述过程中可以观察到一些有趣的现象,在应用两平面平衡技术时,本质上是对两个自由度进行了校正。对于刚性转子来说,每个方向上只存在两个模

态,这就意味着,如果进行了两平面平衡校正,那么,刚性转子就可以在任意转速下运行。然而,对于柔性转子来说,这是不正确的,我们必须做进一步的分析。

下面以图 4.8 所示的刚性转子情形作为参考说明这一问题,模型参数参见表 4.3,降速运行曲线如图 4.9 所示。

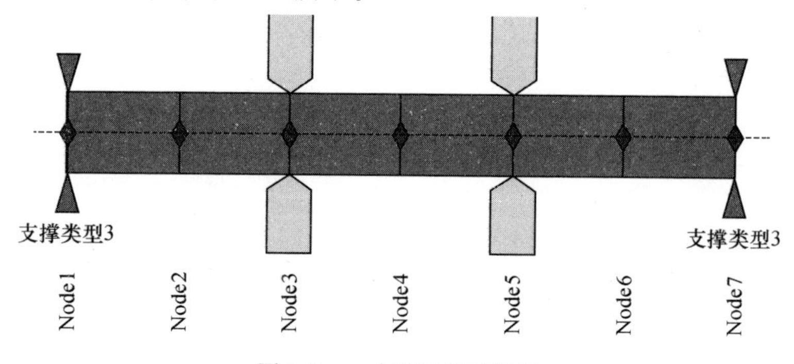

图 4.8　一个刚性转子实例

表 4.3　模型参数

轴承间距/m	1.5
转轴直径/m	0.1
轴承刚度/(N/m)	10^7
轴承阻尼/(N·s/m)	10,000
圆盘厚度/m	0.1
圆盘直径/m	0.3
材料密度/(kg/m³)	7800
弹性模量/(N/m²)	2.1×10^{11}

图 4.10 给出了该系统的坎贝尔图,它表明了该设备存在着较小的陀螺力矩影响。从降速运行曲线中可以看出峰值位于 2200r/min 和 6050r/min 这两个转速值处。

根据图 4.9 我们可以立即发现一些有趣的特征。最重要的一点是,两个轴承处的响应在低转速时几乎是相同的,只是在一阶临界转速之上才开始有所不同。这一点是不奇怪的,因为低转速范围内的动力学行为主要是由一阶模式主导的,而该模式中两个轴承处是对称的。假设设备运行在 2000r/min,由于低于一阶临界转速,所以可以认为采用单平面平衡校正就足够了。图 4.11 给出了针对 2340r/min 这一转速条件经过单平面校正后的转子行为,平衡校正过程中利用了一个试探性质量和一个校正质量即可。很明显,虽然在 2340r/min 这个转速处轴承 1 的振动减小到零,然而,在更高转速时振幅会增大(这里没有给出轴

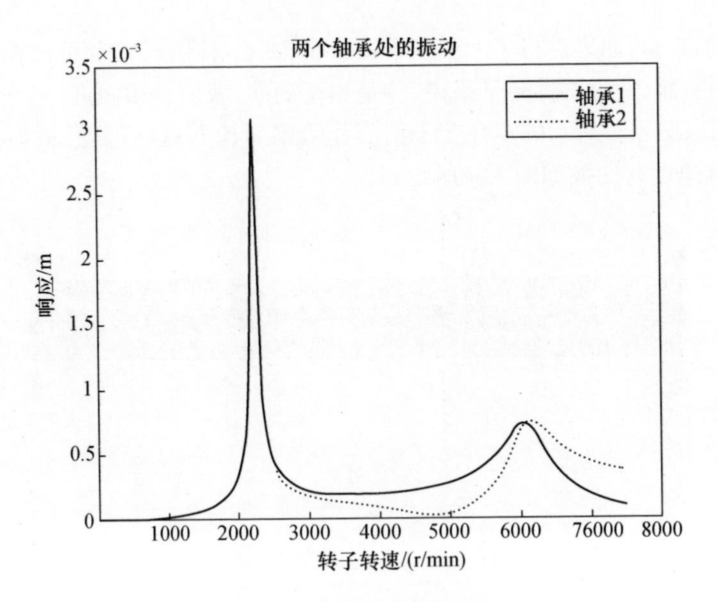

图 4.9　校正前测试响应

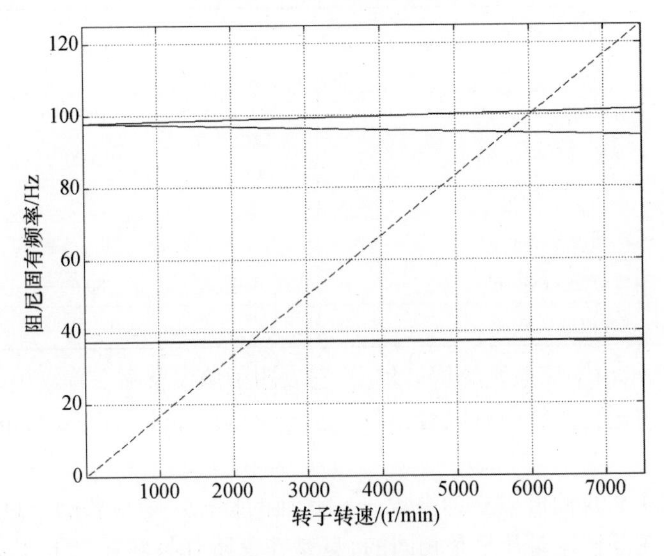

图 4.10　坎贝尔图

承 2 以及其他位置处的变化情况)。

在一阶临界转速之上,也可以借助单平面平衡方法来抑制某个转速和某个位置处的振动水平,不过其他位置处的振动可能会增大。从图 4.11 可以看出,在经过单平面平衡处理后特定转速下的振动确实得到了衰减,然而,在缺乏设备动力学行为相关的更详细信息条件下,我们很难判断其他转速处的情况。实际上，如果对系统的各模态行为有足够认识，那么，即使采用这种最简单的平衡方法也能够得到更令人满意的效果。

根据图 4.11 不难看出，3000r/min 以上的转速处的振动主要是由二阶模式决定，这里实际上就是所谓的摇摆运动模式。如果将计算得到的校正质量一分为二地安装在两个圆盘之间，那么，就可以抑制二阶模式的激发，如图 4.12 所示。

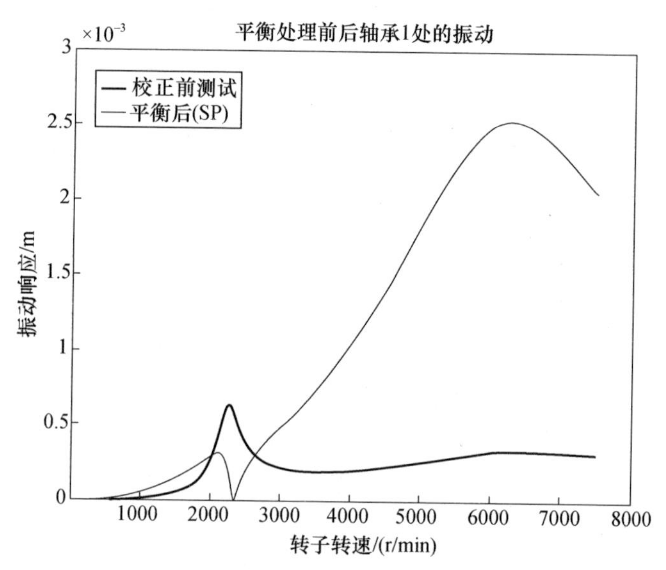

图 4.11 单个质量平衡前后的振动情况
（SP 代表的是单平衡面处理）

需要注意的是，在图 4.12 中平衡转速处的振动水平并不是趋于零的。其原因是：相关计算是建立在单个试探性质量上的，而这里的校正却采用了两个附加质量，换言之，模态是不同的。当然，如果在每个圆盘处都附加一个试探性质量，那么，这一平衡处理可以做得更为有效。

上述平衡过程非常类似于模态平衡技术，该技术主要在柔性转子问题中讨论。对于刚性转子来说，两平面平衡一般是最为常用的手段，尽管前面曾经指出单平面平衡法在某些情况中也是可行的。正如前面实例中所揭示的，认识系统的模态行为是非常重要的，据此可以获得更好的平衡效果。两平面平衡法实际上隐含了对两个刚体模式的识别，因此，如果一个刚性转子在任一转速处经过了两平面校正，那么，它在所有转速处就都是平衡的，整个转速范围内的振动都会降低到零。这里有必要做一些说明。实际应用中，首先，动平衡的效果是随转子转速变化而变化的，因而，需要细致分析以做出最合理的决定。其次，所有的平

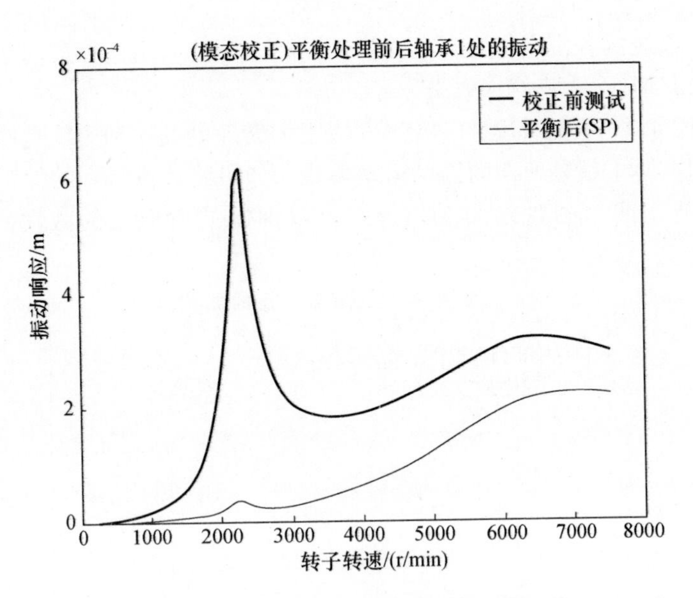

图 4.12　通过两个相同质量进行平衡处理

衡过程一般均假设为线性问题，而实际情况中这一点并不能严格满足，可能需要反复多次才能得到最优平衡状态。最后，任何转子实际上都不是刚性的，特别是对于大型设备更是如此，因而，刚性假设是否合理必须根据工作转速与最低阶横向固有频率（自由－自由边界下）之比进行检查。

在图 4.13 中所给出的结果是针对单个转速进行单平面校正计算得到的，该转速处的振动降低到了零。在平衡处理过程中，两个试探性质量相等，且安装到两个圆盘处，而对应的校正质量则是利用单平面平衡法计算得到的。此外，平衡过程中采用了单个测试位置，一般位于轴承座上。

两平面校正过程需要两个不同的测试位置，从而能够获得各模态对振动信号的贡献。因为刚性转子在每个方向上只有两个振动模式，其完整的运动是可以进行分解的，这也是刚性转子经过两平面平衡后对于所有转速都是平衡的原因。

到目前为止，我们讨论的核心都是刚性转子，不过其中很多内容都可直接应用到柔性转子问题中。对于刚性转子，借助两平面平衡法可以对它所有两个振动模式进行平衡，因此，可以在任何转速下平衡运转。然而，对于柔性转子，它的振动模式是不止两个的。实际上，很多设备在正常运行转速范围内只表现出两个模式，但是其实往往还存在着第三个模式，它的频率要稍微高一些，对设备运转是有重要影响的。由此不难认识到，两平面平衡法将只能在特定转速（最多在一个较窄的转速范围内）处才能获得满意的效果。尽管如此，该方法仍然是柔性转子的一个有效的平衡措施，人们一般将此类方法称为影响系数法。

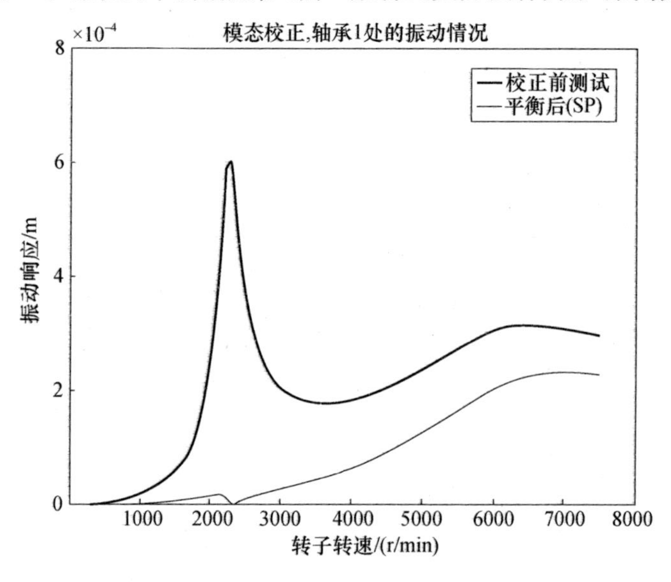

图 4.13　单个转速处的平衡实例

总体而言，影响系数法包括了两个测试点、两个试探性质量（涉及两个独立的位置）以及两次试运行（与原转速保持相同）。虽然该方法的实现过程与前面的刚性转子情况完全一致，但是我们仍然必须注意柔性转子具有不同的动力学行为。例如，虽然能够在工作转速下实现理想的平衡，但是，当设备通过临界转速时，这一理想平衡构型可能会产生令人难以接受的振动水平，这也就要求在整个转速范围内从总体上对各种要求进行折中考虑。

4.3.3　模态平衡

模态平衡法是柔性转子平衡技术中的一类方法，它针对若干个转速值进行平衡处理，这些转速值一般会尽量靠近系统的临界转速。从理论上来说，所选择的平衡转速应当等于临界转速，不过有时由于振动过于剧烈因而难以实现。这一方法只需要采用一个测试点，不过平衡面的数量应当等于希望进行平衡处理的模态个数，一般是 2 个或 3 个。与影响系数法不同，模态平衡法要求我们事先对设备的模态形状和对应的临界转速都有所认识。这些认识一般可以从理论模型或以往运行数据信息中获得。

模态平衡法的过程相当于多次进行单平面平衡，不过在每一个转速处试探性质量必须安装在每个平衡面处，且与该转速所对应的模态形状成比例。应用这一方法的前提是：每个模态都与其他模态无关（这一点将在后面进行讨论），于是,每个临界转速处的响应也就只由对应的模态主导,进而每个模态也就可以独立地进行平衡处理了。这里通过一个简单的实例对此进行说明。设某设备的临界转速分别为1200r/min和2000r/min,两个平衡面位于两个圆盘处,它们关于中线对称,如图4.8所示。两个模态形状分别为$\begin{Bmatrix}1\\1\end{Bmatrix}$和$\begin{Bmatrix}1\\-1\end{Bmatrix}$。在经过1200r/min的测试运行后(为保证设备能够安全运行,转速可以是与此接近的数值),计算得到的校正质量为40g,且应超前相位基准30°,安装位置的半径应为100mm。在将两个相同的校正质量安装到设备上之后加速到2000r/min,并记录了相应的振动信息。然后又将相等的试探性质量以相反相位安装到两个平衡面上(半径均为10cm),由此得到所需的校正质量为20g,且相位应滞后基准45°。表4.4列出了校正质量的大小和位置。这4个质量将平衡掉前两个振动模式的不平衡激励,很多场合中这一处理即可获得满意的效果。一般来说,经此处理后很少有设备会再需要对更高阶模式进行平衡,如果需要,那么,就应当增加平衡面的个数。当然,在这个实例中每个平衡面上的两个质量是可以替换为单个质量的(应等价于前二者的矢量和),不过很多情况中这种替换并不方便,因为这往往需要让设备进行一次附加运行。

表4.4 模态平衡实例

	平面1		平面2	
	大小(g,半径100mm处)	相位/(°)	大小(g,半径100mm处)	相位/(°)
模态1	40	30	40	30
模态2	20	-45	20	135
合成	49	7	40	59

对于那些工作在一个较宽转速范围内的设备来说,模态平衡技术能够得到更好的效果。这一技术最早是由Parkinson等人[5]在1980年前后提出的,应当注意的是,当前工业领域中影响系数法仍然更为常用一些。这两种方法均建立在线性基础上,它们都可非常方便地程式化,不过人们在使用过程中仍然存在一些易犯的错误,这一点是需要引起注意的。平衡过程中容易导致问题发生的最常见的一个原因就是转子弯曲,由此会出现同步振动现象,不过它与不平衡导致的同步振动是有所不同的,因为转速导致的力的变化存在着显著差异。这一问题所蕴含的内容是非常深奥的,我们将在4.4节中详细进行讨论,这里需要注意的一个关键点是,虽然弯曲会导致同步响应,然而,该响应随转速的改变情况将明显区别于不平衡导致的情况。就本质而言,弯曲所导致的载荷是不变的,而不平衡导致的载荷却是依赖于转速平方的。

实际上,转子的弯曲是很容易诊断的,即在非常低的转速下或者说远低于一阶固有频率时会出现显著的振动现象。正如 4.4 节将要指出的,转子弯曲只能通过单个转速下的平衡质量来补偿,因此,如果设备只工作在一个转速,那么,进行平衡处理时就不必额外考虑弯曲了,而需要仔细考虑的是如何确保设备加速和减速过程中振动水平不至过大。

对于工作转速较宽的设备,还可以采用另一方法来处理。这种情况下,一般必须先通过观察低转速下的响应测试转子弯曲程度,然后,再利用校正质量进行平衡处理,并从测得的响应中减去低转速下的响应,进而展开相关计算。

为考察转子弯曲的影响,这里再次回顾前面的实例,只是此处新增了一个条件,即在非常低转速下测得的响应为 10μm(相位上超前基准 30°)。现在的问题是,如何对该转子进行最佳的平衡处理。在前面这个实例中所需的校正质量为 9.03×10^{-4}kg(相位为 134°)。如果转子只工作在 1500r/min 这个转速,那么,就不必考虑弯曲的影响,不过在其他的转速值处该转子将不会处于平衡状态。需要注意的是,这里面存在着一个危险因素,即该设备在降速过程中可能产生非常大的振动。

另外,如果该设备需要在一定转速范围内工作,那么,就必须对平衡过程进行折中考虑。基本思想是利用振动信号与弯曲响应之间的差值来进行计算,于是,有

$$me = -0.001\times\left(\frac{25}{\sqrt{2}}(1+\mathrm{j})-10\left(\frac{\sqrt{3}}{2}+\frac{\mathrm{j}}{2}\right)\right)\times\frac{1}{10\sqrt{3}-\frac{25}{\sqrt{2}}+\mathrm{j}\left(-10-\frac{25}{\sqrt{2}}\right)}$$

由此可得不平衡度为 $me=(4.6217-3.1984\mathrm{j})\times10^{-4}$kg·m。应当注意的是,这一结果是明显区别于无弯曲情况下的不平衡度。这一不平衡度表现为 5.62×10^{-4}kg·m的大小和 −35°的相角。如果这个转子只在平衡转速(1500r/min)运行,那么,利用平衡过程(忽略弯曲的影响)就可以达到最小的振动水平。如果转子将在一定转速范围内运行,那么,就必须计入弯曲的影响,由此将使得总振动限制在弯曲量上。这一复杂行为的形成原因在于弯曲和不平衡所产生的响应是明显不同的,尽管它们都会导致同步振动现象。相关细节内容将在 4.4 节中阐述。

实际上,这一方法的基本思想是非常清晰的,即通过减去弯曲对应的响应,我们本质上是去消除由不平衡导致的振动部分。

含油滑动轴承的特性也会带来一些与不平衡响应和动平衡过程相关的问题,其中非线性问题将在4.3.4 节中讨论,它可以通过反复进行平衡处理这一方

式消除,不过这往往是非必需的。一个更为复杂的问题是轴承提供了绝大部分系统阻尼,而这意味着阻尼不再是“经典类型”,进而说明模态形状将是复数形式的,并且不具有正交性。由于不再满足正交性,因而,模态平衡法的一些基本要求也就不能严格符合。为此,Kellenburger 和 Rihak[6] 提出了一种改进的方法,一般称为双模态平衡法。不过,据我们所知,该方法尚未应用到工业领域中。尽管在理论上还有一定问题,但是现有的研究也确实表明了模态平衡法还是能够用于由含油滑动轴承支撑的设备场合。

这里仍然要再次提及刚性转子和柔性转子之间的区别,它的重要性是显然的。通过在两个平面内校正的刚性转子,将在所有转速下都是平衡的。从模态角度来看待这一点上是非常清晰的,因为所有的模态(两个刚体模态)都得到了平衡。然而,在柔性转子场合,情况是不同的,因为随着转速的提高其他振动模态开始变得重要起来。柔性转子的平衡状态必须在其工作转速下进行分析。当然,实际中不存在真正意义上的刚性转子,一般需要根据一阶横向固有频率(自由 - 自由边界下)与转速范围的靠近程度判断刚性假设是否合理。

4.3.4 非线性效应

在很多设备中,特别是那些安装在含油滑动轴承上的设备,往往存在着一些非线性因素。这里再次考虑表 4.1 所描述的系统,并对其不平衡度进行了比例放大。表 4.5 给出了若干不平衡度情况下几种转速处的响应幅值(相对于轴承间隙)。该表中的比例因子作为乘子与表 4.1 中的不平衡度相乘从而得到了若干不同情况。计算中采用了短轴承理论,尽管该理论需要较多假设并且也不够精确,但是它可以较好地反映油膜轴承中的很多现象,此处所体现的就是其固有的非线性。当转速为 900r/min 时,仅当不平衡度增大后才会体现出非线性行为特征。当轴承处的位移与轴承间隙相当时,这种非线性行为将变得更为显著,这一点在物理层面上也是合理的。此外,从表 4.5 中还可看出,较高转速处这一非线性特征主要出现在较低的不平衡度条件下。

表 4.5 相对于间隙的响应幅值范围

不平衡度	900r/min	1800r/min	2700 r/min
1	0.054	0.155	0.51
2	0.106	0.299	0.826
4	0.209	0.539	1.15
8	0.394	0.84	1.40
16	0.672	1.12	1.58

下面考察上述非线性效应对平衡过程的影响。根据表 4.5 可以很明显地看到，所有情况中的响应要比所施加的不平衡度增大得慢一些，其原因在于，当不平衡度增大时，轴承将变得更"硬"。毋庸置疑，这一现象将会直接影响到平衡过程，因为安装试探性质量后，系统的特征与安装最终的校正质量情况都会体现出这种非线性特性。一般来说，这种轴承变"硬"的结果是使得校正质量的首次预估值比准确值要低一些，不过仍然可以降低振动水平，进而我们可以进行二次平衡处理。当然，并不是所有情况中都需要二次处理，一般应视首次校正后测得的幅值情况以及所允许的振动量级而定。此外，在采用了两步平衡处理之后，我们往往还能够获得与非线性轴承行为特性相关的重要而实用的数据。

4.3.5 近期进展

近些年来，很多研究人员提出了一些单步平衡方法，也即不需要任何"测试运行"的平衡方法。在工业领域中，这类技术显然是非常有价值的。就特定的设备而言，如果数据记录丰富而全面，那么，技术人员就能够对该设备的特性有更好的认识，利用这些已有信息进行平衡处理显然是有可能无须经过测试运行的。

人们还提出了一些新的平衡方法，它们主要建立在系统识别技术之上，这些技术将在第 7 章中详细讨论。在这些方法中，一般需要将测试数据与数值模型的大量参数进行拟合匹配，其中不平衡度的估计就是一个重要方面。例如，可以针对一组预定的平衡面构造不平衡度矢量，进而将其作为待识别的参数（参考 Lees 和 Friswell 的著作[7]）。就目前来看，这一方面的技术还处于初级发展阶段，不过，根据实验室中的测试结果以及有限的现场应用案例可以看出该项技术将具有非常广阔的前景，第 7 章中将给出相关的详细内容。

4.4 转子弯曲

4.3 节中讨论了质量不平衡问题，它无疑是旋转类设备中最为常见的一类"故障"。实际上，由于所有设备都存在或多或少的不平衡度，因此，将不平衡问题称为设备故障多少是有些不恰当的。准确来说，这种类型的设备故障应当是指不平衡度超量，当然，这需要根据某些合适的指标来判定。正如 4.3 节所讨论过的，不平衡总是会导致同步振动行为，然而反过来并不成立，或者说，每转一次的振动信号并不一定都是不平衡产生的结果。转轴的弯曲也会带来类似的同步振动现象，但是它与不平衡带来的同步振动相比却具有一些显著不同的特性。

当然,我们也应注意,实际的转子可能既是不平衡的同时又是弯曲的,不过,为了阐明相关基本原理,最好还是将二者分开进行讨论。

首先考虑图 4.14 所示的转子,中部产生了弯曲。为清晰起见,这里有必要对弯曲这一术语加以明确。这里所讨论的弯曲与后面第 5 章中所讨论的柔性转子的悬链线形式(涉及不对中问题的分析)是完全不同的。弯曲情况中,转子外形是弯的,它将绕转轴中线转动,而悬链线则在时间和空间中是固定不变的,至少不对称转子是这样的。

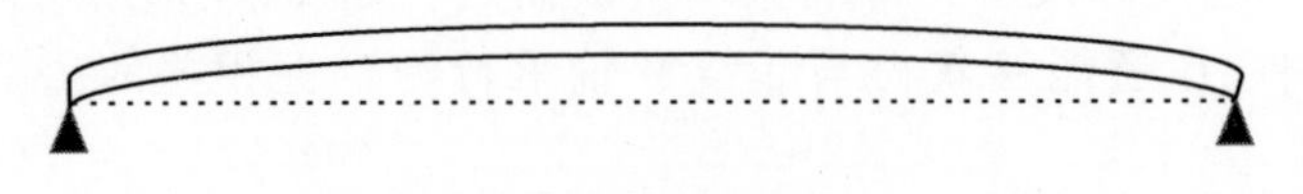

图 4.14 弯曲转子

弯曲转子的运动方程可以通过拉格朗日方程导出。如果记弯曲矢量为 $\boldsymbol{b}$,位置矢量为 $\{\boldsymbol{x}\}$,那么,转子的势能应为

$$\boldsymbol{U}=\frac{1}{2}\{\boldsymbol{x}-\boldsymbol{b}\}^{\mathrm{T}}[\boldsymbol{K}]\{\boldsymbol{x}-\boldsymbol{b}\} \tag{4.36}$$

对于一根直轴来说,采用合适的坐标系即可使得 $\boldsymbol{x}=\boldsymbol{0}$,而对于弯曲的轴,在该坐标系中显然不可能具有零势能的构型,零势能状态仅当 $\{\boldsymbol{x}-\boldsymbol{b}\}=\boldsymbol{0}$ 时才满足。这里的弯曲矢量就是当转子静止于光滑的台面上时所呈现的形状。

动能可以直接表示为

$$\boldsymbol{T}=\frac{1}{2}\{\dot{\boldsymbol{x}}\}^{\mathrm{T}}[\boldsymbol{M}]\{\dot{\boldsymbol{x}}\} \tag{4.37}$$

根据拉格朗日方程,可以得到

$$[\boldsymbol{M}]\{\dot{\boldsymbol{x}}\}+[\boldsymbol{K}]\{\boldsymbol{x}-\boldsymbol{b}\}=\boldsymbol{0} \tag{4.38}$$

式(4.38)针对的是无阻尼的弯曲轴,且不存在不平衡。在继续分析更为复杂的情况之前,我们先考察这个简单情形的动力学行为特性。假设转子现在以稳定的角速度 Ω 转动,在计入阻尼矩阵 $\boldsymbol{C}$ 后得到其振动为

$$\boldsymbol{x}=[-\boldsymbol{M}\Omega^2+\mathrm{j}\Omega\boldsymbol{C}+\boldsymbol{K}]^{-1}\boldsymbol{K}\boldsymbol{b}\mathrm{e}^{\mathrm{j}\Omega t} \tag{4.39}$$

由此可知,转子的弯曲将会导致每转一次的激励,不过,它随转子转速的幅值变化则完全不同于转子不平衡所导致的结果。这一点从式(4.39)分子中缺少与 Ω^2 成正比的项就可清晰地观察到。为说明这一点,不妨考虑一个带有不平衡质量分布为 $\boldsymbol{M\varepsilon}$ 的转子,其中 $\boldsymbol{\varepsilon}$ 为质量偏心距,此时,对应的振动应为

$$\boldsymbol{x}_{\mathrm{bal}}=[\boldsymbol{K}+\mathrm{j}\Omega\boldsymbol{C}-\boldsymbol{M}\Omega^2]^{-1}\boldsymbol{M\varepsilon}\Omega^2\mathrm{e}^{\mathrm{j}\Omega t} \tag{4.40}$$

显然,可以将此以傅里叶变换形式表示出来,于是,有

$$X_{\text{bal}}(\Omega)=[\boldsymbol{K}+\mathrm{j}\Omega\boldsymbol{C}-\boldsymbol{M}\Omega^2]^{-1}\boldsymbol{M\varepsilon}\Omega^2 \tag{4.41}$$

为简单起见,这里我们假设阻尼较小,因而,峰值响应将发生在 $\Omega=\Omega_c$ 处,Ω_c 可根据 $|\boldsymbol{K}-\Omega_c^2\boldsymbol{M}|=0$ 这个条件给出。在临界转速处,如果下述条件满足,即

$$\boldsymbol{Kb}=\boldsymbol{M\varepsilon}\Omega_c^2 \tag{4.42}$$

那么,弯曲和不平衡导致的响应将恰好相等。对于这种情况,不妨针对零转速和极高(无限大)转速将不平衡和弯曲导致的位移做一比较。实际上,根据式(4.41)和式(4.42)就可以直接观察到如下结果,即

$$\begin{cases}\boldsymbol{X}_{\text{bal}}(0)=0,\lim\limits_{\Omega\to\infty}(\boldsymbol{X}_{\text{bal}}(\Omega))=-e\\ \boldsymbol{X}_{\text{bend}}(0)=\boldsymbol{b},\lim\limits_{\Omega\to\infty}(\boldsymbol{X}_{\text{bal}}(\Omega))=0\end{cases} \tag{4.43}$$

在图 4.15 中给出了一个转子模型,其不平衡性体现在两个圆盘处。对于圆盘处具有单位不平衡度的情形,该系统的响应如图 4.16 所示,其中同时也给出了具有相同共振响应的转子弯曲情形。对比这两条曲线不难得到一个非常重要的结论,即虽然转子弯曲和不平衡都会导致同步振动(每转一次),但是它们随转速的变化行为是明显不同的。由此所产生的一个结果就是,虽然转子弯曲的影响可以通过平衡处理来进行补偿,但是这一方法只对单个转速有效。对于图 4.16 中引入的转子弯曲而言,它产生的激励力是与不平衡激励力相同的,不过,它们产生的响应只在单个频率(21Hz)处相同,其他频率处是不一样的。在 21Hz 以下,不平衡导致的响应要低于弯曲导致的响应,而在此频率以上情况恰好相反。

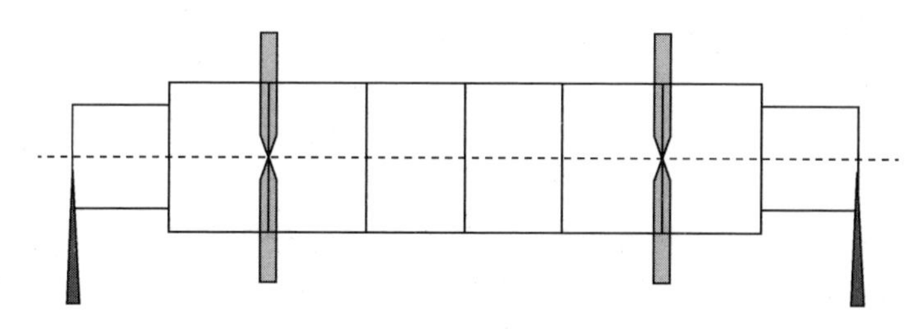

图 4.15　测试模型的基本布局

尽管上述分析结论实际上是利用单自由度系统得到的,不过对于更为复杂的系统它们也是成立的。本节中除了线性假设外,另外一个就是经典阻尼假设,在这个前提下系统的模态是实数形式的。

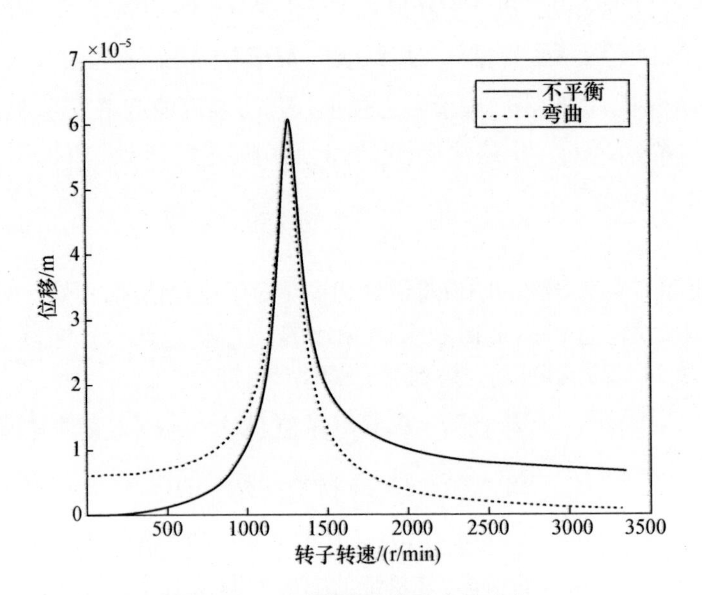

图 4.16 不平衡和弯曲导致的响应

如果同时考虑不平衡性和转子弯曲这两种因素，那么，有

$$\boldsymbol{M}\{\ddot{\boldsymbol{x}}+\ddot{\boldsymbol{\varepsilon}}\}+\boldsymbol{K}\{\boldsymbol{x}-\boldsymbol{b}\}=0 \tag{4.44}$$

在给定转速 Ω 时，这个运动方程就变成

$$[\boldsymbol{K}-\boldsymbol{M}\Omega^2]\boldsymbol{x}=\boldsymbol{M}\Omega^2\boldsymbol{\varepsilon}+\boldsymbol{K}\boldsymbol{b} \tag{4.45}$$

这个方程可以直接求解，也可以采用模态方法求解。

考虑如图 4.15 所示的转子情况，两个圆盘安装在一根均匀的轴上，且轴带有一定的弯曲，另外，此处还假设轴承是刚性的。当转子不存在不平衡时，中点处的振动仍可由图 4.16 给出。图中所选择的分析频率范围已经包含了一阶振动模态（更高转速情况后面再讨论），图中还给出了根据共振点响应相等这一条件确定出的由单纯的不平衡性所导致的振动响应。

最后考虑另外一情况，即系统的二阶模态位于转速范围内的情形。图 4.17 给出了由弯曲和不平衡导致的响应情况。在这一情况中，已经对模型进行了相应的调整，使得在一阶共振点处（约为 10Hz）弯曲和不平衡所导致的响应一致。可以看出，此时，在二阶共振峰处，弯曲产生的响应几乎可以忽略不计了。当然，也可以在第二阶共振点处令弯曲产生的响应与不平衡的响应相等，但是不可能使得二者在两个共振点处都相等。实际上，这一点可以从式（4.45）中清晰地看出，也即转子弯曲的影响只能在单个转速处被“平衡”掉。

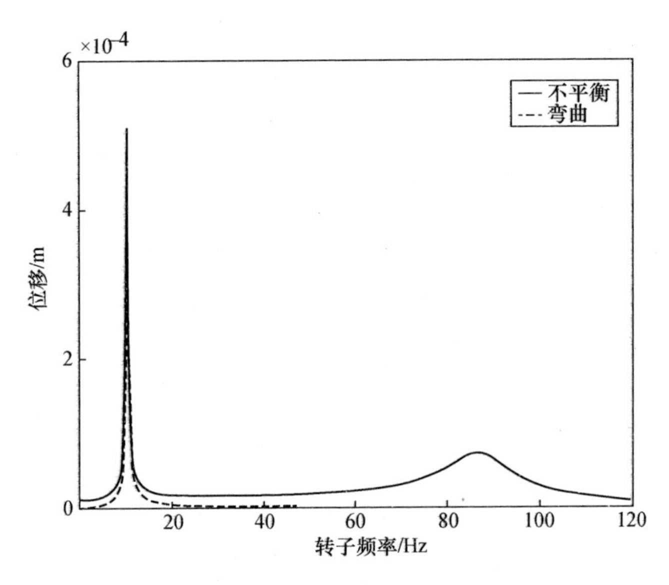

图 4.17　转子弯曲和不平衡导致的响应

4.5　本章小结

这一章主要讨论了转子不平衡问题和转子弯曲问题，这两个问题存在着密切的联系，它们都会导致同步振动现象，不过这些响应随转速的变化情况是显著不同的。对于转子弯曲来说，它只能在单个转速处进行补偿。虽然这一点在实际应用中是非常有用的，然而，仍然需要特别注意它只限于单一转速处。

本章还对不平衡问题的描述和其他的激励项进行了讨论，考察了系统的固有频率和模态形状等问题。在这些基础上，可以获得设备响应的有效描述和表达，这不仅有利于理论分析更重要的是，它能够更好地反映响应的物理本质。关于模态应用方面的深入讨论可以参阅 3.5 节。

此外，本章还简要介绍了单平面和两平面平衡法，以及它们在刚性和柔性转子上的应用。虽然处理过程是类似的，但是务必注意刚性和柔性转子的实质性区别。对于刚性转子而言，如果已经经过了两平面平衡处理，那么，它在任何转速下都是平衡的，其原因在于该转子的所有模式都隐含地得到了平衡。然而，这一结论并不适用于柔性转子，它的平衡必须针对其工作转速进行。

习题

4.1　设有一台风机工作转速为 1500r/min，刚好位于其一阶临界转速之上，现需要利用单平面平衡法对其进行平衡处理。从单个轴承的单方向上测得的数据可知,在工作转速处振动量为 5μm,相位超前基准 60°。将 10g 的质量安装到轴上(半径 200mm 处,相对基准 180°),由此得到工作转速处的振动量为 3μm,相位超前基准 30°。试计算所需平衡质量的大小及其安装位置。

4.2 假设在习题 4.1 中,在非常低的转速处测得的振动量为 2μm,相位滞后基准 60°。试分析所需要的平衡质量大小及其安装位置,并计算 1500r/min 这一转速处的振动水平。

4.3 设有一台交流发电机的转子工作在 3000r/min,位于其二阶临界转速之上,现需要对其进行两平面平衡处理,下表给出了处理过程中测得的相关振动数据。试计算所需要的平衡质量的大小和安装位置。

轴承 / 圆盘	轴承 1		轴承 2	
	幅值/mm	相位/(°)	幅值/mm	相位/(°)
校正前测试	0.35	80	0.22	-40
圆盘 1(半径 200mm,100g,0°)	0.20	45	0.30	30
圆盘 2(半径 200mm,100g,0°)	0.30	30	0.10	0

4.4 若设习题 4.3 中的转子存在一定的弯曲,且当转速为 50r/min 时可以观察到两个轴承处的振动幅值分别为 50μm 和 100μm,那么,是否需要重新进行平衡?若是,采用新的平衡方案后 3000r/min 处的振动将会是多大?

4.5 设有一台设备工作在一个较宽的转速范围内,现需要对其进行模态平衡处理。试说明这一平衡法是最恰当选择的原因。如果已知两个模态为 $\{1 \quad 1\}^{\mathrm{T}}$ 和 $\{1 \quad -1\}^{\mathrm{T}}$(选择的坐标点是两个平衡面位置),测试点位于轴承 1 端盖处,校前测试出的振动为 50μm(超前基准 30°)。在靠近已经临近转速处,先安装 50g 附加质量到两个圆盘处(位于相位基准处,半径 100mm),那么,测得的振动为 35μm(滞后基准 45°)。随后,将第二个圆盘上的附加质量移动到 180° 位置(半径不变),然后,运行到二阶临界转速处,测得的振动为 20μm(超前基准 60°)。试确定所需平衡质量的大小和安装位置。

参 考 文 献

[1] Reiger, N. F., 1986, *Balancing of Rigid and Flexible Rotors*, The Shock and Vibration Information Center, United States Department of Defense, Washington.

[2] Friswell, M. I., Penny, J. E. T., Garvey, S. D. and Lees, A. W., 2010, *Dynamics of Rotating Machines*, Cambridge University Press, New York.

[3] Parkinson, A. G., 1991, Balancing of rotating machines, Proceedings of the Institution of Mechanical Engi-

neers, Part C, Journal of Mechanical Engineering Science, 205, 53 – 66.

[4] Foiles, W. C., Allaire, P. E. and Gunter, E. J., 1998, Review: Rotor balancing, *Shock and Vibration*, 5, 325 – 336.

[5] Parkinson, A. G., Darlow, M. A. and Smalley, A. J., 1980, A theoretical introduction to the development of a unified approach to flexible rotor balancing, *Journal of Sound and Vibration*, 68, 489 – 506.

[6] Kellenburger, W. and Rihak, P., 1988, Bimodal (complex) balancing of large turbo generator rotors having large or small unbalance, in *Institution of Mechanical Engineers Conference on Vibrations in Rotating Machinery*, Edinburgh, U. K., Paper 292/88.

[7] Lees, A. W. and Friswell, M. I., 1997, The evaluation of rotor imbalance in flexibly mounted machines, *Journal of Sound and Vibration*, 208(5), 671 – 683.

第5章　设备故障——第二部分

5.1　引言

在前面一章中介绍了质量不平衡带来的一些重要问题,以及如何通过平衡技术降低它们的影响,此外,也考察了转子弯曲问题。它和不平衡问题一起经常容易令人混淆,在某些场合中可以通过平衡处理来校正弯曲的影响,不过,一般来说,还是必须认识到它们之间的根本区别。本章我们将进一步讨论旋转类设备中一些常见的故障问题。这些问题不像质量不平衡那样常见,并且也要更为复杂一些。此外,应当指出的是,各种故障可能是相互影响相互作用的,有时我们很难识别出根本原因。

本章将首先介绍不对中问题。这一问题是复杂的,目前仍然是一个活跃的研究领域,就所观测到的多种动力学行为而言,可以说,尚未建立起令人满意的理论支撑。在介绍了不对中问题的基本特征之后,我们将对近期的一些相关研究做一概述。除了不对中问题以外,本章还将介绍另一重要故障形式,即转子裂纹问题。尽管这一问题与其他故障相比而言要更少见一些,但是它产生的后果却是灾难性的,无论是对设备还是对工作人员均是如此。此外,我们还将对扭转和位移控制问题进行讨论。

本章最后一节将阐述各种故障形式之间的相互作用,这些相互作用使得在某些场合中我们很难找出设备故障的主要原因。正是由于各种故障之间是相互关联和相互影响的,这才使得在自动检测系统的研究方面,尽管人们付出了大量的努力,但进展仍然相当有限。

5.2　不对中问题

在旋转类设备的各类故障中,转子不对中是仅次于质量不平衡问题的重要类型。虽然此类故障具有非常重要的工程实际意义,然而,到目前为止,人们尚未建立透彻的认识和理解。实际上,从这一领域的研究文献就可以看出这一点。与质量不平衡相关的文献超过了1500篇,而关于不对中问题却只能找到约60篇。之所以如此,是因为这一领域的研究确实具有较大的复杂性和难度。本节稍后会对当前与此相关的一些研究进行介绍。

最简单的情形就是支撑在两个轴承上的刚性轴。在系统的设计和安装中需要使两个轴承承受合适的载荷,如果它们没有正确的对中,那么,其上的载荷将不会均匀地作用在轴承支撑面上,此时,往往会导致快速磨损这一结果。对于不同类型的轴承而言,它们对应的动力学行为存在着诸多的差异,实际情况要更为复杂。如果对中不好,那么会对整个设备的运转带来较大的损伤。另外,在某些类型的设备中,工作介质会在精密的轴承间隙中流动,如果存在不对中,那么,也会对设备运行带来较大影响。显然,即便是对于最简单的情形,也必须保证轴和轴承是同轴的,轴和内部间隙及颈圈同轴。后者的影响将在第 6 章中介绍。

在各种类型的设备中,相关转动部件一般需要相互连接起来,如电动机和泵就是如此,一般采用的是柔性联轴器进行连接。不过,应当注意的是,对于大型设备来说,转子间的连接往往会采用刚性连接方式。例如,某大型汽轮发电机就是如此,其中包含了 7 个转子,每个都安装在两个轴承上,它们分别是 1 个高压、1 个中压、3 个低压汽轮机、1 个交流发电机以及 1 个励磁机。这些大型部件一般有 50m 长,转子总质量可达 250t。这只是一个实例,根据设计目的的不同转子组合也可不同。此外,这些转子还工作在显著不同的温度条件下。可以看出,要想使整个系统处于正确的构型确实是一个不小的难题。

图 5.1 给出了两种类型的不对中,相邻的转子端面可以带有横向或角向相对位移。在实际问题中,大多数情况都是这二者的组合形式,即图 5.1 中的第三幅给出的情形。为了方便起见,我们将分别考察这两种不对中情形,以便认识它们所产生的不同影响。

5.2.1 主要现象

各类系统中比较常见的不对中形式已在图 5.1 中给出,它们的不利影响一般可以通过 3 种途径来抑制。

(1) 采用能够容许较大不对中度的柔性联轴器来传递转矩。这些联轴器有很多种不同的类型,不过大多会带来某些非线性行为。它们主要应用在较小型的设备中,本章不对它们的特性做全面的讨论。

(2) 相邻轴承的位置可变,从而可在横向和角向同时减小不对中的影响。

(3) 某些场合中可以对联轴器施加外部力或力矩,使之形成刚性连接。这一方法一般应作为不得不采用的最终手段,因为它会带来一些额外的不利影响。

在阐述柔性转子不对中的校正方法(5.2.3 节)之前,这里我们先介绍一下不对中带来的一些主要现象。不对中情况下联轴器上的力和力矩会出现异常状态,它将导致轴承载荷的重新分配(通常是有害的),进而会带来诸多影响。

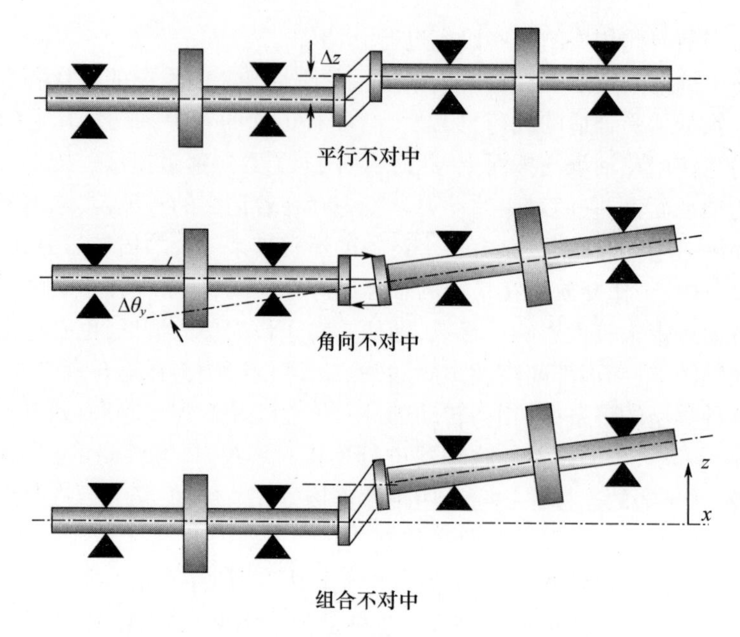

图 5.1　不对中的类型(源自于 Sinha,J. K. 等人,
J. Sound Vibrat. ,272(3－5),967,2004,经许可使用)

(1) 由于轴承静态载荷会影响轴承支撑刚度和阻尼,因而,系统的固有频率会发生改变。

(2) 可能导致稳定性问题或轴承过载问题。

(3) 当轴的位置发生变动时轴承间隙会发生改变,从而影响到设备性能。这些影响还可能导致摩擦的产生,进而带来一系列相关问题。

(4) 由于此时转子的转动轴不是其几何中心线或质心线,因此可能带来不平衡问题。

必须强调指出的是,对中处理的关键就是将载荷以正确的方式分配到所有轴承上,减小转子的应力。轴承载荷过大会导致快速的磨损,而在很多情况中过低的载荷又会带来更大的问题。例如,很多含油滑动轴承就存在这一问题,它们的承载能力非常好,一般应用在大型设备中,然而,如果静态载荷不足,那么,其工作状态可能会变得不稳定。实际上,这种情况发生时,轴承内部的油液流动过程会受到干扰,从而对转子产生较复杂的激励作用,它会导致半轴转速处比较显著的振动行为(可参阅文献[1])。从能量层面来看,不难发现该现象的频率不会超过转轴转速的 1/2,因此,一般也称为“半速涡动”,这是一个非常危险的状态。需要注意的是,这种半速涡动还可以衍生出更为有害的油膜振荡。虽然这二者本质上是同一现象,不过最突出的特征在于后者的振动发生在转子系统的

自由 - 自由模态频率处(该模态频率低于轴速的1/2)。此时,从等效观点来看,轴承刚度和阻尼变成零了,因此,转子将会出现非常强的振动,这对于设备和人员安全是极为有害的。

一般来说,有两种途径解决这一问题。

第一种方法是将两个相关的轴通过柔性联轴器连接起来,该型联轴器可以传递转矩,并具有较低的横向刚度。值得指出的是,虽然柔性联轴器也存在一些问题,但是它仍然是设备零部件连接场合中非常有效的方案。我们将在5.2.2节中讨论与之相关的一些内容。

第二种方法是将两个转子以刚性方式连接起来,这在大多数大型设备中是经常采用的。尽管采用刚性联轴器可以回避掉柔性联轴器相关的一些缺点,但是它也会带来其他一些问题,将在5.2.3节中介绍。

5.2.2 柔性联轴器

设备零部件之间的连接可以有很多种方式,这里主要介绍膜片联轴器及其建模问题,这种类型的联轴器是非常常用的。图5.2给出了此类联轴器的结构示意,两根轴分别连接到一个柔性膜片上的不同部位,借助这个膜片元件整个转子才得以连接并传递转矩。由于膜片可以发生弯曲变形,因而,弯矩不会传递过去。显然,这实际上就等效于插入了一个连接铰链。在实际应用中,人们往往成对使用联轴器,两个联轴器之间带有一根中间轴,目的是为了获得更好的振动隔离性能。为了便于讨论建模问题,这里我们只考虑单个联轴器情形。

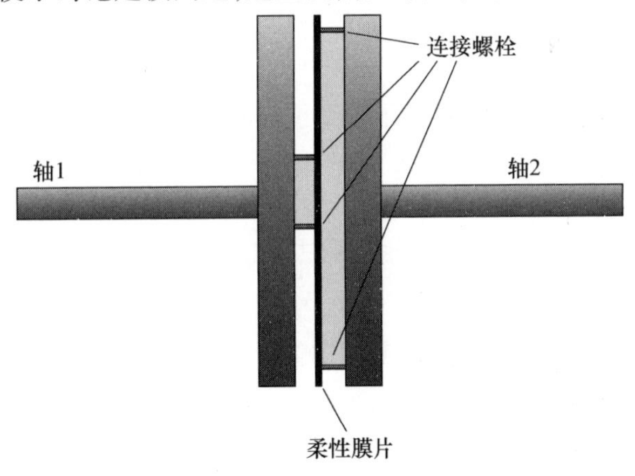

图5.2 膜片联轴器

我们以前面曾经讨论过的汽轮机和发电机模型为例,假设它们之间采用了一个柔性联轴器连接。此处附带提一下,虽然柔性联轴器主要应用于小型设备,但是目前其应用已经拓展到了一些大型设备场合。下面,先分别对这两个转子进行建模分析。表 5.1 给出了不同连接情况下这两个转子的最低阶固有频率。转子 1 末端的节点坐标设为$\{u_{1n} \quad v_{1n} \quad \theta_{1n} \quad \psi_{1n}\}^{\mathrm{T}}$,转子 2 上的连接端节点坐标设为$\{u_{21} \quad v_{21} \quad \theta_{21} \quad \psi_{21}\}^{\mathrm{T}}$。于是,它们之间的连接关系就可以表示为 $u_{1n}=u_{21}$ 和 $v_{1n}=v_{21}$。可以看出,对于两个相连的节点来说,连接前具有 8 个自由度,而现在变成了 6 个。我们可以借助如下的变换矩阵来表示这一点,即

$$\begin{Bmatrix} u_{1n} \\ v_{1n} \\ \theta_{1n} \\ \psi_{1n} \\ u_{21} \\ v_{21} \\ \theta_{21} \\ \psi_{21} \end{Bmatrix} = \begin{bmatrix} 1 & 0 & 0 & 0 & 0 & 0 \\ 0 & 1 & 0 & 0 & 0 & 0 \\ 0 & 0 & 1 & 0 & 0 & 0 \\ 0 & 0 & 0 & 1 & 0 & 0 \\ 1 & 0 & 0 & 0 & 0 & 0 \\ 0 & 1 & 0 & 0 & 0 & 0 \\ 0 & 0 & 0 & 0 & 1 & 0 \\ 0 & 0 & 0 & 0 & 0 & 1 \end{bmatrix} \begin{Bmatrix} u \\ v \\ \theta_{1n} \\ \psi_{1n} \\ \theta_{21} \\ \psi_{21} \end{Bmatrix} \tag{5.1}$$

表 5.1　不同连接情况下的固有频率(实例 5.1)

	连接前		铰接	刚性连接
	转子 1	转子 2		
模态 1/Hz	13.47	10.06	10.10	13.47
模态 1/Hz	21.62	16.31	13.47	19.65

对于一般情形,式(5.1)构成了总变换矩阵 $\boldsymbol{T}$ 的一部分,此时的总传递矩阵维度是 $N\times(N-2c)$,其中的 N 为自由度数(在建立相关自由度的约束关系之前),而 c 为系统中的联轴器数量。如果采用下标 c 和 u 分别代表连接后和连接前的情况,那么,刚度矩阵和质量矩阵可由下式给出,即

$$\boldsymbol{K}_c=\boldsymbol{T}^{\mathrm{T}}\boldsymbol{K}_u\boldsymbol{T},\boldsymbol{M}_c=\boldsymbol{T}^{\mathrm{T}}\boldsymbol{M}_u\boldsymbol{T} \tag{5.2}$$

下面通过一个实例考察联轴器的影响。

示例 5.1　如图 5.3 所示为一台简单的设备,两个转子的总长度分别为 3m 和 4m,直径分别为 250mm 和 300mm。在图中中间位置处两根转子的悬伸长度均为 0.5m,所采用的 4 个轴承的刚度均为 5×10^6N/m。联轴器自身的质量可以忽略不计。由于这些转子几乎是刚性的,因此,每一段都可以建模为两个单元,而悬伸部分可模化为一个单元。在 3 种不同状态下,即连接前、位移约束型连接、完全连接,计算得到了系统的固有频率,每种状态下的前两阶模态结果如表

5.1 所列。

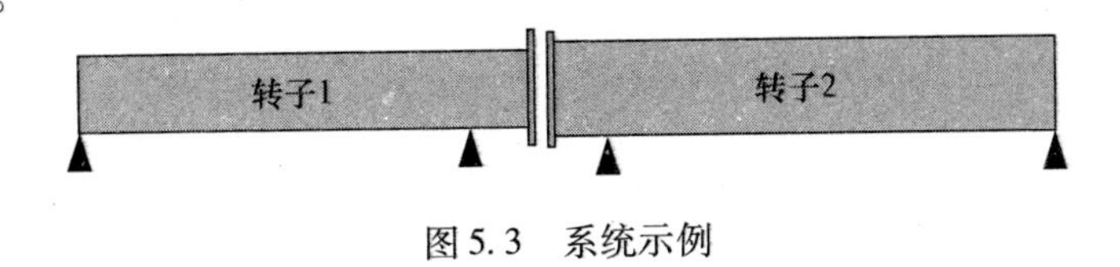

图 5.3　系统示例

这里应注意的是，对于两个模态来说，联轴器的影响是不同的，它与模态形状有关。

对于旋转类设备来说，联轴器将对其动力学行为产生重要影响，这里对相关建模方法做简要的介绍。需要引起注意的是，联轴器实际上是有质量的，其惯性特征也必须在建模中加以考虑。不仅如此，有时它们的质量可能还会比较大，因而，会使转轴受到一定的载荷，由此也会对动力学行为产生较为明显的影响。

柔性联轴器的种类有很多，这里不准备对此做全面的介绍，只对万向节这个具有代表性的实例进行分析，主要考察它在运行中表现出的一些实际问题。万向节本身就是一个非常重要的连接元件，不仅如此，通过万向节的分析还可以帮助我们更好地认识柔性联轴器所涉及的一些重要概念。就本质而言，联轴器是用于连接一些相关的自由度的，通常需要传递转矩，而不传递横向力和弯矩。作为最简单的联轴器类型，万向节实际上就是借助两个成直角的枢轴对两个转子进行连接。通过基本的运动分析可以发现，如果第一个转子的角速度为常数 $\varOmega_1$，两个转子之间的角度差为 β，那么，第二个转子的角速度为

$$\varOmega_2 = \frac{\varOmega_1 \cos\beta}{1 - \sin^2\beta\cos^2\varOmega_1 t} \tag{5.3}$$

进一步可得角加速度，即

$$\dot{\varOmega}_2 = \frac{\varOmega_1^2 \cos\beta\sin^2\beta\sin 2\varOmega_1 t}{(1 - \sin^2\beta\cos^2\varOmega_1 t)^2} \tag{5.4}$$

这里不妨取输入转速为 3000r/min(50Hz)，角度差为 5°，那么，输出转速的变化情况如图 5.4 所示。

应当注意的是，这种情况下的速度波动是适中的，约为 ±1/2%。角加速度比较大，因此，将对相关部件产生较高的应力，如联轴器上的螺栓和膜片等元件。当然，这里还没有考虑螺栓和膜片的缺陷问题，如果存在此类缺陷，那么，情况将会完全不同了。

尽管联轴器具有多种不同类型，但是仍然可以将它们划分为如下 3 种主要形式。

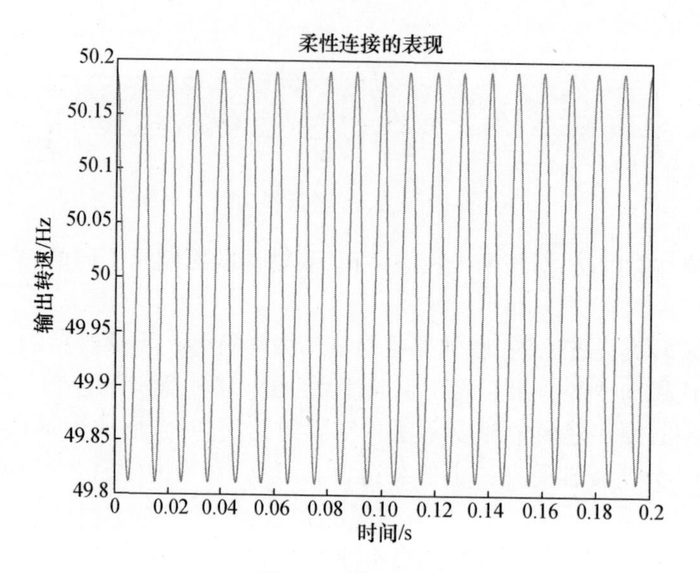

图 5.4 转速变化

（1）膜片联轴器。

（2）齿式联轴器。

（3）橡胶块联轴器。

实际上，还有第四种形式，它是基于液力离合器原理的，主要用于一些较为特殊的场合中。每种联轴器形式都有自身的优点和不足，例如，齿式联轴器的优点是比其他形式要轻一些，但是一般要求进行良好的润滑，此外，在动平衡过程中也会带来一些难题。

5.2.3 刚性联轴器

在大型高功率设备场合，如涡轮发电机等设备，各个转子经常是以刚性方式连接起来的。比较常见的形式就是螺栓法兰连接，这种情况下的建模是比较简单的，我们可以将转子装配体模化为一个转子和特定质量与惯性（代表了连接法兰）的组合。当然，此类联轴器的精确建模还是比较复杂的，将在 5.2.4 节中讨论。

在总体设备的对中检查过程中也存在着一些相关问题。对于轴承位置的选择而言，一般需要根据如下两条原则进行。

（1）应消除轴中的循环应力。

（2）轴承载荷应合理分配。

这里以一个与大型交流发电机连接的单级汽轮机为例说明这个问题，实际场合一般是多级结构，为了方便起见，给出的是一个包含 4 个轴承的简化形式，如图 5.5 所示。

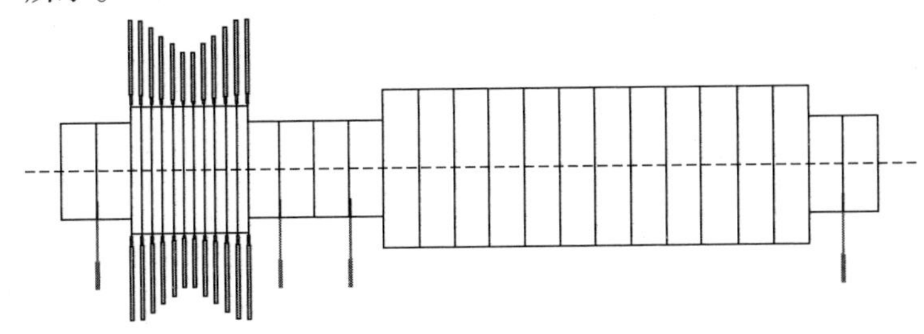

图 5.5　理想的涡轮发电机

5.2.3.1　悬链线

在这个实例中，两个转子的质量都很大，因而，它们都会在重力的作用下出现一定的下垂。利用系统的质量矩阵和刚度矩阵，就很容易计算出这一静态变形量，即

$$\boldsymbol{\delta} = \boldsymbol{K}^{-1}\boldsymbol{M}\boldsymbol{S}g \tag{5.5}$$

式中：$S = \{0\ \ 1\ \ 0\ \ 0\ \ 0\ \ 1\ \ 0\ \ 0\ \ \cdots\ \ 0\ \ 1\ \ 0\ \ 0\}^{\mathrm{T}}$；$g$ 为重力加速度。对于这个系统来说，汽轮机转子的刚性要更大一些，因为交流发电机转子相对较长。假设这些轴承是布置在一条直线上的，在没有更多信息时，这一假设显然是一个比较不错的分析起点，不过，随后我们就会发现这种看似简单的布置并不会令人满意。为了说明这一点，先来分析两个转子未连接时的悬链线情况，如图 5.6 所示。可以看出，在两根轴的连接部位，无论是垂向位置还是倾角都是失配的，如果将它们以这种形态连接起来，显然会在轴中产生较高的附加剪力和弯矩。不仅如此，这些剪力和弯矩还会进一步引起轴承载荷分布的变化，于是，也将影响到系统的动力学特性。

如果在这种构型下将两个转子连接起来，那么，所得到的悬链线形态将如图 5.7 所示。不难看出，虽然此时最大变形有了明显减小，然而，在靠近连接位置处轴的曲率非常大，这会导致较高的弯矩和应力。这些力和力矩在转子转动过程中会循环作用在转子上，可能导致一些较大的问题，如转轴疲劳断裂。

在上面这几幅图中，为了便于观察，其中的垂向坐标尺度已经做了放大。在不考虑运行过程中可能存在的温度差异所导致的某些问题以外，上述的转子布局问题是可以直接进行调整的，并且有多种调整方式。

就上述的这个情况来说，采用如下的两个步骤就可以实现对中。

(1) 首先将轴承 2 和轴承 3 的竖向位置进行调整，使得相邻的这两个端面达到平行。显然，提高或降低这两个轴承的位置直接就能改变每个转子端面的

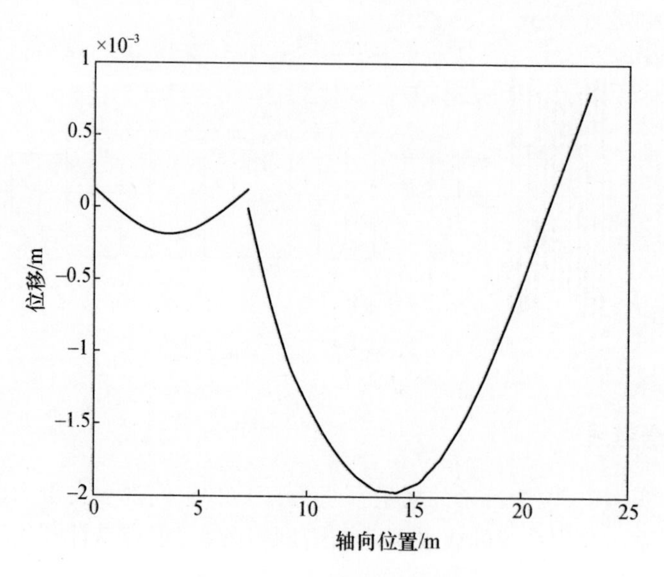

图 5.6　转子连接前的悬链线

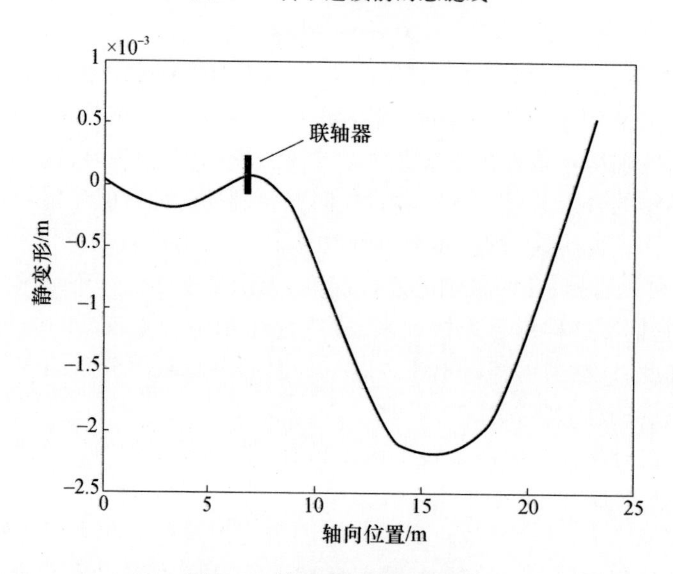

图 5.7　转子连接后的悬链线

斜率。实际场合中,人们往往通过增减轴承座下方的薄垫片进行这一步调整。

(2) 在相邻端面平行之后,继续调整轴承 1 和轴承 2(或者轴承 3 和轴承 4)的高度,使得连接处的两个端面不仅平行而且还同心。

可以看出,这两个步骤的工作实际上就是进行几何调整,在给定了设备的尺寸之后,计算是比较方便的。

对于刚性连接的系统，如常见的大型设备，对中所需的基本参数就是相邻转子在未连接之前的斜率。在上述这个简单实例中，不妨设轴承的轴向位置（从转子端面开始计算）分别如下：

轴承 1　$z_1 = 1\text{m}$；轴承 2　$z_2 = 6.2\text{m}$；轴承 3　$z_3 = 7.2\text{m}$；轴承 4　$z_4 = 22.2\text{m}$

联轴器位于轴承 2 和轴承 3 的中点位置，即 $z_c = 6.7\text{m}$。

此外，我们假设这些轴承初始时都是对齐的，且连接处的端面斜率与高度如图 5.6 所示（对于实际设备，这些数据只需借助塞尺即可方便地测出角度差）。在这种情况下，就可以计算出连接点处的位移和斜率如下：

转子 1　位移 0.1235mm，斜率 $sl_1 = -0.1267 \times 10^{-3}$

转子 2　位移 -0.0047mm，斜率 $sl_2 = +0.6649 \times 10^{-3}$

现在的目标是对转子进行位置调整，使得连接面处于平行状态。所需要进行的处理措施是将轴承 2 降低 $sl_1 \times (z_2 - z_1)$，也即移动 0.659mm（δ_2），同时将轴承 3 降低 $sl_2 \cdot (z_4 - z_3) = 9.31\text{mm}$（$\delta_3$）。此时，转子端面处的角度也就调整好了，两个端面处于相互平行状态，但是为了得到正确的连接位置还需要做进一步调整。

第一根轴在连接点处的垂向位置，此时应为 $y_{c1} = 0.1235 - sl_1 \times (z_c - z_1)$，第二根轴的位置为 $y_{c2} = -0.0047 - sl_2 \cdot (z_4 - z_c)$。在计算出这些值之后，就可以设定正确的调整方案了，即轴承 1 的移动量为 $y_{c1} - y_{c2}$，轴承 2 移动量为 $y_{c1} - y_{c2} + \delta_2$，轴承 3 移动量为 δ_3，而轴承 4 不移动。在完成这些调整之后，该转子系统的悬链线如图 5.8 所示。

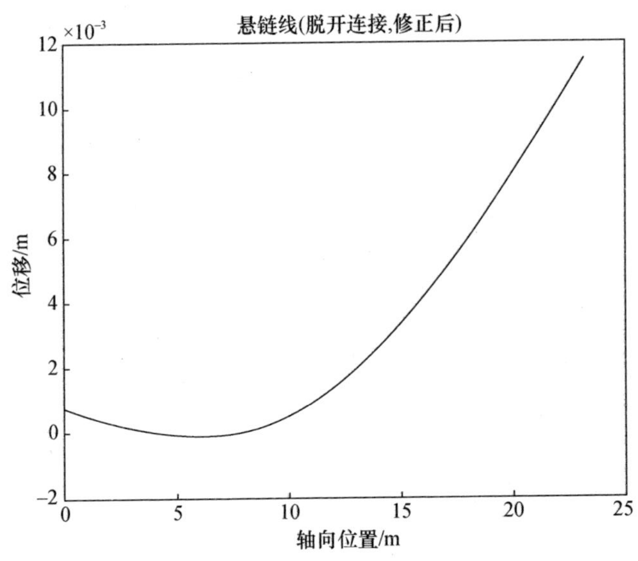

图 5.8　对连接后的转子进行恰当的校正

应当注意的是,上述调整方案并不是唯一的,有些情况下移动某些轴承可能要比移动其他轴承更为方便。例如,对于上述实例来说,可选的另一方案是移动轴承 4(提高垂向位置)而不去降低轴承 3,同时再对其他位置进行相应的调整。实际上,如果转子的相对位置和方位确定了,那么,技术人员可以有多种调整方式,主要视实际操作是否方便而定。无论选择哪些轴承进行调整,其本质都是一致的,即改变转子的方位使得两个连接面达到平行和同心。在前述实例中,我们考虑的是一些较微小的不对中问题,而在大型设备场合(如高压汽轮机和交流发电机),转子之间在高度上的差异常常比较大,如几厘米,此时,经过对中调整我们就能够消除或者至少是显著减小转子系统中的弯矩,这一点从图 5.7 与图 5.8 的对比也是不难看出的。

5.2.4 不对中激励———一个新模型

在旋转类设备场合中,转子不对中是仅次于质量不平衡的第二大类常见问题,特别是在大型多轴承支撑系统中更为突出。一般来说,每个转子上会安装两个轴承进行支撑,不过一些现代的汽轮发电机组中每个转子上可能会只采用一个轴承支撑,显然,这些系统的不对中问题要少一些,不过这种单轴承支撑的设计也会带来其他一些问题,这是需要引起注意的。无论如何,对所有旋转类设备来说不对中或多或少都是一个客观问题。与不平衡问题形成鲜明对比的是,目前,人们似乎对不对中问题的症状还没有达成全面的共识,与此相关的机理解释也多种多样。造成这一局面的一个主要原因可能是,不对中情况下转子的响应一般会受到大量因素的影响,全面的分析具有相当的难度。

大多数研究人员主要讨论的是轴速谐波成分的形成问题,其中主要是 2X 成分,不过 Patel 和 Darpe[2] 曾经在实验中发现并指出了 3X 也是主要的谐波成分。在采用柔性联轴器的系统中,人们很容易根据运动学分析揭示出此类非线性是如何产生的,然而,在通过刚性联轴器连接的转子系统中,这一点还不十分清楚。Al – Hussain 和 Redmond[3] 曾建立了两个平行不对中转子的运动方程,不过没有揭示出谐波的直接生成机制。他们认为,当转子在轴承中偏离正常工作位置之后,轴承的非线性就会导致谐波的生成。其他一些研究者也认识到了这一点,然而,这并不能令人完全满意,因为据此并不能解释为什么谐波成分总是由此产生。

关于这一问题,另一个更为直接的方法是分析转子连接特性,从某种意义上看,这一位置实际上是转子系统中柔性最大的部位。

Redmond 在其后续的文章[4] 中针对两个方向上具有不同连接刚度值(随着轴一起旋转)的情况进行了分析,他成功地证实了正是由于时变系数(而不是非线性)的存在才导致了谐波的生成。虽然他的结论有助于解释若干实际观测到的动力学行为,不过仍然也是不够全面的,因为分析中只是简单地假设了不对称性,而缺乏深入的论证。Lees[5]采用了另一个不同的分析过程也得到了类似的结论,分析中假设了轴的转矩可以通过连接螺栓传递过去。尽管这是一种极其特殊的情况,不过这种假设却有助于问题的认识和理解。值得注意的一点是,根据他所给出的这个模型可以导出连接刚度矩阵,该矩阵是时变的。总之,上面这两篇文章进一步推动了刚性连接模型的发展,使之更为切合实际。

图5.9给出了一个刚性联轴器的简化模型。两个相邻的法兰盘处于相互平行的位置(角向失配可以类似的进行分析,此处不予考虑),且假设它们是刚性的。法兰盘通过 N 个螺栓相互连接,图中只表示了两个。此外,还假设了第一个转子上的法兰盘上的螺栓孔位于半径为 r 的圆周上(与轴同心)。由于第二个转子是不对中的,那么,如果螺栓连接不受横向力的话,它的法兰盘上的螺栓孔所在的圆周圆心就必须偏离转子中心,如偏离 δ。这一模型就是Lees[5]所提出的,不过这里所分析的运动情况要更为全面一些。

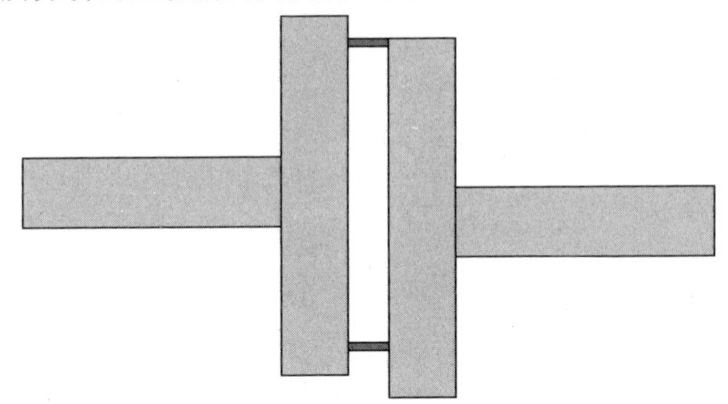

图5.9 简化的刚性联轴器(源自于A. W. Lees,
J. Sound Vibrat. ,305,261,2007,经许可使用)

在正常工况下,这 N 个螺栓将处于预紧状态,预紧力一般通过扭矩或者螺栓伸长量控制。我们不妨假设螺栓扭矩设定值为 τ,由此可保证连接面上的压力为 P。动力转矩 T 的传递主要通过摩擦和螺栓剪力实现。在Lees[5]的工作中,他考虑的是一种极限情况,即摩擦对转矩传递的贡献趋于零的情况。为了做进一步的分析,显然,必须将螺栓中的总应力考虑进来,从而将会包含联轴器处的弯矩(源于不平衡激励)带来的项。然而,现在还没有分析这一效应的直接手段,因而,需要根据振动测试数据建立合适的模型来体现上述弯矩情况。如果转矩中的一部分是通过连接法兰的摩擦传递的,而联轴器处的弯矩又会对摩擦力产生很大影响,那么,这一局部的转动中心就可能发生改变。这里我们对此做进一步分析。

5.2.4.1 不平衡导致的弯矩

转速 Ω 处的不平衡响应可由下式给出,即

$$\boldsymbol{x} = [\boldsymbol{K} + \mathrm{j}\Omega\boldsymbol{C} - \Omega^2\boldsymbol{M}]^{-1}\boldsymbol{M}\Omega^2\boldsymbol{\varepsilon} \tag{5.6}$$

式中:$\boldsymbol{\varepsilon}$ 为质量偏心矢量。一般地,只有轴承处(或靠近轴承处)转子运动的测试数据,不过可以利用这个模型给出其他所有节点位置处的估计值,当然,这些结果也会受到模型准确性以及其他一些不确定性因素的影响。不妨设所分析的联轴器位于模型上的节点 m 处,那么,联轴器的 4 个自由度将为 $[4m-3, 4m-2, 4m-1, 4m]$。为了计算弯矩,节点 $m-1$ 和节点 $m+1$ 处的运动也必须考虑进来。在推导过程中,这里需要借助第 3 章中曾经介绍过的基本的梁有限元分析过程,为了简洁起见,我们采用欧拉梁描述。对于所选择的单元,其内部的位移可以表示为

$$\begin{cases} u(z_e) = a_0 + a_1 z_e + a_2 z_e^2 + a_3 z_e^3 \\ v(z_e) = b_0 + b_1 z_e + b_2 z_e^2 + b_3 z_e^3 \end{cases} \tag{5.7}$$

式中:z_e为单元内的轴向位置。于是,两个正交方向上的弯矩就可以表示为

$$\begin{cases} M_x = EI\left(\dfrac{\partial^2 v}{\partial z_e^2}\right) = 2b_2 + 6b_3 z_e \\ M_y = EI\left(\dfrac{\partial^2 u}{\partial z_e^2}\right) = 2a_2 + 6a_3 z_e \end{cases} \tag{5.8}$$

现在问题转化为如何确定参数 a 和 b。因此,可以分别单独考虑每一个方向。在第一个方向上,已知单元两个节点处的位移,于是,运动可表示为

$$\begin{Bmatrix} u_{4m-7} \\ u_{4m-4} \\ u_{4m-3} \\ u_{4m} \end{Bmatrix} = \begin{bmatrix} 1 & 0 & 0 & 0 \\ 0 & 1 & 0 & 0 \\ 1 & z_e & z_e^2 & z_e^3 \\ 0 & 1 & 2z_e & 3z_e^2 \end{bmatrix} \begin{Bmatrix} a_0 \\ a_1 \\ a_2 \\ a_3 \end{Bmatrix} \tag{5.9}$$

由此可得

$$\begin{Bmatrix} a_0 \\ a_1 \\ a_2 \\ a_3 \end{Bmatrix} = \begin{bmatrix} 1 & 0 & 0 & 0 \\ 0 & 1 & 0 & 0 \\ 1 & z_e & z_e^2 & z_e^3 \\ 0 & 1 & 2z_e & 3z_e^2 \end{bmatrix}^{-1} \begin{Bmatrix} u_{4m-7} \\ u_{4m-4} \\ u_{4m-3} \\ u_{4m} \end{Bmatrix} \tag{5.10}$$

类似地，对 v 方向上的运动进行分析可得

$$\begin{Bmatrix} b_0 \\ b_1 \\ b_2 \\ b_3 \end{Bmatrix} = \begin{bmatrix} 1 & 0 & 0 & 0 \\ 0 & 1 & 0 & 0 \\ 1 & z_e & z_e^2 & z_e^3 \\ 0 & 1 & 2z_e & 3z_e^2 \end{bmatrix}^{-1} \begin{Bmatrix} u_{4m-6} \\ u_{4m-5} \\ u_{4m-2} \\ u_{4m-1} \end{Bmatrix} \tag{5.11}$$

利用上述结果，就可以确定出连接点前面的单元中的弯矩，通过类似的过程也可得到连接点后面的单元中的弯矩。此外，根据这些参数还可以计算出剪力，将在后面详细给出。这里需要注意的是，位移和转角仅在相邻单元的边界上才是相等的，而在两个单元内部计算得到的弯矩和剪力估计值是不同的。

根据上述分析不难看出，如果转子带有质量不平衡，那么，在联轴器处会存在旋转的弯矩矢量，更准确地说，它出现在联轴器的法兰处。

5.2.4.2 转动中心的改变

弯矩会对法兰界面上的压力分布产生影响，进而会使得转动中心发生偏离 Δ，其大小取决于不对中度和不平衡激励情况。于是，运动方程将变成

$$\boldsymbol{Kx} + \boldsymbol{C\dot{x}} + \boldsymbol{M\ddot{x}} = \boldsymbol{M}\Omega^2\boldsymbol{\varepsilon} + \boldsymbol{M}\ddot{\Delta} \tag{5.12}$$

显然，Δ 是时变的，由于它源自于不平衡和不对中的相互作用，因而，将产生大量的关于转速 Ω 的谐波成分，由此也就导致了响应中将包含转速的多种谐波分量。

前面提及的 Lees[5] 的工作是一种特殊情况，即所有的转矩都是通过螺栓传递的，这种情况的分析相对比较简单一些，将在 5.2.4.3 节中介绍。

对于一般的情况来说，必须考虑实际的联轴器是如何运行的，特别是转矩是如何传递的。在 5.2.4.3 节中将要介绍的转矩传递模型是特殊情况（只通过螺栓传递），也是高度理想化的情况，这里考察一下更为实际的情况。在螺栓的作用下连接面处将存在一定的压力，转矩将主要通过摩擦传递（部分通过螺栓剪力传递）。要想准确地分析这两种并存的传递方式，一般需要建立更为详尽的三维有限元模型，这已经超出了我们讨论的范畴。尽管如此，实际上只需要做一定的解析分析我们也可以获得相当的认识。

在理想对中和理想的平衡状态下，在连接面上也存在着压力，转动中心是与几何中心完全一致的。当存在不对中和不平衡时，连接面上将出现循环的弯矩。正如图 5.10 所示的，当这个弯矩趋于使连接面的上部发生分离时，转动中心将会向下移动一个距离 Δ。可以通过令这个未知的转动中心上下方的弯矩相等计

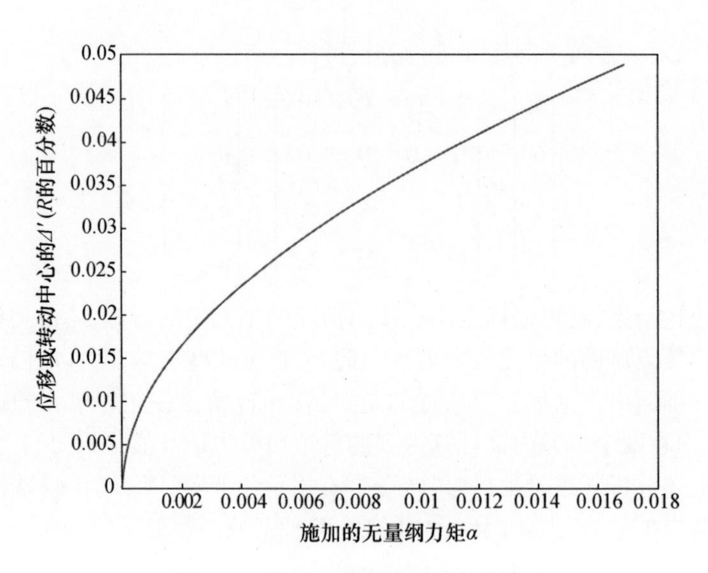

图 5.10　弯矩对等效转动中心的影响

算这一偏离量。实际上,界面上的压力可以表示为

$$P(y)=P_0\left(1-\alpha\frac{y}{r}\right) \tag{5.13}$$

那么,转动中心的偏离量Δ和界面上的压力梯度α(等价于合成弯矩)之间的关系就可以根据如下方程给出,即

$$2\int_{-\Delta}^{r}P(y)(y+\Delta)\sqrt{r^2-y^2}\,\mathrm{d}y=2\int_{-\Delta}^{-r}P(y)(y-\Delta)\sqrt{r^2-y^2}\,\mathrm{d}y \tag{5.14}$$

为方便起见,可以将式(5.14)改写为无量纲形式,令 $s=y/r$,于是,有

$$\int_{-\Delta'}^{1}(P_0-\alpha s)r^3(s+\Delta')\sqrt{1-s^2}\,\mathrm{d}s=\int_{-\Delta'}^{-1}(P_0-\alpha s)r^3(s-\Delta')\sqrt{1-s^2}\,\mathrm{d}s \tag{5.15}$$

其中的因子 r^3 可相互抵消且 $\Delta'=\Delta/r$。这个方程还可重新整理为如下形式,即

$$P_0I_1+P_0\Delta'I_2-\alpha I_3-\alpha\Delta'I_1=P_0I_4-P_0\Delta'I_5-\alpha I_6+\alpha\Delta'I_4 \tag{5.16}$$

对相关的项进行合并后,就可以得到与每个 Δ' 对应的 α 值,即

$$\alpha=\frac{P_0I_1+P_0\Delta'I_2-P_0I_4+P_0\Delta'I_5}{I_3+\Delta'I_1-I_6+\Delta'I_4} \tag{5.17}$$

其中

$$I_1 = \int_{-\Delta'}^{1} s\sqrt{1-s^2}\,ds = -\left[\frac{(1-s^2)^{3/2}}{3}\right]_{-\Delta'}^{1}$$

$$I_2 = \int_{-\Delta'}^{1} \sqrt{1-s^2}\,ds = \left[\frac{s\sqrt{1-s^2}}{2} + \frac{1}{2}\arcsin s\right]_{-\Delta'}^{1}$$

$$I_3 = \int_{-\Delta'}^{1} s^2\sqrt{1-s^2}\,ds = \left[\frac{s(1-s^2)^{3/2}}{4} + \frac{s\sqrt{1-s^2}}{8} + \frac{\arcsin s}{8}\right]_{-\Delta'}^{1}$$

$$I_4 = \int_{-\Delta'}^{-1} s\sqrt{1-s^2}\,ds = -\left[\frac{(1-s^2)^{3/2}}{3}\right]_{-\Delta'}^{-1}$$

$$I_5 = \int_{-\Delta'}^{-1} \sqrt{1-s^2}\,ds = \left[\frac{s\sqrt{1-s^2}}{2} + \frac{1}{2}\arcsin s\right]_{-\Delta'}^{-1}$$

$$I_6 = \int_{-\Delta'}^{-1} s^2\sqrt{1-s^2}\,ds = \left[\frac{s(1-s^2)^{3/2}}{4} + \frac{s\sqrt{1-s^2}}{8} + \frac{\arcsin s}{8}\right]_{-\Delta'}^{-1} \tag{5.18}$$

如果假设转矩是通过连接面上的摩擦力传递的,那么,它会受到界面上的压力 P_0的限制,而这个压力又是由螺栓拉力设定的。若这些螺栓的预紧是比较均匀的,那么,压力梯度项 α 将取决于不平衡导致的弯矩和不对中导致的轴承力。根据式(5.13)可以清晰地看出,无量纲量 α 为 1 时,连接面一侧上的压力将会消失。

分析式(5.17)的最简单的办法就是绘制出 α 与 Δ'之间的曲线,如图 5.10 所示。很明显,该曲线比较接近于线性关系。实际情况中转动中心的偏离量可能处于曲线的下端部分,不过,为了清晰起见,图中将坐标范围进行了拓展。

总体来说,这里我们指出的机理是,由不对中和不平衡所导致的附加弯矩将使连接面上的摩擦力分布情况发生改变,从而造成了转动中心的偏离。应当强调的是,如果需要对这一影响做更全面的考察,那么,应当采用三维模型分析,不过,从上述的分析过程中已经可以获得一些内在认识了。

5.2.4.3 螺栓的影响

前面所讨论的情形中假设了转矩完全是由界面摩擦力传递的,而螺栓预紧力则决定了这个摩擦力的上限。一般情况下,转矩中的一部分是通过界面摩擦传递的,而另一部分则是通过螺栓传递的,因而,实际上是这两种的组合。到目前为止,人们还没有建立起与之相应的、恰当的模型描述。这里对另一种特殊情形进行分析,即转矩完全由螺栓传递的情况。

假定一个系统中包含了两个转子，它们是不同轴的，带有一个相对位移 δ。为了方便起见，还假设第一个转子是刚性的，且惯性矩较大，而第二个转子是柔性的。两个转子通过一组螺栓（N 个）连接起来，对于第一个转子来说，这些螺栓分布在距离轴线的半径为 r 的圆周上。当两个转子以相同的转速转动时，由于它们是绕不同的轴线转动，因而，这种几何构型将使得配对的螺栓孔不可能保持对齐。

在转子 1 的法兰上，连接螺栓是关于中心线等距布置的。于是，在零时刻，螺栓 j 的位置应为

$$\begin{cases} x_j = r\cos((j-1)\theta) \\ y_j = r\sin((j-1)\theta) \end{cases}, \quad \theta = \frac{2\pi}{N}\left(\begin{matrix} \text{或者 } x_j = r\cos\theta_j \\ y_j = r\sin\theta_j \end{matrix}\right) \tag{5.19}$$

在另一个转子的法兰上，螺栓孔不是绕中心线等距布置的，而是偏置的。通过简单的几何分析不难发现，第 j 个螺栓相对于该转子中心线的位置应为

$$\begin{Bmatrix} X_j \\ Y_j \end{Bmatrix} = R_j \begin{Bmatrix} \cos\varphi_j \\ \sin\varphi_j \end{Bmatrix} + \begin{bmatrix} \cos\phi & \sin\phi \\ -\sin\phi & \cos\phi \end{bmatrix} \begin{Bmatrix} 0 \\ \delta \end{Bmatrix} \tag{5.20}$$

其中

$$R_j = \sqrt{1 + \delta^2 + 2 \times \delta \times \cos(j-1)\theta}$$

$$\varphi_j = \arctan\left(\frac{\delta + r\sin((j-1)\theta)}{r\cos((j-1)\theta)}\right) \tag{5.21}$$

不妨假设两个转子分别以转速 Ω 和 $\dot{\phi}$ 转动，其中第一个转子的转速 Ω 为常数。于是，动能应为

$$T = \frac{1}{2}J_1\Omega^2 + \frac{1}{2}J_2\dot{\phi}^2 \tag{5.22}$$

式中：J_1 和 J_2 分别为两个转子的极惯性矩（这里假设了两个转子都是刚性的，当建立了完整描述框架后，很容易拓展到更一般的情形）。

势能应为

$$U = \frac{K_b}{2}\sum_{j=1}^{N}\left[(r\cos(\theta_j + \Omega t) - R_j\cos(\varphi_j + \phi) - \delta\sin\phi)^2\right] + \frac{K_b}{2}\sum_{j=1}^{N}\left[(r\sin(\theta_j + \Omega t) - R_j\sin(\varphi_j + \phi) - \delta\cos\phi)^2\right] \tag{5.23}$$

式中：K_b 为连接螺栓的名义刚度。可以看出，势能是随着转子的转动而改变的。图 5.11 给出了两个法兰的运动情况，其中示出了螺栓的位置（为清晰起见，只显

示了 3 个螺栓)。这种运动变化情况不是正弦型的,其中包含了一些谐波成分。注意:连接螺栓的中心轨迹,可以发现转子 1 上的这些螺栓中心都在一个圆周上,而转子 2 上的每一个螺栓中心的轨迹却在各自不同的圆周上。

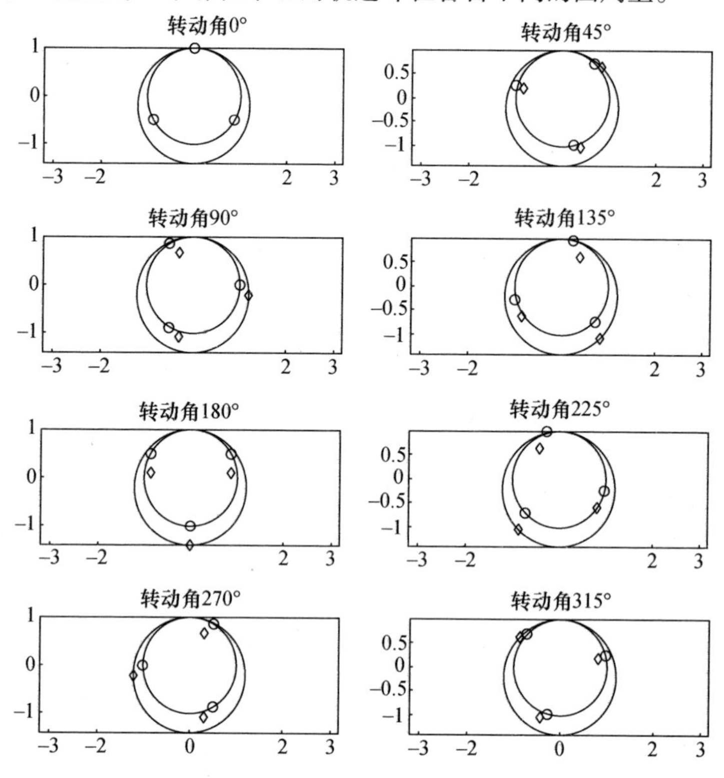

图 5.11　相邻法兰的运动(源自于 A. W. Lees, J. Sound Vibrat. ,305,261,2007,经许可使用)

到目前为止,我们的分析都只针对的是扭转运动,一般来说,我们总是希望将系统的横向运动也考虑进来。这种情况下的运动方程的完整推导过程可以参阅 Lees 的工作[5]。

下面引入一个简化模型阐明不对中系统中产生的参数激励问题。模型中的两个转子是通过 N 个螺栓连接的,第一个转子是刚性的,且具有非常大的转动惯量。转子 1 上的每个连接螺栓都处于理想位置,即半径为 r 的位置。在第二个转子上的连接面上,螺栓孔是偏置的。转子 2 的转动惯量设为 J_2,刚度为 k_x 和 k_y,其位移量分别用 u、v 和 φ 表征。整个构型可参考图 5.9。

对于这一模型,动力学分析要复杂一些,可以直接借用 Lees[5] 的结果,他导出的运动方程为

$$\boldsymbol{K}\boldsymbol{x} + \Delta\boldsymbol{K}(t)\boldsymbol{x} + \boldsymbol{C}\dot{\boldsymbol{x}} + \boldsymbol{M}\ddot{\boldsymbol{x}} = \boldsymbol{F}(t) \tag{5.24}$$

其中

$$\boldsymbol{F} = \frac{NK_b\delta}{2}\begin{Bmatrix} \cos\Omega t \\ \sin\Omega t \\ \delta \\ -\cos\Omega t \\ -\sin\Omega t \\ -\delta \end{Bmatrix} \tag{5.25}$$

$$\Delta K(t) = \frac{NK_b\delta}{2}\begin{bmatrix} 0 & 0 & \sin\Omega t & 0 & 0 & -\sin\Omega t \\ 0 & 0 & \cos\Omega t & 0 & 0 & -\cos\Omega t \\ \sin\Omega t & \cos\Omega t & 0 & -\sin\Omega t & -\cos\Omega t & 0 \\ 0 & 0 & -\sin\Omega t & 0 & 0 & \sin\Omega t \\ 0 & 0 & -\cos\Omega t & 0 & 0 & \cos\Omega t \\ \sin\Omega t & -\cos\Omega t & 0 & \sin\Omega t & \cos\Omega t & 0 \end{bmatrix} \tag{5.26}$$

式中:N 为连接螺栓个数;K_b为螺栓刚度;δ 为偏移量。类似地,也可导得关于角向偏移的表达式。

最值得注意的是,上面这个方程虽然是线性的,但是其系数却是时变的,正因为如此,在振动测试中会出现与转速相关的谐波成分。从物理意义上看,这一结果源自于相邻转子之间的偏置,它意味着传递过去的转矩中会包含一个附加的合成力。

5.2.5 进一步模型研究的必要性

在数学分析的同时,也有必要关注相关现象的物理本质。从根本上来说,由于转动中心和几何中心之间存在着偏离,这才使得输入的转矩分解成了一个力偶和一个力。不仅如此,这种分解还是与时间有关的。任何实际设备系统中的运动传递都会存在这一问题,因而,前文的讨论从原理上看都是适用的。当然,应当注意的是,前面给出的扭转和横向运动之间的耦合机制并不是二阶谐波激励的唯一来源。

在不对中系统中,导致简谐激励的其他因素还包括载荷位置的改变以及转矩矢量的转动等。如果螺栓或轴承中存在着非线性,或者内部间隙发生了改变

（从而导致压力或电场的变化），那么，它们都会影响到简谐响应。实际上，这一领域中还存在着大量尚未解决的问题，可能正是由于激励源的多样性才导致了人们对于不对中问题的认识和理解过程一直比较缓慢。由于不对中问题是旋转类设备最为重要的一个实际问题，因而，需要努力加强这一方面的研究工作。

总之，在转矩传递中所涉及的两种情形都说明了它们会导致转速相关的谐波成分，在此基础上，应对它们做更加全面的分析，从而为实际设备的行为预测提供定量化的指导。

5.3 裂纹转子

裂纹转子动力学问题在相当长的时间内都是一个非常活跃的研究领域，这一方面的研究目的在于保证转子的安全健康运行。多年来，工业场合中出现了相当数量的裂纹转子，其中的大多数都得到了及时的诊断，从而避免了灾难性的后果。这类故障往往会导致很高的经济损失、生产损失以及人员伤害，因此，根据运行数据来识别出早期故障是极其重要的。显然，理解和认识裂纹转子动力学过程是先决条件。在过去的几十年中，人们已经对此做了大量的研究，不过，近 20 年来实质性的进展却较为有限，令人感觉到该领域的研究正在走向低谷。

旋转类设备通常会承受较高的应力，进而有时就会导致转子产生裂纹。虽然转子裂纹这类故障相对较为少见，然而，它却十分危险。因此，应当重视裂纹转子的振动行为特性，对其展开研究。过去的 30 年中，人们已经分析了横向裂纹的影响，这种形式是最为常见的一类（尽管扭转载荷所导致的高应力分量是与转轴成一定角度的），其几何形状也已经得到了观测。

下面讨论带有横向裂纹的转子的动力学特性。如图 5.12 所示，假设转轴是水平的（对于垂直轴情况，检测要更复杂一些），不难理解，在转子转动过程中其刚度是变化的。这是因为在特定方位处，裂纹是闭合的且裂纹面上出现压应力（源于自身重力下的弯曲），此时，转子的刚度类似于无裂纹的情况。然而，当转过半周后，这个裂纹将会在拉应力作用下张开，从而会降低转子的有效刚度。准确地说，位于转子中性轴下方的裂纹部分是张开的，其开度将决定转子的动力学特性。考虑到很多情况中振动幅值都显著小于转子自重导致的变形量，因而，此类转子的动力学计算可以做较大的简化处理，非线性运动方程可以近似为带有时变系数的线性方程，从而使得后续分析变得更为方便。

自 1975 年以来，裂纹转子的动力学行为就受到了人们的广泛关注，一些突出的早期工作可以参阅 Mayes 和 Davies[7-8]、Davies 和 Mayes[9]、Gasch[10] 以及 Henry 和 OkahAvae[11] 等人的文献。研究表明，对于水平转子情况，自重弯曲对

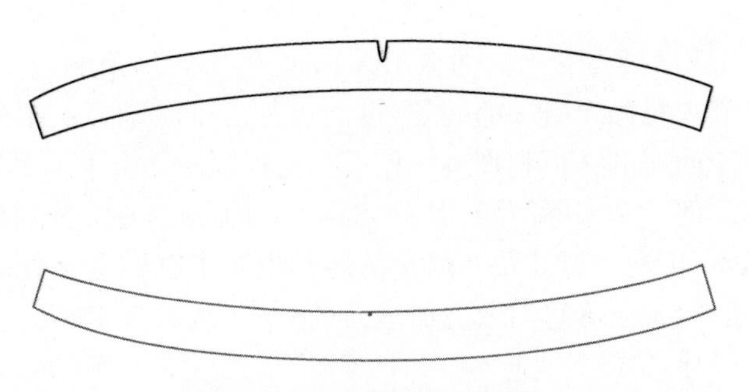

图 5.12　裂纹的张开和闭合

动力学特性具有非常重要的影响。在转动过程中,裂纹可以是开口状态或封闭状态。实际上,如果设备的运转非常靠近临界转速,同时不平衡度非常大,那么,在整个转动过程中裂纹可能会始终处于开口状态。如果不平衡度处于适中水平,且转速远离临界转速,那么,自重弯曲导致的弯矩会比惯性项更加突出,此时,转子的运动方程也就可以线性化处理了。这种情况下,任何瞬时处于中性轴下方的裂纹部分可认为处于开口状态,而那些位于中性轴上方的则可视为封闭状态。一般来说,开口的裂纹部分才会改变转子的刚度,因此,可以看出转子刚度实际上是随着转子方位而变化的。

当把转子从设备中拆卸下来后水平悬挂在吊架上时,上述结论也是成立的。为了正确认识裂纹转子,可以将分析工作分为两个重要步骤:一是考察给定的裂纹形式对刚度的影响程度;二是对转子的每一个方位分析等效裂纹的尺寸。

Mayes 和 Davies 是较早分析实际设备裂纹问题的研究者,他们对这一方面的研究起到了重要的推动作用,其中两个非常重要的工作是固有频率的分析与受迫响应的分析。

5.3.1　固有频率的变化

在断裂力学的基本教程中,人们就已经讨论了弦状裂纹导致的固有频率的变化。通过考察转子在静力作用下能量的变化情况,就能够建立裂纹深度与转子动力学特性之间的关系,下面对此做进一步讨论。

图 5.12 给出了一个转子的两个方位,这里的关键之处在于重力的效应,它会使支撑在两个轴承上的转子产生一定程度的下垂。在转子转动过程中,当裂纹处于上部时,重力产生的弯矩会使裂纹趋于闭合,在每一转的这些方位处转子的刚度也就不会受到裂纹的影响。

转过半周之后,裂纹将处于转子中性轴的下方,自重导致的弯矩此时将使裂纹趋于张开,甚至还可能诱发进一步的裂纹扩展。这种情况下,转子刚度会一定程度削弱。很明显,随着转子的转动,其刚度也将循环改变,不过,这里我们还暂时看不出这种刚度变化的准确情况（如幅值或模式）。实际上，已经有非常多的研究人员对这一变化情况进行过研究，然而，正如 Penny 和 Friswell[12]所指出的，该变化的详细细节并不是最重要的。实际设备中的每一个裂纹都有不同的尺寸和形状，它们所导致的影响也有所不同。对于工程技术人员来说，真正最为重要的是识别转子裂纹所带来的主要影响特征。

Mayes 和 Davies[7]将固有频率的变化与裂纹深度和位置关联起来，他们主要考察了裂纹梁的变形增大过程中所需提供的能量，分析中忽略了转动效应。他们认为，这一能量（等于载荷力与变形增量的乘积）一部分体现为梁中储存的势能，另一部分则体现在裂纹扩展所需的能量上。这里的一个关键概念是应变能释放率 G，由下式给出，即

$$G = -\frac{\partial U}{\partial A} \tag{5.27}$$

式中：U 为储存的能量；A 为裂纹面积。

也可以将这一参量与应力强度因子关联起来，其关系如下（平面应力情况），即

$$G = \frac{K_I^2}{E} \tag{5.28}$$

式中：K_I为应力强度因子。应力强度因子的计算是比较复杂的，对于这里的讨论来说，我们没有必要去过分关注。目前，已经有很多不同的表达式可以用于计算不同几何不同形状的裂纹，这个因子描述了裂纹附近的应力分布情况。为了分析固有频率的变化，我们需要了解裂纹转子中的能量储存情况。

Mayes 和 Davies[7]曾经给出如下结果，即

$$\Delta(\omega_n^2) = -4\left(\frac{EI^2}{\pi r^3}\right)(1-v^2)F(\mu)(y''_N(s_c))^2 \tag{5.29}$$

式中：$y''_N(s_c) = \left[\frac{\mathrm{d}^2 y_N}{\mathrm{d}z^2}\right]_{z=s_c}$，它代表的是模态函数在裂纹位置 s_c处的二阶导数；F 为无量纲形式的裂纹深度的函数；y_N为第 N 阶模态函数；μ 为无量纲形式的裂纹深度（裂纹深度除以转轴的半径）。这个式子是通过分析裂纹小幅扩展所需能量并将其与储存在变形梁中的能量对比之后得到的。式（5.29）中的其他参数如下：E 为杨氏模量，I 为二阶惯性矩，r 为转子半径，v 为泊松比。

理论上来说，柔度函数 $F(\mu)$ 可以根据合适的应力集中系数（若已知）导得。Mayes 和 Davies[8]还给出了另一种不同的方法，他们是根据一系列弦状裂纹实验结果推导出了该函数的值。结果表明，这个函数非常近似于二阶惯性矩的百分数变化（在裂纹面上测量）。该函数具有两个分量，它们分别对应于两个正交

方向:一个与裂纹前缘对齐;另一个则与之垂直。实际上,这个柔度函数也就是横截面上无裂纹部分的二阶惯性矩。它与无量纲裂纹深度之间存在着高度的非线性关系(图5.13),原因在于这个二阶惯性矩是关于平均面的,而不是原来的转轴中心面。不仅如此,这种关系也直接决定了转子的敏感性。对于一个圆形横截面的转子来说,弦状裂纹必须达到一定深度之后才能通过振动测试方法检测出来。为了能够更好地检测裂纹,人们已经做了大量的研究工作,试图提出更好、更多的可行方法,其中有些方法是比较成功的,然而,我们需要注意的是,微观裂纹对转子动力学行为只具有非常小的影响,这对于发展具有更高分辨率的方法来说是一个根本的限制。

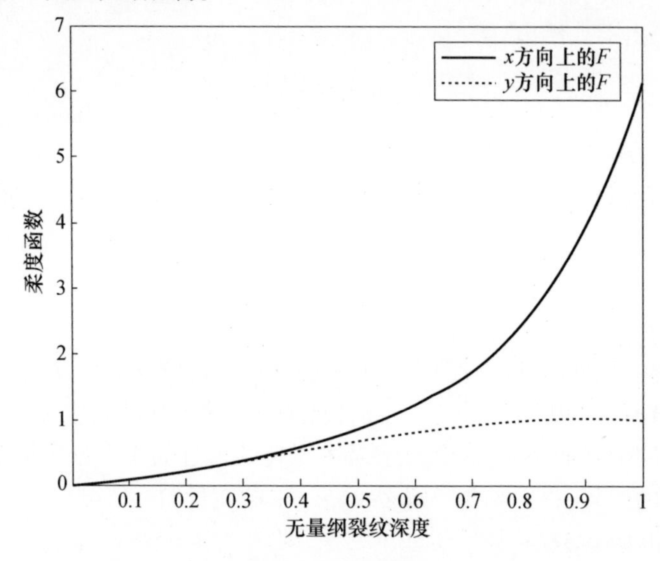

图5.13 柔度函数

在搞清楚裂纹导致的刚度变化和固有频率变化情况之后,就可以直接将这些以有限元模型表达。Mayes 和 Davies[8] 已经指出,裂纹的影响可以通过将一个单元的二阶惯性矩减掉 ΔI 的方式体现。如果所考虑单元的二阶惯性矩为 I_0,那么,有

$$\frac{\Delta I/I_0}{1-(\Delta I/I_0)}=\frac{r}{L_e}(1-v^2)F(\mu) \tag{5.30}$$

式中:L_e为受影响的横截面长度;r 为该横截面处轴的半径。

应当注意的是,这个参数可在一定范围内自行选择,所选择的值也就决定了二阶惯性矩的大小。对于任何给定的弦状裂纹,F 有两个值,分别对应于裂纹平面内的两个正交方向。经过上述处理,模型的参数至此也就完全确定了。

对于裂纹转子的每一个方位，我们还必须预测其动力学行为，这就需要建立恰当的裂纹模型。这一模型的建立包括了几个步骤。当转子处于非转动状态时，弦状裂纹位于中性轴下方的部分就可以假定为张开状态（由于自重弯曲）。当然，裂纹开口部分的实际形状是相当复杂的，且都有各自的应力强度因子。一般来说，这些因子是未知的，不过这并不重要。对于大多数分析目的来说，将开口形状视为正弦形式的就足以进行裂纹影响计算了。至于开口的具体细节信息只会影响到高阶谐波成分的相对幅值而已（参考 Penny 和 Friswell 的著作[12]）。

在转子的每个方位处，对于给定尺寸的弦状裂纹，都需要计算出裂纹开口部分的面积。刚度较弱的方向将裂纹开口部分的角度一分为二，随后，就可以通过弦状裂纹的面积等效计算出两个正交方向上的柔度函数。这一简单的过程足以反映出裂纹状态的主要物理本质。虽然这种等效应当建立在二阶矩而不是面积基础上，不过，不能忘记现在还缺乏合适的应力集中系数，因而，只能采用这种等效方式，另外，这种处理方式也可使计算变得更加简单。事实上，由于已经对裂纹的两种极限情形建立了正确的模型，即张开和闭合，因而，很大程度上我们是不需要精确的中间状态值的。

为更加清晰起见，图 5.14 中给出了一个具有特定深度和方位的裂纹图形，其中显示出了张开部分和闭合部分。下面给出一个实例分析。

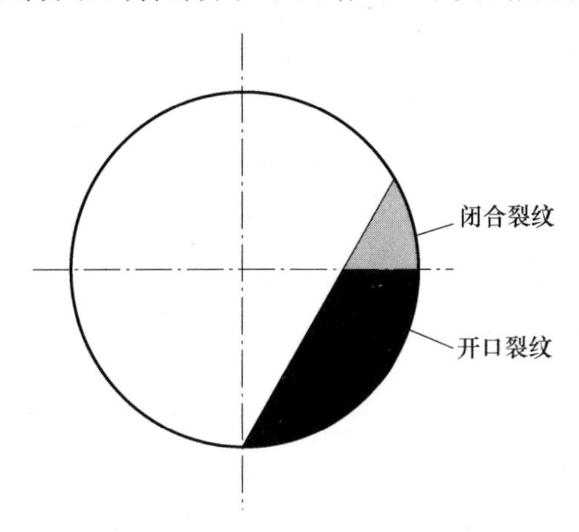

图 5.14　等效裂纹

（源自于 A. W. Lees 和 M. I. Friswell，The Vibration signature of chordal cracks in asymmetric rotors，in 19th International Modal Analysis Conference，Kissimmee，FL，2001，经许可使用）

示例 5.2　考虑一个如图 5.15 所示的转子，现在分析裂纹对其固有频率的影响。这是一个大型转子，类似于发电机转子，总长 16m，质量为 52t，这里将轴承视为刚性的。转子长度方向上主要部分的直径均为1.2m,需要注意的是,实际设备中的转子并不是实心钢料,因而,此处模型的密度做了削减以反映这一实际情况。

图5.15 测试转子 $L=16\text{m}$,$D_{\max}=1.2\text{m}$,质量为52吨

这里考察深度分别为轴径的0.25倍、0.5倍、0.75倍和1倍的弦状裂纹,显然,这里即便是最小的裂纹都是非常严重的缺陷。对于每一种裂纹,分别考虑它们位于3个不同的轴向位置的情况(距离端部4m、6m和8m)。在计算过程中,根据式(5.30)对转子相关截面的刚度进行调整(减小),而质量保持不变。

可以采用16个铁摩辛柯梁单元建模,针对上述不同情形进一步对裂纹位置处的单元刚度进行调整。计算结果如表5.2所列,从中可以观察到很多重要特征。第一个重要特征是,尽管所有裂纹都是严重的,然而,大多数情形中固有频率的变化都不是很剧烈。例如,对于裂纹深度为半径的1/2而位置处于4m处的情形,固有频率的降低量小于0.5%。显然,对于实际设备来说,这么小的变化量是很难检测出来的。其次,对于每种裂纹深度,随着裂纹位置逐渐趋于转子中部,一阶模态频率的降低量逐渐增大。这一点从式(5.29)中也可看出,该式表明,裂纹对固有频率的影响正比于对应的模态函数的二阶导数的平方。从物理层面来看这也是合理的,因为裂纹位置处的弯矩显然会使得裂纹趋于张开。

表5.2 裂纹对固有频率的影响

裂纹深度/μm	$L/4$(4m)	$3L/8$(6m)	$L/2$(8m)
模态1(无裂纹,14.6Hz)			
0.25	14.56	14.52	14.49
0.5	14.46	14.33	14.26
0.75	14.25	13.97	13.82
1	13.61	12.95	12.65
模态2(无裂纹,46.79Hz)			
0.25	46.51	46.61	46.77
0.5	45.94	46.24	46.72
0.75	44.97	45.63	46.63
1	42.71	44.27	46.42

显然,如果模态形状上的某些位置处的弯矩为零,那么,位于这些位置处的裂纹也就不会对该模态产生影响。从模态 2 的计算结果中就可以体会到这一点,中点处深度最大的裂纹导致的频率变化小于 0.8% 。对于图 5.16 所示的模态形状来说,固有频率的改变可能会令人感到奇怪,实际上,我们从建模中就不难体会到裂纹的影响,在建模过程中裂纹的影响是反映在两个单元上的,它们就是裂纹所能影响的区域。这也表明了在进行数学层面的理想化处理时必须要考虑到这些情况。

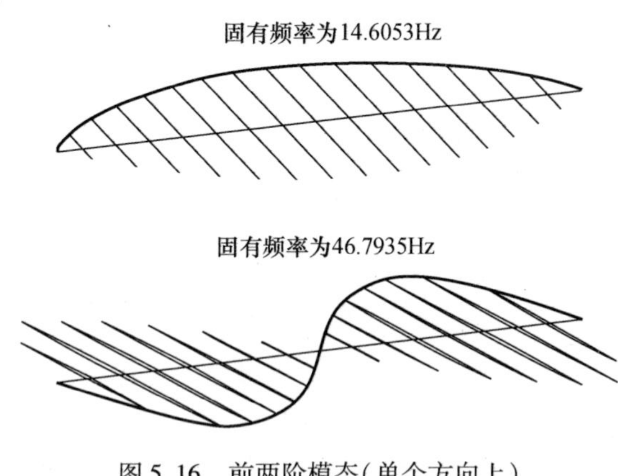

图 5.16　前两阶模态(单个方向上)

即便是对于非常大的裂纹,固有频率的改变也不是足够敏感的,难以为我们提供设备健康指示作用,不过,在后面的第 9 章中我们将指出,这些小的改变却可以用于实验室或车间测试过程中的裂纹定位。就初始故障检测而言,实际上,利用受迫响应可以为我们提供更好的指导,这一点将在下一节中针对水平转子设备进行讨论。对于那些垂直转子设备来说,情况要更加复杂一些,原因在于此时的重力不会影响到裂纹状态,而非线性因素将起到主导作用了。

总而言之,固有频率的变化可以用于裂纹定位,而裂纹检测工作则可借助受迫响应的分析。必须强调的是,裂纹定位问题也是非常重要的,很多情况下,如果不把周边零部件移去,我们是很难目测到裂纹的存在的。

5.3.2　受迫响应

Mayes 和 Davies[8] 曾经观察到,对于带有中等不平衡度的大型设备来说,不平衡导致的应力要远小于自重弯曲应力。这是一个非常重要的结果,原因在于它意味着转子的运动可以通过线性方程描述,当然,其系数是时变的,这时,就不必进行完全的非线性分析了,这就大大简化了问题。

转子的一般运动方程可以表示为如下形式,即

$$\boldsymbol{K}\boldsymbol{x} + \boldsymbol{C}\dot{\boldsymbol{x}} + \boldsymbol{M}\ddot{\boldsymbol{x}} = \boldsymbol{F}_{\text{imbalance}} + \boldsymbol{F}_{\text{gravity}} \tag{5.31}$$

前面几节中是忽略不计重力载荷项的,因为该项只会导致响应中出现一个时间无关的位移部分。不过,对于带有裂纹的情况来说就不是如此了。由于刚度矩阵此时是时变的,因而,恒定转速下由重力导致的响应部分也会是时变的,进而不可忽略。在对这一情形进行数学处理之前,我们先从物理层面认识这一问题。

考虑如图 5.15 所示的转子,在重力作用下会存在一定的下垂。当转子没有裂纹时,我们可以按如下关系式导得该变形的大小和形状,即

$$\boldsymbol{K}\boldsymbol{\delta} = \boldsymbol{M}\boldsymbol{S}g \tag{5.32}$$

式中:g 为重力加速度;$\boldsymbol{S}$ 为 5.2.3 节中所使用过的选择矩阵(只选择垂向分量)。

式(5.32)两边同时乘以刚度矩阵的逆阵,可得

$$\boldsymbol{\delta} = \boldsymbol{K}^{-1}\boldsymbol{M}\boldsymbol{S}g \tag{5.33}$$

如果刚度是不变的,那么,转子的变形也将是一个常数,实际上,转子正是绕着这个变形后的轴线转动的,而不是轴承中心孔的连线。

假设某个瞬时裂纹处于转子的上半部,此时,在裂纹面上将趋于出现压应力,于是,它不会对悬链线产生影响。当转过半周后,裂纹此时将处于转子的下半部,它会出现拉应力分布。显然,转子的刚度将会由于裂纹处于张开状态而降低,这一情形可参考图 5.12。

很明显,这一情形会导致产生更大的自重变形或者说下垂,于是,转子的变形将表现出每转改变一次的变化,即便是没有不平衡力的条件下也是如此。现在我们从数学角度分析。如果假定转子上没有不平衡量,那么,就只需考虑重力变形。此时,刚度矩阵的形式为

$$K = K_0 - K_c(t, u, v) \tag{5.34}$$

式中:u 和 v 为变形量。应当注意的是,实际设备中由于重力导致的变形是远大于不平衡导致的变形的,因此,自重弯曲应力也就对裂纹转子动力学起到了主导作用,进而,我们可以假设刚度只是转子方位的函数或者说是时间的函数。按照 Mayes 和 Davies[8] 的思路,这种时变刚度可以表示为(对于轴对称转子而言)

$$\boldsymbol{K} = \boldsymbol{K}_0 - \boldsymbol{K}_c \cdot (1 + \cos\Omega t)/2 \tag{5.35}$$

这个式子实际上假定了零时刻裂纹是完全张开的,不过只需引入一个相位参数就很容易拓展到一般情形,此处实际上相当于令该相位参数为零。此时的运动可以分开考虑,即由不平衡导致的变形 x 和由重力导致的变形 δ。为简洁

起见，这里我们忽略陀螺项，因此运动方程可以表示为

$$\left[\boldsymbol{K}_0-\boldsymbol{K}_c\frac{1+\cos\Omega t}{2}\right](\boldsymbol{x}+\boldsymbol{\delta})+\boldsymbol{C}(\dot{\boldsymbol{x}}+\dot{\delta})+\boldsymbol{M}(\dot{\boldsymbol{x}}+\ddot{\delta})=\boldsymbol{MS}g+\boldsymbol{M}\Omega^2\boldsymbol{\varepsilon} \tag{5.36}$$

式5.36的静态解由式(5.33)给出。

在式(5.36)中，恒定转速Ω下的刚度仅为时间的函数，虽然系数是时变的，但是该方程仍然是线性的。这一点是重要的，它意味着叠加原理是适用的。该方程的解可由下式给出，即

$$\left[\boldsymbol{K}_0-\frac{\boldsymbol{K}_c}{2}\right](\boldsymbol{x}+\boldsymbol{\delta}_\Omega)+\boldsymbol{C}(\dot{\boldsymbol{x}}+\dot{\boldsymbol{\delta}}_\Omega)+\boldsymbol{M}(\ddot{\boldsymbol{x}}+\ddot{\boldsymbol{\delta}}_\Omega)=\boldsymbol{M}\Omega^2\boldsymbol{\varepsilon}+\frac{\boldsymbol{K}_c}{2}\boldsymbol{\delta}_\Omega \tag{5.37}$$

将解中与重力相关的部分分离出来，可得

$$\left[\boldsymbol{K}_0-\frac{\boldsymbol{K}_c}{2}\right]\boldsymbol{\delta}_\Omega+\boldsymbol{C}\ddot{\boldsymbol{\delta}}_\Omega+\boldsymbol{M}\dot{\boldsymbol{\delta}}_\Omega=\frac{\boldsymbol{K}_c}{2}\boldsymbol{\delta}_\Omega=\frac{\boldsymbol{K}_c}{2}\boldsymbol{K}_0^{-1}\boldsymbol{MS}g \tag{5.38}$$

这实际上给出了给定转速下的重力变形，可以表示为

$$\delta_\Omega=\left[\boldsymbol{K}_0-\frac{\boldsymbol{K}_c}{2}-\boldsymbol{M}\Omega^2+\mathrm{j}\boldsymbol{C}\Omega\right]^{-1}\frac{\boldsymbol{K}_c}{2}\boldsymbol{K}_0^{-1}\boldsymbol{MS}g \tag{5.39}$$

由此不难看出，仅受到重力效应作用时转子的位置每周发生一次变化，而裂纹会导致转子刚度的循环变化。形变规律的形式可以表示为$\delta_\Omega e^{j\Omega t}$，通常是非常小的值。当然，转子变化中也存在着高阶频率项，不过它们一般不太重要。

根据式(5.37)，不平衡导致的同步响应可由$\mathrm{Re}(x_0 e^{j\Omega t})$给出，其中

$$\boldsymbol{x}_0=\left[\boldsymbol{K}_0-\frac{\boldsymbol{K}_c}{2}-\boldsymbol{M}\Omega^2+\mathrm{j}\boldsymbol{C}\Omega\right]^{-1}\boldsymbol{M}\Omega^2\boldsymbol{\varepsilon} \tag{5.40}$$

这实际上正是不平衡响应的标准形式。最重要的是，裂纹转子在2倍转速处的响应。对式(5.37)提取出二阶项，可以得到2倍转速处的振动应为$\mathrm{Re}(x_{2\Omega}e^{2j\Omega t})$，且满足

$$\boldsymbol{K}_0\boldsymbol{x}_{2\Omega}+2\mathrm{j}\Omega\boldsymbol{C}\boldsymbol{x}_{2\Omega}-4\boldsymbol{M}\Omega^2\boldsymbol{x}_{2\Omega}=\frac{\boldsymbol{K}_c}{2}(\boldsymbol{x}_\Omega+\boldsymbol{\delta}_\Omega) \tag{5.41}$$

由此很容易解得

$$\boldsymbol{x}_{2\Omega}=[\boldsymbol{K}_0-4\boldsymbol{M}\Omega^2+2\mathrm{j}\Omega\boldsymbol{C}]^{-1}\frac{\boldsymbol{K}_c}{2}(\boldsymbol{x}_\Omega+\boldsymbol{\delta}_\Omega) \tag{5.42}$$

式(5.42)中的第二项几乎总是可以忽略不计的，即$|\boldsymbol{x}_\Omega|>>|\boldsymbol{\delta}_\Omega|$。

Sinou 和 Lees[13]也曾采用谐波平衡法进行过上述分析，其中的讨论更为严

谨。在他们的计算中还将关于不平衡变形的非线性影响包括了进来,并且在每一步都对裂纹开口的比例进行了重新计算。对于大多数研究而言,利用该过程分析已经足够了。

式(5.38)是所有有关裂纹转子动力学研究中的核心,很多文献都对此进行过探讨。式(5.42)给出的二阶谐波为裂纹故障提供了非常好的指示作用。虽然在2倍转速处也存在着其他一些激励源(特别是电子设备),但是它们对应的振动水平一般是非常稳定的。因此,如果振动信号中出现了每转变化2次的成分(增大或减小)且难以解释其成因,那么,就需要引起特别的关注。在第9章中,将针对涡轮交流发电机设备中的裂纹诊断问题进行详细介绍。

5.4 扭转

一般而言,为考察设备运转过程中可能存在着的破坏性影响,人们往往比较关注转子的横向振动情况,正因为如此,很多设备大多会安装合适的检测仪器。利用一些标准的检测技术,我们就可以提取出横向振动并对其特性进行量化分析。对于扭转振动来说,情况却非如此。虽然扭转振动也会导致高应力并引起一些较大的设备故障,然而,由于它们主要发生在转子内部,一般不会传递到周边的结构或零部件上,因而,很容易被忽视。当然,有时扭转振动也会对周边零部件产生影响,例如,带有齿轮箱的设备就是如此,第9章将给出一个这方面的实例。

正是由于扭转振动一般不会传递到周边零部件上,因而,往往不容易进行测量,必须通过合适的仪器设备才能有效提取出扭转振动信号。需要特别注意的是,扭转振动的抑制往往只是通过转子材料自身的阻尼实现的,而这种抑制能力一般是比较弱的。在某些系统中,通过引入特别的柔性联轴器就可以提升这种抑制能力,这些联轴器一般是通过橡胶块的压缩或者流体运动(类似于液压离合器)提供阻尼。

扭转振动的测量一般有两种主要途径,不过它们都比较笨拙。第一种也是最容易理解的就是通过转子上的单齿轮与换能器耦合产生测速信号实现。由于很多设备的惯性很大,因而角速度的实际变化往往比较小,即便存在着较大的转矩波动也是如此。正因为如此,人们往往需要通过大量的信号处理工作才能得到有用的和准确的信息。不过,借助这一方法我们能够更好地认识设备运行过程。在此基础上进一步拓展,可以在不同的轴向位置处采用双齿轮或多齿轮进行测量。如果校准得比较精细,那么,这个系统就能直接测出转子的扭曲。这里考虑一个500MW的交流发电机转子(约8m长),如果假设一半长度上都会受到转矩作用，那么，直接计算的结果表明扭曲程度约为 0.025rad，这对应于转子表面上的位移约为 6.4mm，在转速 3000r/min 条件下，它相当于时间差为 82μs。应当注意，实际的波动可能远小于这个数值，因此测试中必须具备快速的数据采集能力和高效的信号处理能力。第 8 章中将介绍一些相关的技术。

测量转子所传递的扭矩还有更直接的方法，例如，可以将一个扭矩测量器安装到设备中或者在轴上布置合适的应变电桥。这些方法已经用于锅炉给水泵相关问题中，可参考 Lees 和 Haines[14] 的工作。因为扭矩是直接测量得到的，因而，此类方法对分辨率问题要求较少，不过仍然需要从测试数据中进行信息提取。在 1976 年的研究中，采用了遥测系统进行数据传递，现在只需要在轴上安装记录仪即可。不管采用什么样的仪器设备，都需要对测得的数据进行信息提取，这是非常重要的。这里对基本原理和基本方法做一介绍，详细的内容将在第 9 章给出。

扭转激励源问题目前的研究还不够成熟，要想提高监控能力这一方面还需要做进一步的深入工作。通常来说，在分析的开始阶段是没有任何与扭矩变化相关的定量信息的，但是依然不能忽视扭矩变化可能是一些设备问题的潜在根源。那么，是什么原因导致了传递扭矩的变化呢？一般存在着大量的可能因素。

(1) 在流体机械设备如泵和涡轮设备中，产生或吸收的扭矩不会是绝对均匀的，而不可避免地会包含一系列脉动成分，这些脉动成分主要来源于叶轮或转子叶片在定子通道内的运动。显然，扭矩的时间历程将会表现出多种模式，一般需要通过对设备的流体动力学行为进行详细分析才能得到。在理想化的系统中，这些脉动成分在每一转中都会发生很多次（与叶片数和级数有关），这些成分会导致很低频率处的激励力且幅值较大。

(2) 在电气设备中，也存在着类似的高频小幅扭矩变化，它们与转子和定子绕组间的通道有关，间距的任何不规则情形都会使得这种变化频率下降而幅值增大。

(3) 扭矩的变化还可能产生于设备构造的非理想性或者磨损效应（间隙增大），也可能来自于对中情况的变化。很多重要的故障机制都是通过后者联系起来的，可以说，正是由于大多数设备故障机制之间存在着相互影响，这才使得解决设备问题变得非常困难。

(4) 系统中包含了齿轮箱时也会产生扭转振动。与其他机械系统一样，齿轮不可避免地存在着各种误差。虽然有很多国家标准和国际标准对齿轮误差都进行了限定，但是即使是较小的误差也会产生非常重要的影响。系统对齿轮误差的敏感性主要取决于整个设备的特性，特别是扭转临界速度及其对应模态形状。

齿轮系统中的扭矩波动本质上是一个位移控制过程,而不是更为常见的力控制情形。齿轮传动过程必须适应它们的齿形误差,在这一传动过程中产生了扭转力矩。

图 5.17 给出了一个系统,其中包含了一个驱动单元(转动惯量为 I_1),它通过柔性联轴器带动了一个单级齿轮箱(转动惯量为 I_2 和 I_3),然后又通过柔性联轴器驱动一台设备(转动惯量为 I_4)。虽然图中给出的是一个非常简单的理想化系统,不过其中包括的内容已经足以反映很多实际系统的典型特点了。必须注意的是,这个系统模型只适合于考察扭转运动。实际情况中,根据齿轮箱上检测到的振动数据可以发现,扭转和横向振动之间是存在耦合的。这种振动测试往往可以很好地指示设备状态情况,不过精确建模却相当困难,因为刚度特性难以准确评定。下面我们关注扭转运动,其运动方程可以表示为

$$\begin{bmatrix} k_1 & -k_1 & 0 & 0 \\ -k_1 & k_1 & 0 & 0 \\ 0 & 0 & k_2 & -k_2 \\ 0 & 0 & -k_2 & k_2 \end{bmatrix}\begin{Bmatrix} \theta_1 \\ \theta_2 \\ \theta_3 \\ \theta_4 \end{Bmatrix} + \begin{bmatrix} I_1 & 0 & 0 & 0 \\ 0 & I_2 & 0 & 0 \\ 0 & 0 & I_3 & 0 \\ 0 & 0 & 0 & I_4 \end{bmatrix}\frac{d^2}{dt^2}\begin{Bmatrix} \theta_1 \\ \theta_2 \\ \theta_3 \\ \theta_4 \end{Bmatrix} = \begin{Bmatrix} T \\ P \\ \gamma P \\ D \end{Bmatrix} \tag{5.43}$$

式中:T 和 D 分别为输入和输出扭矩中的相关频率成分,由于此处主要关注的是齿形误差导致的扭矩波动,因而,为方便起见,这里可以令它们为定值,可设 $T = D = 0$。P 代表的是齿轮箱误差导致的传递扭矩,γ 为传动比。

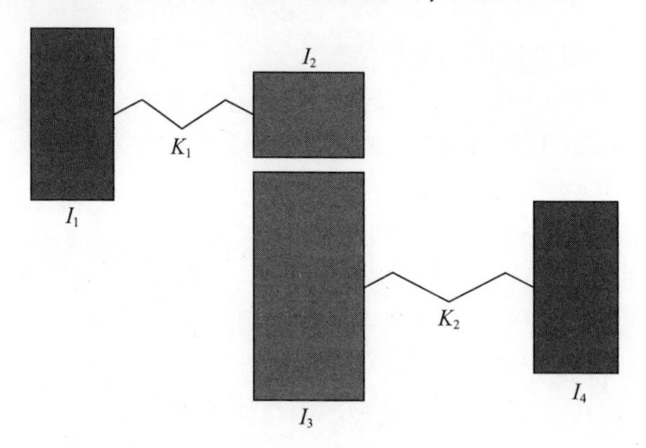

图 5.17　理想的扭转模型

虽然式(5.43)中包含了 4 个角坐标,实际上却只有 3 个自由度,这是因为主动齿轮与被动齿轮必须是保持接触的。这一点是一个合理的假设,如果配对

齿轮在运转中出现脱开情况,那么,将会在再次接触时产生较高的冲击应力,从而将导致快速的磨损。这种情况中运动将是高度非线性的,分析起来也相当困难,一般需要对那些可能引发这种情况的早期问题进行诊断。在假定齿轮保持接触这一前提下,主动齿轮和被动齿轮的运动将通过如下方程关联起来,即

$$\theta_2 + \gamma\theta_3 = \varepsilon_2(\Theta_2) + \gamma\varepsilon_3(\Theta_3) \tag{5.44}$$

式中:两个误差量 ε_2 和 ε_3 分别代表的是主动和被动齿轮的齿形误差,在对应的齿轮处,它们都是角位置的周期函数。在引入了这个约束关系后,系统的自由度也就变成了 3 个,可以选为 $\{\theta_1 \quad \theta_2 \quad \theta_4\}^{\mathrm{T}}$。此时,这个系统的动力学问题也就可以在新的坐标系统中进行分析和描述了,这个新坐标系统由下式给出,即

$$\boldsymbol{\theta} = \boldsymbol{S}\boldsymbol{\theta}' + \boldsymbol{E} \tag{5.45}$$

其中

$$\boldsymbol{S} = \begin{bmatrix} 1 & 0 & 0 \\ 0 & 1 & 0 \\ 0 & -1/\gamma & 0 \\ 0 & 0 & 1 \end{bmatrix} \tag{5.46}$$

式中:$\boldsymbol{E} = \{0 \quad 0 \quad \varepsilon_2(\Theta_2) + \varepsilon_3(\Theta_3) \quad 0\}^{\mathrm{T}}$ 为误差项。

将式(5.45)代入到式(5.44),可以得到(忽略阻尼)

$$\boldsymbol{KS\theta}' + \boldsymbol{KE} + \boldsymbol{MS}\ddot{\boldsymbol{\theta}}' + \boldsymbol{M}\ddot{\boldsymbol{E}} = \boldsymbol{F} \tag{5.47}$$

将这一方程左乘以 $\boldsymbol{S}^{\mathrm{T}}$ 可得

$$\boldsymbol{S}^{\mathrm{T}}\boldsymbol{KS\theta}' + \boldsymbol{S}^{\mathrm{T}}\boldsymbol{KE} + \boldsymbol{S}^{\mathrm{T}}\boldsymbol{MS}\ddot{\boldsymbol{\theta}}' + \boldsymbol{S}^{\mathrm{T}}\boldsymbol{M}\dot{\boldsymbol{E}} = \boldsymbol{S}^{\mathrm{T}}\boldsymbol{F} = \boldsymbol{0} \tag{5.48}$$

应当注意的是,作为一次近似而言,误差函数 $\boldsymbol{E}$ 是时间的函数。当误差较大时,该函数将是非线性的,它与轮齿的实际位置有关,因而,会包含振荡成分。有时,这种非线性效应即使比较小,也可能是相当重要的,它会使得测量数据中出现一些与转子转速无关的频率成分。当然,如果齿轮传动中出现了齿轮脱离接触的情况,那么,就会发生更大的非线性效应。无论哪一种情况,我们都有一个基本的结论,即扭转振动将会过大,必须采取某些治理措施。

在 5.2 节中已经讨论过柔性联轴器及其相关的不对中问题,这里需要对柔性联轴器与扭转运动之间的关系做一般性介绍。联轴器的类型很多,其中一些是建立在虎克铰原理基础上的,而另一些则依靠内置的橡胶块来传递扭矩。一般来说,它们需要减小驱动端和被驱端的不对中导致的力和力矩,这种不对中可以来自于大的温差或者外部载荷的影响。在理想状态下,联轴器的横向和轴向

刚度应为零，当然，这种理想状态是不可能存在的。联轴器的刚度主要体现在扭转方向上，它将决定小型设备的动力学特性，本节给出的模型就是如此。对于带有(扭转)柔性转子的系统来说，刚度矩阵的计算要稍微复杂一些，不过，利用标准的有限元方法还是可以很容易完成的。最后，还要注意的是，所有类型的柔性联轴器都不可避免地会带有一定程度的非线性行为特性。

齿轮传动系统的动力学过程是相当复杂的，这一点从式(5.47)中就可以反映出来。不难看出，其运动是在 $\boldsymbol{E}$ 和它的二阶时间导数作用下形成的。在该模型中只有 E_3 是非零的，可以表示为

$$E_3 = \sum_{k=1}^{n_p} a_k \cos k(\Omega_p t + \theta_2) + \sum_{m=1}^{n_w} b_m \cos m(\Omega_w t + \theta_3) \tag{5.49}$$

式中：n_p 和 n_w 分别为主动齿轮和被动齿轮的齿数；Ω_p 和 Ω_w 为转速(rad/s)。

振动量较小时，非线性成分可以忽略不计，因而，只会在 2 倍转速处产生正弦变化成分及其谐波成分，它们的幅值取决于两个齿轮的齿形误差。不过，如果磨损比较严重并且设备运转在扭转临界转速附近，那么，式(5.49)产生的非线性效应可能就相当显著了。在这一情况下，式(5.48)的求解是比较复杂的，不过它的解的物理含义是很容易理解的。一些研究者在分析中将载荷项设定为白噪声，虽然这一处理方式也是合理而有效的，不过并不能给我们带来更多的启发。可以注意到，由于两个 θ 项都具有正弦形式，因此，E_3 将包含一系列正弦波的乘积。这样一来，总的激励中就将含有很多的频率成分，最高可达 2 倍的啮合频率 $2n_p\Omega_2/(2\pi)$。各种频率成分之间的间距是再啮合时间的倒数，所谓的再啮合时间是指主动齿轮上的某个齿与被动齿轮上特定齿再次发生啮合的时间间隔。一般来说，如果假设 n_p 和 n_w 没有公共因子，那么，这一时间可由 $T_{rm} = 2\pi n_p/\Omega_2$ 表示，一般是若干秒。显然，这种激励是宽频谱的，其形状取决于齿形误差情况，体现在参数 a_k 和 b_m 上。

很自然地，系统将会对那些靠近固有频率的激励成分产生较显著的响应。于是，除了转速对应的简谐成分及其高次谐波以外，系统还会产生固有频率处的振动成分，无论转速如何均是如此(参考 Lees 等人的著作[15])。

出现高次谐波要么是非线性、要么是时变刚度或质量项导致的一个特征。这两种因素对于认识和理解旋转类设备来说都是非常重要的，重点是认识这些现象的物理本质而不在于严格的数学分析过程。

5.5 非线性

考虑一个单自由度系统，其方程为

$$Kx + C\dot{x} + M\dot{x} + K_1x^2 = Pe^{j\omega t} \tag{5.50}$$

如果非线性项的系数 $K_1 = 0$，那么，只需将形式解 $x = x_0e^{j\omega t}$ 代入后即可得到稳态解。事实上，将该形式解代入式(5.50)后可以得到

$$(K + j\omega C - \omega^2M)x_0e^{j\omega t} = Pe^{j\omega t} \tag{5.51}$$

这一化简过程是非常简单的，这是因为函数 $e^{j\omega t}$ 的一阶和二阶导数只是该函数乘以常数，这实际上也就是振动问题中傅里叶变换方法之所以这么有用的一个基本原因。

在这一处理过程中，假设了 K、M 和 C 不随 x 和时间改变。消去式(5.51)中的正弦项后，可以得到

$$x_0 = \frac{P}{K - \omega^2M + j\omega C} \tag{5.52}$$

需要注意的是，式(5.50)的瞬态解($K_1 = 0$ 情况下)是很容易得到的。由此，就可以获得完整的解了。当非线性项的系数非零时求解将会变得困难一些，这是因为此时类似于式(5.51)的关系变为

$$(K - \omega^2M + j\omega C)x_0e^{j\omega t} + K_1x_0^2e^{j2\omega t} = Pe^{j\omega t} \tag{5.53}$$

与线性情形不同，这里不可能通过消去正弦项简化求解过程。这一问题的根源在于所引入的形式解是不合理的，因为解中不会只出现单个频率成分。事实上，这一点也正是本节的一个关键问题。

为此，可以将形式解设为以下形式，即

$$x = \sum_{n=-\infty}^{\infty} a_ne^{jn\omega t} \tag{5.54}$$

式(5.54)中的系数 a_n 不必为实数，也可以为复数(可以反映相位的变化)。将式(5.54)代入到式(5.53)，然后，对每一个谐波项进行匹配即可完成求解。这一过程就是人们所熟知的谐波平衡法，在很多文献中都进行过讨论。我们考察将新的形式解代入后得到的方程形式，此时，式(5.53)变为

$$\sum_{n=-\infty}^{\infty}(K - n^2\omega^2M + jn\omega C)a_ne^{jn\omega t} + K_1\left(\sum_{n=-\infty}^{\infty}a_ne^{jn\omega t}\right)\left(\sum_{n=-\infty}^{\infty}a_ne^{jn\omega t}\right) = Pe^{j\omega t} \tag{5.55}$$

由于双重求和的存在，不同频率成分的平衡要复杂一些，主要反映在不同的 a_n 值是相互影响的，因此，这个非线性系统将会产生激励频率的多个谐波，这也正是系统非线性特征的体现。必须注意的是，虽然由式(5.50)描述的系统代表的只是最简单的非线性系统形式，然而，各种谐波项之间是相互影响的这一结论却是普遍性的。

这与前一节中所讨论的齿轮传动问题是类似的，其中的非线性意味着有效

激励(位移控制形式)包含了两组傅里叶项的乘积,从而导致了所有组合(相加和相减)得到的激励频率成分。对于这类频谱类型,可以通过所谓的双谱分析来检测非线性行为(参考 Sinha 的著作[17]),这一技术将在第 8 章进行介绍。

5.6 故障的相互作用和诊断

毫无疑问,本书各章是分别对不同故障类型进行讨论的,不过,我们必须意识到大多数故障之间是相互关联的。这一点具有十分重要的实际意义,因为它意味着很难确定导致某些现象的事件顺序究竟是怎样的。

5.6.1 同步激励

如果振动是与轴的转速同步的,那么,形成原因可能是转子的不平衡或转子弯曲,它们的区别已经在第 4 章中进行过讨论。转子弯曲还会带来一些更为复杂的进一步问题,例如,这种弯曲是永久的弯曲还是源于热效应的弯曲?如果是热效应导致的弯曲,那么,它属于转子碰摩情形(见第 6 章)还是属于设备内流体流动的不均匀性所导致的情形?如果属于碰摩情形,那么,还可能来自于多种不同的原因。

(1) 初始弯曲导致的。

(2) 不平衡导致的。

(3) 轴承不对中导致的。

(4) 不恰当的间隙导致的。

(5) 热弯曲。

对于这些可能性来说,一般很难给出精细的判定准则,通常需要一些额外的数据辅助判定。例如,轴承油温就是一种,它可以反映出轴承载荷情况。再如,一些性能方面的数据还可以帮助我们发现间隙的变化情况。应当注意的是,这几种可能的原因往往不是单独出现的。例如,一个转子可能带有较小的初始不平衡,在设备中又会带有紧密的间隙,同时,往往还会存在一定程度的不对中。这些因素往往交织在一起,相互作用,相互影响,从而导致了某种故障状态,而这些因素单独作用时却不会产生明显的故障表现。

5.6.2 两倍转速激励

两倍转速激励相对来说要少见一些,此类谐波激励可能源自于外部载荷,但是主要原因在于系统中存在某些形式的非线性行为(见 5.5 节)或者系统参数的某些周期性变化。这两种因素所导致的效应在很多方面都是类似的,不过,从分析的角度来说,它们还是存在着重要区别的。如果系统参数是周期性改变的,而系统方程仍保持为线性,那么,叠加原理仍然适用,不同模态的贡献依然可以进行叠加,而如果方程是非线性的,那么,叠加原理就不再适用。

谐波激励产生的条件一般包括如下几个方面。

(1) 转子裂纹。

(2) 不对中。

(3) 其他形式的非线性。

(4) 电学影响。

(5) 转子不对称。

这些因素(或故障)大多是彼此影响的,因而,分析起来是比较困难的。不对中和不平衡都可以导致转子碰摩,进而导致热弯曲和(或)纽柯克效应,一般很难厘清真正的故障原因。尽管人们已经提出了一些简单的判断准则,然而,要想真正搞清楚其中的原因还必须尽可能认识设备工作过程的全貌,包括设计、建造、维护以及振动测试等。

5.6.3 异步振动

除了发生在转子转速及其倍频处的振动成分以外,还必须关注那些与转子转速之间不存在这些简单比例关系的振动成分,其中特别是低于转速 1/2 的亚谐成分。导致这些振动成分的主要原因包括如下几个方面。

(1) 外部的影响。

(2) 润滑油膜不稳定及其他形式的不稳定性。

(3) 构件松动。

(4) 碰摩。

类似地,这里列举的因素也是不够清晰鲜明的。碰摩能够导致异步激励,在某些场合中还可能是混沌激励,不仅如此,正如我们已经讨论过的,它还会导致同步振动及其谐波行为。润滑油膜的不稳定通常源自于不对中,不过,也可能来自于设备中其他位置处产生的力激励。在上面这 4 种因素中最容易识别的是外部影响因素,只需要对临近设备进行某些测试即可。

正是由于各类故障之间存在着相当复杂的相互作用和相互影响,因此,只有对设备的物理过程作深入认识才能给出最恰当的问题解决办法。

5.7 结束语

第 4 章和第 5 章阐述了旋转类设备中出现的一些主要故障形式,不过,还有一个重要的故障类型尚未进行讨论,这就是转子碰摩。一般来说,转子碰摩是指转子与定子之间产生了相互作用,这会带来多种影响,需要作较为详细的分析和揭示。我们将用一整章来讨论这一主题。

习题

5.1 某设备中的两根完全相同的转子通过刚性联轴器连接,转子直径为200mm,每根转子的中点处带有圆盘质量250kg。这两根转子是刚性连接的,不考虑陀螺力的影响。每个轴承的刚度为10^6N/m,阻尼系数为1000(N·s)/m。如果圆盘1的不平衡度为0.004kg·m,且可以假定一阶模态的阻尼为比例阻尼,值为1%,试计算在0~3000r/min转速范围内轴承处的响应。

5.2 试说明带有多轴承支撑柔性转子的大型设备的对中复杂性。

(1) 试描述在何种条件下,安装在油膜轴承上的设备会出现频率低于转子转速1/2的振动。

(2) 试采用恰当的图形来说明正确对中的方法。

(3) 设有两根完全相同的转子相互连接,在自重影响下转子端部与垂直方向形成了0.17弧分的角度,如果每端悬伸长度均为0.5m,且每根转子上的轴承间隔均为4m,那么,应当怎样对中?(要求第一根转子固定不变)

(4) 如果需要使两个端部的轴承位于同一高度,那么,另外两个轴承应当位于何处?

5.3 假定问题1中的设备的轴承都处于同一高度,试确定当设备静止时联轴器处的弯矩。若将两根转子脱离连接,试确定各自的悬链线。

5.4 设一台发动机的转子的惯性矩为200kg·m^2,通过一个刚度为3×10^6(N/m)/rad的柔性联轴器与一个齿轮箱连接,然后,再通过一个刚度为8×10^5(N·m)/rad的柔性联轴器与一个泵相连,泵的转子惯性矩为150kg·m^2。主动和从动齿轮的惯量分别设为20kg·m^2和300kg·m^2,传动比设为2。试确定扭转固有频率。如果从动齿轮的周期误差为10μm,那么,当输入轴转速为3000r/min时,扭矩波动幅值是多大?

5.5 一根长为8m的均匀转子两端支撑在刚性短轴承上,中点处安装了一个400kg的圆盘质量。如果在距离轴承1为2m的位置出现了一个弦状裂纹,试确定裂纹深度分别为0.25倍、0.5倍、0.75倍以及1倍半径时一阶固有频率的变化。

(1) 试述不平衡、转子弯曲、碰摩、转子裂纹以及半速涡动的症状。针对每种情形说明频域和时域响应的主要特征,以及可行的校正方法。进一步,说明转子裂纹对振动模式产生影响的主要方面。

（2）根据降额运行曲线了解到某发电机临界转速为600r/min和2200r/min，若在24h周期时间段内2倍转速信号逐渐增大，且在1100r/min处每转2次的成分峰值较小，在300r/min处峰值显著增大。试据此说明故障的性质及位置，并给出合理的论据（假定转子可以模化为支撑在刚性支撑上的均匀梁）。

参考文献

[1] Muszynska, A., 2005, *Rotordynamics*, CRC Press, Taylor & Francis, Boca Raton, FL.

[2] Patel, T. J. and Darpe, A. K., 2009, Vibration response of misaligned rotors, *Journal of Sound and Vibration*, 325, 609 – 628.

[3] Al – Hussain, K. M. and Redmond, I., 2002, Dynamic response of two rotors connected by rigid mechanical coupling with parallel misalignment, *Journal of Sound and Vibration*, 249, 483 – 498.

[4] Redmond, I., 2010, Study of a misaligned flexibly coupled shaft system having nonlinear bearings and cyclic coupling stiffness – Theoretical model and analysis, *Journal of Sound and Vibration*, 329, 700 – 720.

[5] Lees, A. W., 2007, Misalignment in rigidly coupled rotors, *Journal of Sound and Vibration*, 305, 261 – 371.

[6] Lees, A. W. and Friswell, M. I., 2001, The vibration signature of chordal cracks in asymmetric rotors, in 19*th International Modal Analysis Conference*, Kissimmee, FL.

[7] Mayes, I. W. and Davies, W. G. R., 1976, The behaviour of a rotating shaft system containing a transverse crack, in *Institution of Mechanical Engineers Conference on Vibrations in Rotating Machinery*, Cambridge, U. K., pp. 53 – 64.

[8] Mayes, I. W. and Davies, W. G. R., 1984, Analysis of the response of a multirotor – bearing system containing a transverse crack, *Journal of Vibration*, *Acoustics*, *Stress and Reliability in Design*, 106, 139 – 145.

[9] Davies, W. G. R. and Mayes, I. W., 1984, The vibrational behaviour of a multi – shaft, multi – bearing system in the presence of a propagating transverse crack, *Journal of Vibration*, *Acoustics*, *Stress and Reliability in Design*, 106, 146 – 153.

[10] Gasch, R., 1993, A survey of the dynamic behaviour of a simple rotating shaft with a transverse crack, *Journal of Sound and Vibration*, 160, 313 – 332.

[11] Henry, T. A. and Okah – Avae, B. E., 1976, Vibrations in cracked shafts, in *Institution of Mechanical Engineers Conference on Vibrations in Rotating Machinery*, Cambridge, U. K., pp. 15 – 19.

[12] Penny, J. E. T. and Friswell, M. I., 2002, Simplified model of rotor cracks, in *ISMA Conference on Noise & Vibration* 27, Leuven, Belgium, pp. 607 – 615.

[13] Sinou, J. J. and Lees, A. W., 2005, The influence of cracks in rotating shafts, *Journal of Sound and Vibration*, 285, 1015 – 1037.

[14] Lees, A. W. and Haines, K. A., 1978, Torsional vibrations of a boiler feed pump, *Transactions of American Society of Mechanical Engineers*, 77 – DET – 28.

[15] Lees, A. W., Friswell, M. I. and Litak, G., 2011, Torsional vibration of machines withgear errors, in 9*th International Conference on Damage Assessment of Structures* (*DAMAS*), University of Oxford, St Anne's

College, Oxford, U. K.
[16] Sinha, J. K., Lees, A. W. and Friswell, M. I., 2004, Estimating unbalance and misalignment of a flexible rotating machine from a single run - down, *Journal of Sound and Vibration*, 272(3 - 5), 967 - 989.
[17] Sinha, J. K., 2006, Bi - spectrum for identifying crack and misalignment in shaft of a rotating machine, *Smart Structures and Systems*, 2, 47 - 60.

第6章　转子与定子间的相互作用

6.1　概述

前面的内容都是对转子这个独立部件进行分析的,它与周边零部件之间存在着一定距离。虽然对于此类系统来说这是一个合适的分析起点,然而,却遗漏了设备行为中的一些重要方面。例如,在很多情况中,转子周围还存在着流体工作介质,这些介质内部和边界的状态也决定了设备是否能够正常运转。从这个意义上说,转子动力学的研究应当视为一项使能技术,其自身并不是最终的研究目的,而是为进一步实现设备的正常运转铺平了道路,在此基础上还应做进一步研究。

尽管转子是所有旋转类设备的核心部件,但是只有通过考察这些旋转部件与定子之间的相互作用才能真正获得有价值的结论,因此,对这种相互作用的研究是非常重要的。在第4章和第5章中我们已经讨论了与转子相关的一些常见故障形式,这一章将进一步考察转子与定子的关系。

转子与定子之间的相互作用可以有多种不同的分类方式,下面给出了一种较为有用的分类。

(1) 通过轴承发生的相互作用。这一点已经在第4章中进行了一些讨论,不过这里将做进一步的探讨,特别是针对油膜轴承情况。

(2) 通过流体工作介质发生的相互作用。流体介质通过内部通道对转子产生力和力矩作用,或者形成充满流体的衬套与密封件,进而起到辅助轴承作用。

(3) 通过与定子直接接触发生的相互作用。这种形式可以有两种,分别是:碰撞和回跳,会产生冲击力;慢速碰摩,会导致温升。

研究上述这些因素对于认识设备运转来说是必要的,特别重要的是识别相关的故障状态。总体而言,这一领域是相当复杂的,这里我们仅做一个总体概貌介绍。

6.2　通过轴承发生的相互作用

6.2.1　油膜轴承

很多小型设备是安装在滚动轴承上的,对于大型设备来说,油膜轴承却是一种主要的类型，当然，包括了很多种不同的变形，会存在一些细微的变化。这类轴承之所以得到了广泛应用，主要是因为它们具有很高的承载能力。分析这些轴承要复杂一些，一般需要对雷诺方程做数值求解。此外，分析过程需要的系统参数往往也难以明确，如间隙和表面状态情况等，这也是此类分析较为困难的一个原因。对于给定的轴承几何来说，一般需要 3 个基本参数刻画轴承对设备行为的影响，即刚度、阻尼和承载能力，其中刚度和阻尼一般通过矩阵形式给出，它们都是转子转速的函数。

尽管一般的分析是复杂的，然而，对于短轴承来说还是可以得到封闭解的（这里的短轴承是指满足 $L \ll D$ 的情形，其中 L 为轴承的轴向长度，D 为轴承直径），这是因为在这种情形下可以假定轴向上的压力变化比周向上大得多。Hamrock 等人[1]曾经对包括这一情形在内的若干实例进行过全面的分析，Friswell等人[2]还给出过更具一般性的讨论。这些解析描述中都引入了一些重要的假设，例如，运行过程可视为等温过程，流体是分层的，且轴承中不存在气穴现象等。关于短轴承的分析还可参考很多的书籍，这里我们列举它们所给出的一些重要结果。Childs[3]指出，径向和切向力可以表示为

$$f_{\mathrm{r}} = -\frac{D\Omega\eta L^3\varepsilon^2}{2c^2(1-\varepsilon^2)^2}, \quad f_{\mathrm{t}} = -\frac{\pi D\Omega\eta L^3\varepsilon}{2c^2(1-\varepsilon^2)^{3/2}} \tag{6.1}$$

式中：D 为轴承（轴）直径；Ω 为转速（rad/s）；η 为油液黏度；L 为轴承的轴向长度；c 为径向间隙；ε 为转轴的偏心距（关于 c 的比值）。

根据上述关系式，可以很清晰地看出 f 的模应为

$$|f| = \sqrt{f_{\mathrm{r}}^2 + f_{\mathrm{t}}^2} = -\frac{\pi D\Omega\eta L^3\varepsilon}{8c^2(1-\varepsilon^2)^2}\left(\left(\frac{16}{\pi}-1\right)\varepsilon^2+1\right)^{1/2} \tag{6.2}$$

可以定义归一化的力为 f_{N}，使得 $|f| = (\pi D\Omega\eta L^3/8c^2)f_{\mathrm{N}}$。图 6.1 给出了归一化的力与偏心量之间的变化关系，很明显，这是一种非线性的关系。

这个力的空间导数（刚度）也是非线性的，这一点是十分重要的。当轴承受载时，我们必须建立转轴在轴承中的平衡运行位置。通过分析可以表明，如果轴承上受到的是一个垂向力 f，那么，转轴将具有一个满足如下方程的偏心量 ε，即

$$\varepsilon^8 - 4\varepsilon^6 + (6 - S_s^2(16-\pi^2))\varepsilon^4 - (4+\pi^2 S_s^2)\varepsilon^2 + 1 = 0 \tag{6.3}$$

式中：S_s 为修正的 Sommerfeld 数（或 Ocvirk 数），$S_s = D\Omega\eta L^3/8fc^2$。虽然这个方程有 8 个解，不过只有一个位于 0 和 1 之间，这个解给出了转轴相对于间隙的偏心量。

图 6.2 中给出了转轴在轴承中的平衡位置的变化情况，这里假设了载荷是垂向上的（y 方向）。值得注意的是，这种情况是比较常见的，不过并不总是如此。

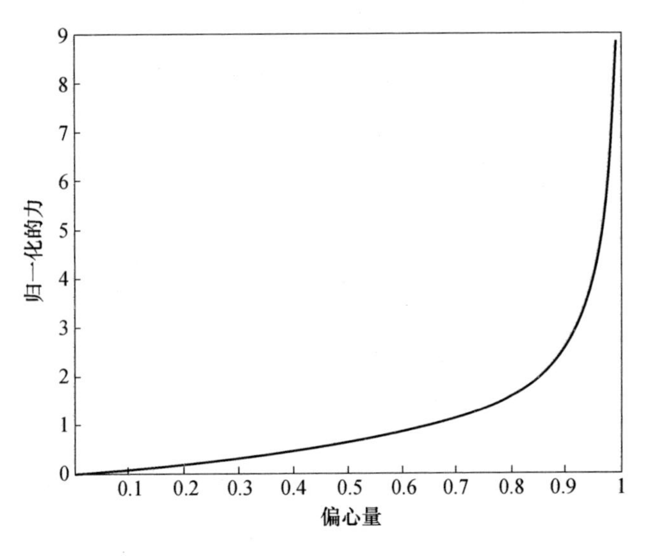

图 6.1　归一化力与偏心量的变化

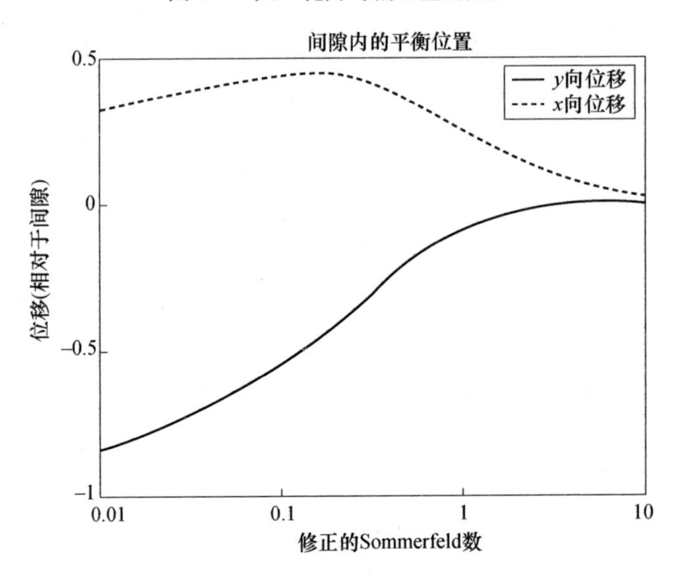

图 6.2　修正的 Sommerfeld 数对位置的影响

在确定了转轴在轴承中的运行位置之后，就可以导出该位置处的有效刚度和阻尼(对于小幅振动)，它们可以表示为

$$\boldsymbol{K}_e=\frac{f}{c}\begin{bmatrix}a_{uu} & a_{uv}\\ a_{vu} & a_{vv}\end{bmatrix},\quad \boldsymbol{C}_e=\frac{f}{c\Omega}\begin{bmatrix}b_{uu} & b_{uv}\\ b_{vu} & b_{vv}\end{bmatrix}\tag{6.4}$$

其中

$$a_{uu} = h_0 \times 4(\pi^2(2-\varepsilon^2) + 16\varepsilon^2)$$

$$a_{uv} = h_0 \times \frac{\pi(\pi^2(1-\varepsilon^2)^2 - 16\varepsilon^4)}{\varepsilon\sqrt{1-\varepsilon^2}}$$

$$a_{vu} = -h_0 \times \frac{\pi(\pi^2(1-\varepsilon^2)(1+2\varepsilon^2) + 32\varepsilon^2(1+\varepsilon^2))}{\varepsilon\sqrt{1-\varepsilon^2}}$$

$$a_{vv} = h_0 \times 4\left(\pi^2(1+2\varepsilon^2) + \frac{32\varepsilon^2(1+\varepsilon^2)}{1-\varepsilon^2}\right)$$

$$b_{uu} = h_0 \times \frac{2\pi\sqrt{1-\varepsilon^2}(\pi^2(1+2\varepsilon^2) - 16\varepsilon^2)}{\varepsilon}$$

$$b_{uv} = b_{vu} = -h_0 \times 8(\pi^2(1+2\varepsilon^2) - 16\varepsilon^2)$$

$$b_{vv} = h_0 \times \frac{2\pi(\pi^2(1-\varepsilon^2)^2 + 48\varepsilon^2)}{\varepsilon\sqrt{1-\varepsilon^2}}$$

且有

$$h_0 = \frac{1}{(\pi^2(1-\varepsilon^2) + 16\varepsilon^2)^{3/2}} \tag{6.5}$$

上面这些相当复杂的表达式已经足以体现动压轴承的一些内在行为特性了。在零转速时,转轴将与轴承座处于接触状态,当油膜压力逐渐增大时,它们之间的距离将逐渐增大。很明显,这些刚度和阻尼的表达式都是高度非线性的,因此,计算得到的任何刚度值和阻尼值只适用于平衡位置附近的小幅振动。如果轴颈振幅明显大于轴承间隙,那么,这类运动将是非线性的,识别此类运动也是非常重要的。对于轴承间隙中的不同位置,对应的刚度变化是令人感兴趣的,如图 6.3 所示,其中给出了轴承刚度随垂向位置的变化情况(所有位移均为关于径向间隙的相对值)。

刚度是以相对值形式表示的,很明显,在较大偏心量情况下刚度会显著增大。

此处的分析考虑的是滑动轴承,类似的方法也可适用于另外一些比较类似的轴承形式,只是部分结果有所不同而已。例如,在轴承上开出沟槽可以使压力分布发生改变,利用合适的软件工具就可以对其做数值研究;再如,另一种常见的变形就是引入倾斜垫使得油膜发生变化,这些倾斜垫一般会降低轴承的对称性,对于稳定性问题有所帮助。

6.2.2 滚动轴承

动压滑动轴承主要用于大型设备场合,很多中小型设备则主要采用的是滚动轴承。滚动轴承一般要比动压轴承更加刚硬。滚珠或滚柱的变形可以通过赫

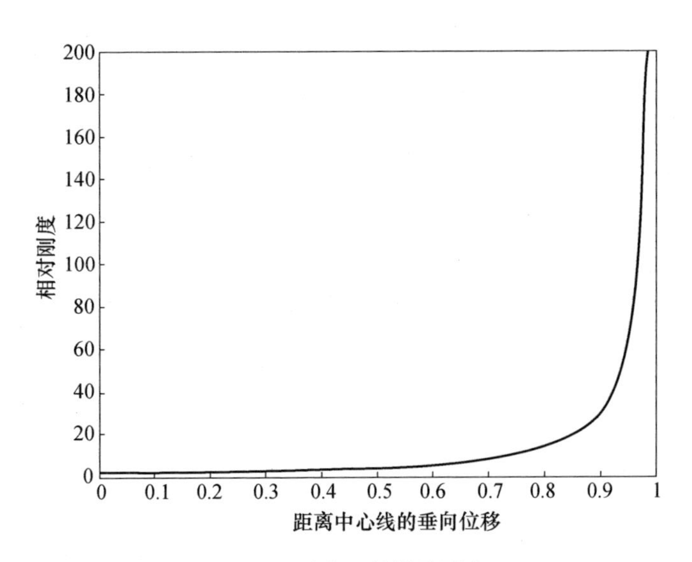

图 6.3　垂向上的轴承刚度

兹接触理论计算。根据 Kramer[4] 的工作，滚珠轴承的有效刚度应为

$$k_{vv}=k_b n_b^{2/3} d^{1/3} f_s^{1/3} \cos^{5/3}\alpha \tag{6.6}$$

式中：n_b为滚珠个数；d 为滚珠直径；α 为滚珠在轴承座圈内的接触角；f_s为垂向力；$k_b=13\times10^6 N^{2/3} m^{-4/3}$。

对于滚柱轴承来说，相应的表达式为

$$k_{vv}=k_r n_r^{0.9} l^{0.8} f_s^{0.1} \cos^{1.9}\alpha \tag{6.7}$$

式中：n_r为滚柱个数；l 为滚柱长度；$k_r=1\times10^9 N^{0.9} m^{-1.8}$。

式(6.6)和式(6.7)给出的是垂向上的刚度，Kramer[4] 还给出了水平方向上的刚度与垂向刚度的比值(假设载荷在垂向上)。对于滚珠轴承，当滚珠个数分别为 8、12 和 16 时，k_{uu}/k_{vv}分别为 0.46、0.64 和 0.73；对于滚柱轴承，当滚柱个数分别为 8、12 和 16 时，k_{uu}/k_{vv}分别为 0.49、0.66 和 0.74。

实际问题中，这些轴承一般要比转子和支撑结构刚硬得多，因而，在建模过程中可以将其视为刚性元件。事实上，在数值分析中这也是经常采用的做法，因为这样可以避免由于过高刚度值带来的数值不稳定现象。

滚动轴承的一个基本特点就是它们会在振动谱中产生不同的频率成分，其中两个重要频率成分分别对应于保持架的转动和滚珠(或滚柱)的转动。保持架的角速度一般可由下式给出，即

$$\Omega_c=\frac{\Omega}{2}\left\{1-\frac{d}{D}\cos\alpha\right\} \tag{6.8}$$

滚动体的角速度为

$$\Omega_r = \frac{\Omega}{2}\left(\frac{D}{d}\right)\left\{1 - \left(\frac{d}{D}\right)^2 \cos^2\alpha\right\} \tag{6.9}$$

式中:D 为内滚道直径;d 为滚珠(或滚柱)直径;α 为滚动体接触角。

如果内滚道或外滚道存在着缺陷,那么,还可能产生另外两个频率成分,即

$$\Omega_i = n_b \frac{\Omega}{2}\left\{1 + \frac{d}{D}\cos\alpha\right\},\quad \Omega_o = n_b \frac{\Omega}{2}\left\{1 - \frac{d}{D}\cos\alpha\right\} \tag{6.10}$$

上述 4 个频率成分的相对幅值对于揭示滚动轴承的状态是非常良好的标志。这些滚动轴承对于大量轻型低速设备也是主要的轴承类型。

6.2.3 其他类型的轴承

6.2.3.1 主动磁悬浮轴承

除了前面已经提及的轴承类型以外,实际应用中还有另外一些轴承形式,其中比较重要的一类就是磁悬浮轴承。磁悬浮轴承一般包括两种主要类型,即被动式和主动式。无论哪一种,它们的主要优点都在于可以利用磁场使转子处于悬浮状态并保持在正确的位置,因而避免了与转子的所有接触可能,同时摩擦损耗也非常低。在被动式磁悬浮轴承中,一般采用永久磁铁来形成固定的磁场,从而起到支撑转子的目的。

相比而言,主动磁悬浮轴承要更令人感兴趣。在此类轴承中,磁场是由控制系统通过基于转轴位置数据的主动反馈方式进行控制的,由于阻力非常小,因此,比较适合于高转速设备场合。当然,此类轴承的代价是比较高昂的,但是,由于它们确实能够非常好地解决大量实际问题,因此,其应用也日渐增多。关于主动磁悬浮轴承的应用可以参阅 Schweitzer 的综述[5]。

6.2.3.2 静压轴承

静压轴承是另一类油膜轴承形式,转子是通过油膜支撑的,不过油膜压力场是通过外部设备(泵)提供的,而不是转轴自身的转动形成的。这种方式既有优点也有不足。优点在于在较低的转速下也可以承受较大载荷,并且还可以通过外部的泵来改变运行参数。不过,静压轴承的使用也会使系统变得更加复杂,并且还会增加成本,如需要配备供油泵。值得指出的是,在自动化设备研究领域中,如何对一个转子系统施加外部控制,这是一个非常有趣的方向,我们将在第 10 章中进行讨论。

6.2.3.3 箔片轴承

箔片轴承已经出现了相当长的时间,不过只是在近些年人们才开始对它们

越来越感兴趣,部分原因在于它们不需要使用润滑油。此类轴承基本上属于空气轴承,由于附加了柔性箔带或膜片,因此,可以在低转速下承受较大载荷。随着转速的增大,气膜将在转轴转动导致的黏性力和惯性力作用下形成压力场,从而对负载提供支撑作用。这类轴承的主要应用场合是轻型高速转子设备。

6.3 通过流体工作介质产生的相互作用

6.3.1 泵的衬套和密封装置

我们首先考虑一个特定的实例,即大型离心泵。这种设备中的流体介质密度较高,对转子的动力学行为会有较为明显的影响,因而是一个比较好的实例。

电厂中的锅炉给水泵主要是对大量的水进行增压处理,一般需要让这些水通过一系列叶轮,从而增大流体介质的动能,然后再流入到定子的扩散器段。在泵中可以安装很多个叶轮,不过目前的发展趋势是减小这一数量,最新的给水泵只有两级。每个叶轮上都有多个流体通道,它们是由叶片(一般是 6 个)分隔而成的。

每一级中的扩散器都包括一组发散通道,当流体在其中流过时其速度会降低,动能随之转化为势能,这里也就体现为流体介质压力的增大。随后,这些高压流体会流入到下一级入口。扩散器叶片的数量一般比叶轮的叶片数量多一个,目的是使磨损过程变得均衡一些。除了叶轮以外,每一级还会有两个颈圈,在这些比较狭窄的间隙中会有较小的流体泄漏通道。这些间隙对于部件的平稳运行是重要的,不过如果间隙超量,那么,泵的效率也会受到损害,因为大间隙会显著增大作用到泵的转子上的轴向推力,这一内容已经超出本书的范畴,这里不再继续讨论。在泵的转子上还有其他一些零部件,包括推力平衡装置、密封装置(防止转子和泵壳之间的泄漏)以及轴承等。所有这些零部件都会对转子产生力的作用,因此也就会影响到设备的动力学特性,而且这种影响一般还是比较显著的。

图 6.4 给出了一台现代锅炉给水泵的内部结构示意图。这是一台两级设备,其中包含了两个叶轮,运转速度约为 7000r/min。近些年来的发展趋势是更高转速和更少的级数,不过现有应用中还存在着很多四级的设备。

在进一步讨论之前,有必要考察一下密封件上的压降,这本身也是一个相当复杂的问题。大体上来说,泵的内部一般会有两个精密的间隙,它们主要用于两级之间的隔离,其作用类似于小型的轴承。正如前面曾经讨论过的,它们的刚度、阻尼以及惯性特性强烈依赖于密封件上的压降,然而,压降又是与运行状态

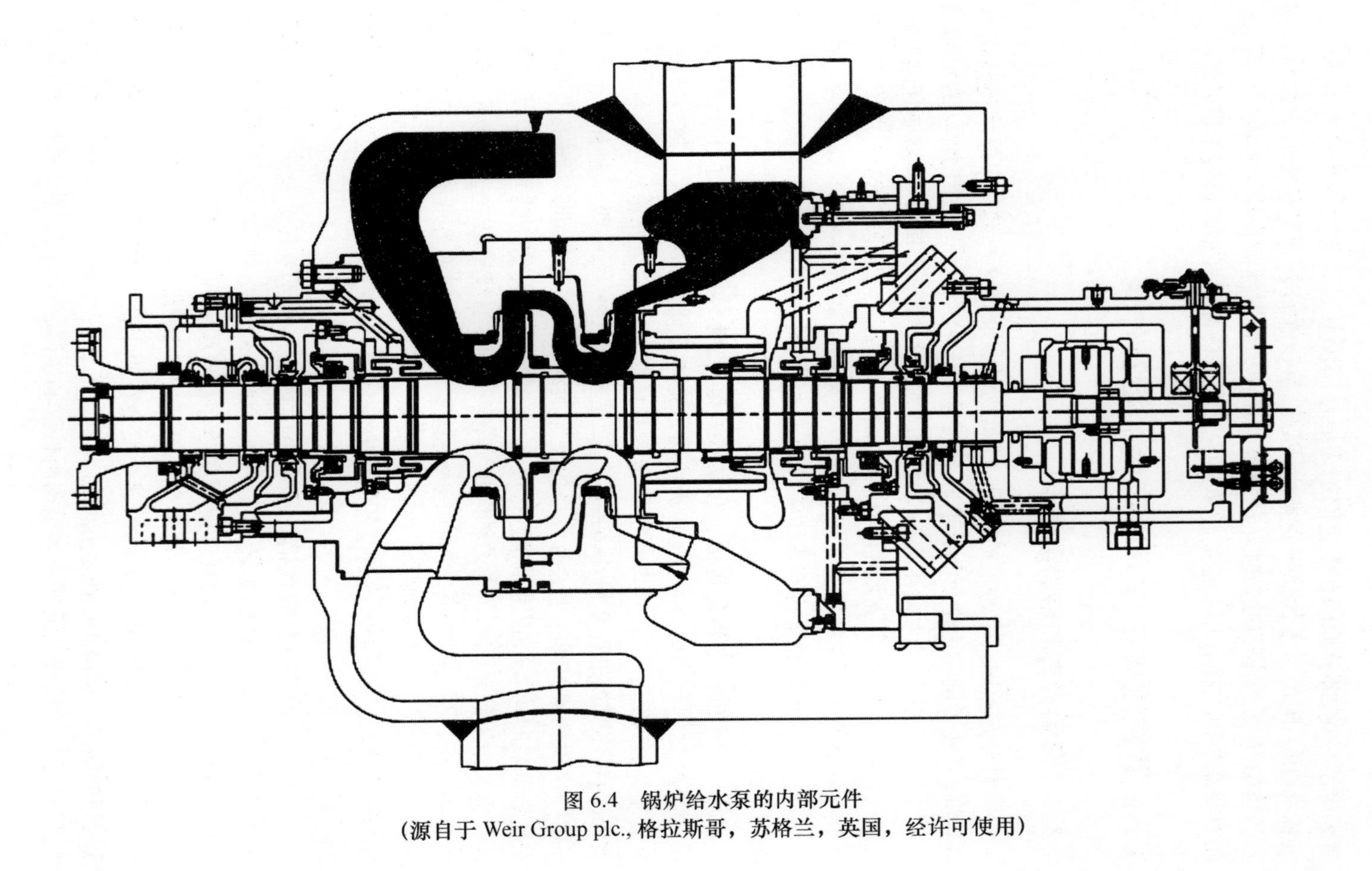

图 6.4　锅炉给水泵的内部元件
(源自于 Weir Group plc., 格拉斯哥，苏格兰，英国，经许可使用)

有关的十分复杂的函数。这里我们分析一下上述情形中的一些基本问题。如图6.4所示,其中的灰色阴影部分示出了设备一侧的主要流体路径。

这里的分析目的是了解离心泵叶轮附近的受力情况。可以从两个方面来进行分析:首先是建立两个密封件上的压降(见图6.5中的点A、B和C);然后,再来考虑所产生的周期力。更具体地说,我们的目的是考察影响动力学行为的参数,而不是做精确的研究。之所以如此,是因为细致的计算十分困难而且意义有限,任何能够导致间隙改变的磨损都会使得设备性能发生显著变化,因而,我们应将注意力放在变化趋势上。

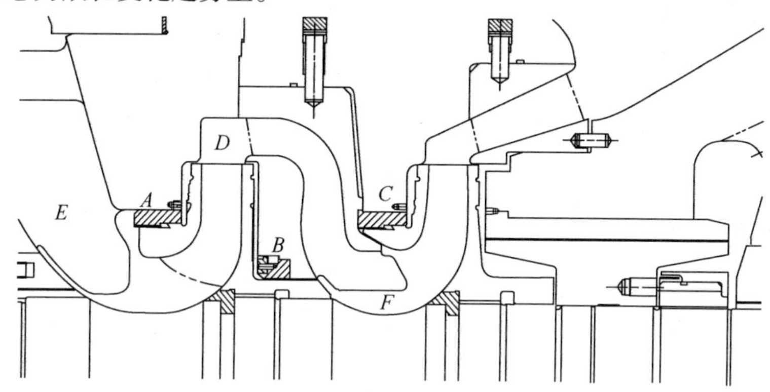

图6.5 泵内的一级(源自于 Weir Group plc.,格拉斯哥,苏格兰,英国,经许可使用)

从入口E进入的水流经第一个叶轮,随后大部分的水将进入到扩散器段D。这构成了定子的一部分,其中包括了发散通道。水在发散通道中将会减速,压力随之增大。从D中会有一小部分水经过颈圈A泄漏回到E。然后,流体通过扩散器通道进入到第二个叶轮的入口F处。在这一位置存在着另一泄漏路径,即通过B处的密封件一部分水将回到点D处。类似地,在第二个叶轮的出口处一部分流体将回到F处(通过颈圈C)。此外,图中右侧的平衡鼓也有重要的影响,不过这里我们不对其做直接讨论。

现在,再来考察这些颈圈和密封件是如何影响动力学行为的。

在无泄漏情况下,D处的压力P_D可以通过考察转子角速度1/2处的水涡情况进行计算,于是,有

$$P_D - P_B = \frac{1}{2}\rho\left(\frac{\omega}{2}\right)^2 (r_3^2 - r_2^2) \tag{6.11}$$

式中:r_2和r_3分别为D和B处的半径;r为水的密度。

当存在泄漏时,压降可以根据下式计算,即

$$\Delta P = \frac{\lambda}{d^2} Q^2 \left(\frac{1}{r_2} - \frac{1}{r_3}\right) \tag{6.12}$$

式中:d 为定子和叶轮之间的轴向间距;Q 为泄漏流量;λ 为摩擦因数。

从上述讨论不难看出,精确分析设备内的压力分布是一件比较复杂的工作,因而,最重要的是,认识相关参数是如何变化的。

另一条泄漏路径是通过间隙 A 进入到 E 中,在间隙的入口处流体将出现半速涡动。在 B 和 C 处的压降也可以做类似的分析计算。在了解了这些压降之后,密封间隙的特性也就可以借助 Black[6] 首先给出的方法进行计算。这个计算过程主要涉及到密封件内的伯努利方程,需要在周向上进行积分,然后再做坐标变换处理。所得到的结果为作用在转子上的力,可以表示为

$$F_y = -\varepsilon\left[\left(\mu_0 - \frac{1}{4}\mu_2\omega^2 T^2\right) + \mu_1 TD + \mu_2 T^2 D^2\right]y - \varepsilon\omega\left[\frac{1}{2}\mu_1 T + \mu_2 T^2 D\right]z \tag{6.13}$$

$$F_z = -\varepsilon\left[\left(\mu_0 - \frac{1}{4}\mu_2\omega^2 T^2\right) + \mu_1 TD + \mu_2 T^2 D^2\right]z - \varepsilon\omega\left[\frac{1}{2}\mu_1 T + \mu_2 T^2 D\right]y \tag{6.14}$$

式中:D 为时间微分算子;$T = L/V$ 为流体通过密封件的时间,且有

$$\mu_0 = \frac{9\sigma}{1.5 + 2\sigma} \tag{6.15}$$

$$\mu_1 = \frac{(3 + 2\sigma)^2(1.5 + 2\sigma) - 9\sigma}{(1.5 + 2\sigma)^2} \tag{6.16}$$

$$\mu_2 = \frac{19\sigma + 18\sigma^2 + 8\sigma^3}{(1.5 + 2\sigma)^3} \tag{6.17}$$

$$\sigma = \lambda \frac{L}{y_0} \tag{6.18}$$

$$\varepsilon = \frac{\pi}{6\lambda}\left[\frac{\sigma}{1.5 + 2\sigma}\right]R \cdot \Delta P \tag{6.19}$$

6.3.1.1 系统压力分布的影响

设备内部的压力分布是比较复杂的,一般来说,不能以转速的简单函数形式表示。为认识这一复杂性,这里我们考虑一个离心泵的压力分布情况。尽管这里只是将离心泵作为一个实例,不过,要注意的是,它却能够代表很多种不同类型的流体设备情况。不妨设一个离心泵是由 N 级组成的,每级带有一个半径为 r 的叶轮,转速为 Ω(rad/s)。于是,这个泵所能产生的最大压力可由下式给出,即

$$P_{\max} = \frac{1}{2} N\rho r^2 \Omega^2 \tag{6.20}$$

这个压力只反映了流体流量为零时的极限值,实际上,当系统中存在流体运动时,将会产生耗散阻力,一部分原因是黏性壁面效应、湍流损失以及叶片/扩散器入口损失,所有这些都可以通过在体积流量 Q 中引入线性项和二次项表征。考虑到这些因素,就可以将压力表示为

$$P(\Omega, Q) = P_0(\Omega) + \alpha Q - \beta Q^2 \tag{6.21}$$

根据这一表达式可以看出,最大压力不一定发生在零流量情况下。式(6.21)反映了泵的特性,它是关键的运行信息。对于不同的转速值来说,一般会对应于一组不同的特性曲线 $P(Q)$。通常来说,α 为负值,但并非总是如此。

利用这一关系式可以建立设备运行条件,进而可以分析设备内的压降情况。虽然并不总是需要获得详尽的数值,然而,往往必须重点考察那些能够影响性能和振动行为的因素,从而为设备运行优化提供参考。为此,必须考虑与泵相连的系统的特性。如果假定该系统的特性可以以另一条曲线 P_{sys} 表征,那么,就可以通过求出这两条曲线的交点确定工作点(图6.6)。当然,P_{sys} 也不是唯一的,它取决于回路中各个阀的设定情况。图6.6给出了 $P-Q$ 平面上的工作点,尽管比较复杂,但是它们只是转子转速的函数。

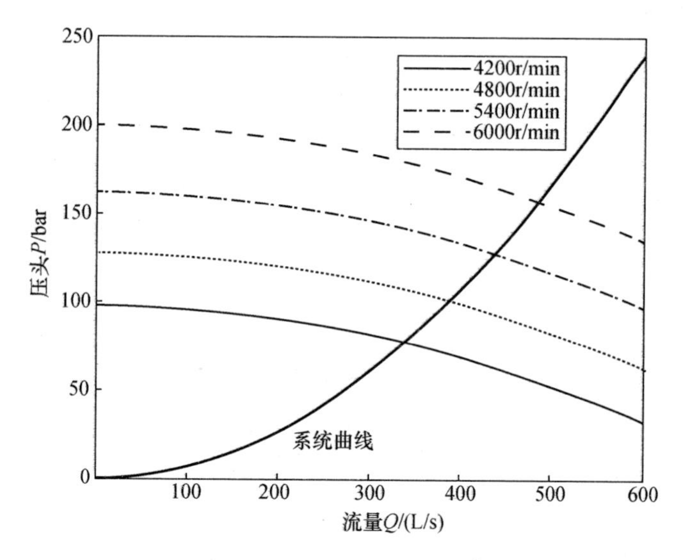

图6.6　典型的特征曲线

图6.6所示的泵的特性曲线对于分析泵的行为来说是非常有用的。在对设备所产生的压力进行预测时,可以对设备内的压力分布情况做出合理的估计,将

测试数据与模型预测进行对比,就可以更深入地了解设备状态。尽管这些工作需要一定的推理分析,但是却能够获得关于泵的内部工作情况非常有益的信息。

为了更好地阐述,可以稍微细致地分析特性曲线图 6.6。图中曲线表明,在不同的转速下泵产生的压力均为体积流量的函数。这种变化的原因是由于扩散器和叶轮具有固定的叶片角度,因此,只有在单个流量和转速条件下(或在一个较窄的范围内),流道才是最优的。实际应用中,设备的工作往往需要具有一定的灵活性,或者说,需要适应不同的工况,显然,其性能就不可能始终保持在最优状态了。

由此还可带来一些令人感兴趣的问题。很明显,那些能够改变设备性能的因素也会影响到设备的振动特性。那么,一个显而易见的问题就是怎样将性能的变化与振动测试数据关联起来,从而获得对设备内部状态更为深入的认识。目前的技术水平还不能彻底解决这一问题,不过,在人们的持续研究过程中已经提出了一些可行的方法,将在第 8 章中对相关方法进行讨论。

6.3.1.2 一个理想系统的实例

上述列出的这些方程所表达的关系都是几何和压降的相当复杂的函数,这里借助图 6.7 所示的模型对其变化进行分析。这一模型并不代表任何特定的设备,只是作为一个比较简洁的模型展示充满流体介质的间隙所产生的影响。

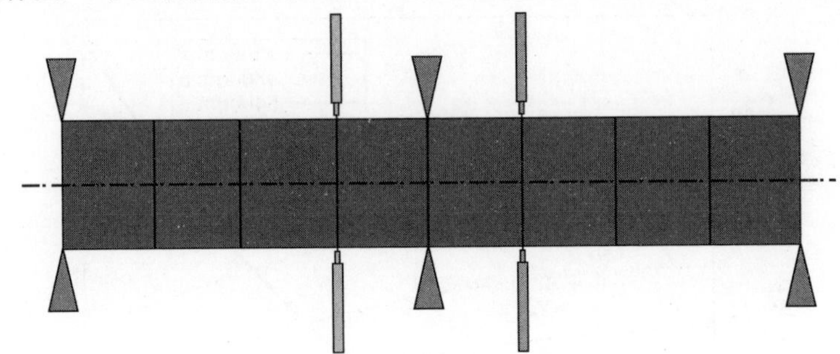

图 6.7 简化的转子模型

转子长为 2m,两端均支撑在刚度为 5MN/m 的轴承上。转子直径为 0.15m,在中点两侧各安装了一个直径为 0.4m、厚度为 0.02m 的圆盘。在转子中点处,转子和定子之间存在一个间隙,其轴向长度为 0.1m,径向为 200μm。在这个间隙处施加了一个可变的压差。固有频率和模态形状如图 6.8 所示,这里没有对中部的衬套施加任何约束。应当注意,此处的轴承是不考虑其阻尼效应的。这一理想化处理是为了更好地观察中间密封衬套的影响。

从模态形状可以很清晰地看出,由于衬套位于转子的中部,因而,从本质上

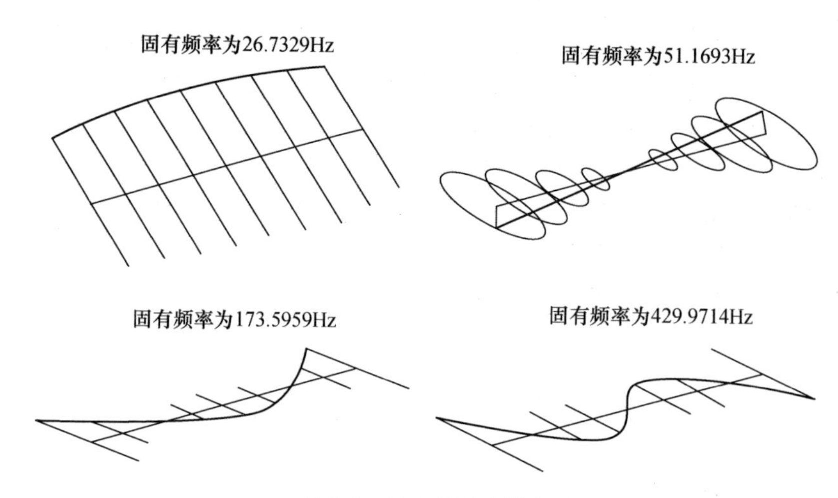

图 6.8　固有频率和模态

说是不会对“摇摆”模态(2 和 4)产生影响的。然而,因为该衬套的轴向长度是有限的,因此,这种影响并不会为零。一般来说,只要压差不是非常大,这种影响就是可以忽略不计的。表 6.1 中针对一系列不同的压差情况列出了模态 1 和模态 3 对应的固有频率与阻尼系数。

表 6.1　衬套对频率和阻尼的影响

压差/MPa	模态 1		模态 3	
	频率/Hz	阻尼系数	频率/Hz	阻尼系数
0.2	27.28	0.10	173.44	0.016
0.4	27.83	0.14	173.44	0.023
0.6	28.83	0.17	173.44	0.028
0.8	28.92	0.19	173.44	0.033
1	29.45	0.21	173.44	0.037
2	31.96	0.26	173.45	0.051
5	38.61	0.33	173.47	0.084
10	51.16	>1	173.50	0.12

对模态 1 这个“跳动”模态来说,当压差增大到 5MPa 时,固有频率将从 26.7Hz 增大到 38.6Hz。需要注意的是,压差在 5MPa 和 10MPa 之间所对应的模态本性会发生彻底的改变,基本上很难做出一般性的描述。尽管如此,可以发现一个重要现象,即当压差增大时阻尼系数将会稳步增大。在实际现场,从设备数据中通常是难以观察到泵的一阶模态的,这是由于该模态具有较高的阻尼系数。这就意味着,大多数情况下所观测到的最低阶频率模式应当是“摇摆”模态,根

据两个轴承处的位移之间的相位差就很容易识别出来。在这个简单实例中,随着压差的增大模态3的频率没有变化,不过其阻尼却会随之增大。需要注意的是,实际设备的情况往往要复杂得多,这是因为其中带有大量的颈圈和密封件,它们都会受到压差的影响,并且还与泵的工况变化有关。

衬套对受迫响应的影响可以从图6.9中观察到。这里考虑的情况是每个圆盘上都带有相同的不平衡度,因此,响应主要是由一阶模态主导的。可以清晰地发现,这里的峰值受到了较大的抑制,这是阻尼的影响。

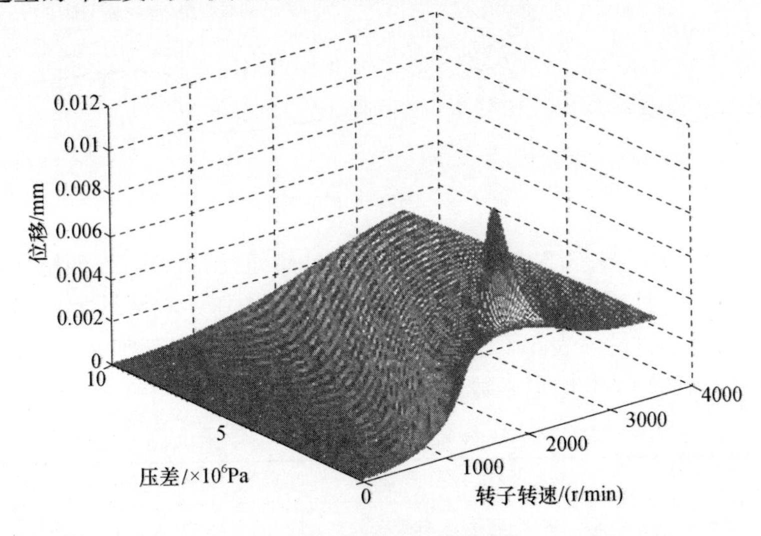

图6.9　不平衡导致的响应

正如表6.1所列,泵中密封件的存在对整体的振动特性是有显著影响的。不仅如此,由于各个间隙处的磨损,这种影响往往还是随时间改变的。虽然临界转速的改变是温和的,然而,阻尼带来的影响却是显著的。随着磨损的发展,阻尼的变化会明显改变设备测试信号,反之,磨损模式也可从泵的性能特性(压头-流量特性图)中反映出来。正因为如此,为了全面衡定设备状态,人们往往需要将振动测试数据(用于振动信号分析)与其他设备信息联合起来使用。

6.3.2　其他形式的激励

前面主要讨论的是泵中流体介质对转子系统的质量、刚度和阻尼特性的影响,实际上,这些介质还会对运转过程中的动态力产生显著影响。每个叶轮上的叶片数量和扩散器中的通道数量通常会差一个,一般分别为6个和7个。对于理想的泵,叶轮叶片每次通过一个扩散器片的时候将会产生一定的压力脉冲,从而将导致每转42次的激励力以及相应的谐波力。如果对加速度进行监控,那么，一般会发现这一相对较高频率处的信号。不过，对于实际设备来说，一般还会存在这一频率的亚谐成分。例如，扩散器片的磨蚀或其他故障就可能导致每转 6 次的脉动成分，而叶轮叶片的缺陷则可能导致 7 倍转速的频率成分。

通过离心泵这个实例的详细讨论，可以建立一个重要认识，即任何设备的动力学行为都取决于该设备的内部物理状态和运行过程。事实上，也正是在这一重要认识的指导下，人们才意识到通过振动参数和性能参数去监控设备的重要价值。只有更好地理解设备运行过程的物理本质，才能从监控和诊断过程中获得更为有用的信息。这里的这个大型离心泵实例只是用来例证这一点，由于它既具有高能量密度又是轻型设备，因而，更能体现出流体介质对振动行为的显著影响。

6.3.3 蒸汽激振

很多设备都会存在由内部流体运动导致的影响，其中蒸汽激振现象已经被人们反复观测到了，它与油膜轴承中出现的相关现象有类似之处。Bachschmid 等人[7]曾经指出，这一现象是非常重要的，它与一些精密间隙有关，非常难以预测。他们针对两台完全相同的设备进行了研究，发现其中的一台出现了蒸汽激振而另一台却没有。这种相反的行为只能归因于设备内部存在着小的随机性差异。在一些汽轮机中，这种蒸汽激振可能在汽封内产生，另一种则来源于所谓的 Alford 力，它是由于叶片间隙的微小差异导致的，Adams[8]和 Friswell 等人[2]曾经对此进行过讨论。必须强调的是，这些激励源实际上是不稳定的。在分析这一现象时，可以借助泵的间隙研究中所采用过的流体运动分析方法，不过需要做适当调整，而相关物理概念仍然是适用的。

6.4 直接的定子接触

很多的效应都可以粗略地称为转子 - 定子的相互作用，这一方面的讨论最好还是从运行过程中的转子碰摩现象开始。这个看似非常简单的情形实际上是非常复杂的，它涵盖了非常多的故障类型并可导致多种行为特征。在下面的第一个实例中，我们将考察一个较“轻”的碰摩情形，其中的转子与周围的定子在每转过程中只在一个较小的角度范围内才发生碰摩。这一情形如图 6.10 所示，来考察可能出现的一些行为。这里假设在静止状态时，转子和定子是不接触的（除了轴承处），而由于不平衡产生的涡旋则导致转子与定子在其轨迹上的一个有限部分发生碰摩。

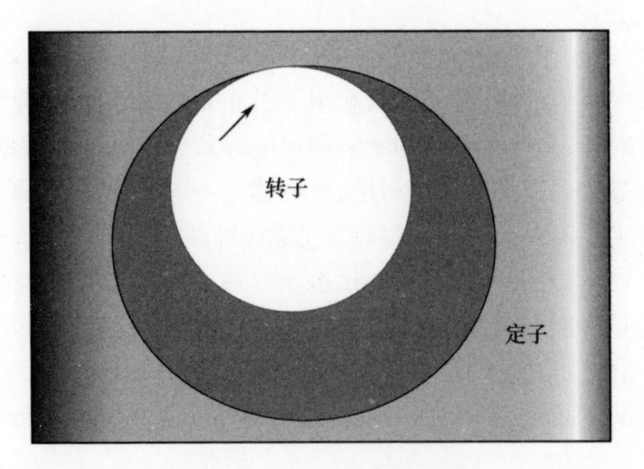

图 6.10 转子与定子的碰摩

6.4.1 接触带来的影响

6.4.1.1 物理效应

Muszynska[9,10]曾经对这一问题所可能涉及的物理效应做过总结,不过,在很多实例研究中我们往往并没有足够的信息,因此,也就难以全面认识所有这些细节内容。显然,这就有必要对各种可能出现的物理效应有所认识和了解。

当转子与定子发生接触时:

(1) 碰摩将会导致发热,进而带来热弯曲效应;

(2) 支撑状态的改变将会导致固有频率和动力响应的改变;

(3) 冲击将会产生谐波和亚谐成分;

(4) 摩擦将会导致扭转激励;

(5) 阻尼将会发生改变;

(6) 设备性能将会削弱;

(7) 将会形成声发射(AE)。

6.4.1.2 纽柯克效应

由于回旋是同步的,转子每转过程中发生碰摩的是同一个点,因此,将会导致热量的生成,进而使得转子发生弯曲。

如同 4.3 节所讨论的,转子弯曲也会导致同步振动信号。在不变的转速条件下,上述热弯曲将会改变等效的不平衡度,因此,振动也会发生变化(一般来说幅值和相位都会改变)。无须给出较详细的数学分析,就可以相当直接地看出这一循环行为模式是如何发展的:由于等效不平衡度受热弯曲影响发生了改变，进而碰摩状态和热量生成状态也会随之改变。这显然会导致多种可能的场景，它们主要取决于物理参数的组合情况。很明显的一点是，振动的幅值和相位都会随时间发生变化。这一循环过程首先是纽柯克[11]认识到的。

在一定的条件下，振动幅值将可保持在可接受的范围内。这一振动响应是同步的，其幅值随时间缓慢地改变，图 6.11 给出了一个实例。人们已经采用了多种理论方法来处理上述问题（如可参考 Muszynska 的著作[9]），其主要困难在于设备内部的准确状态是难以确定的。尽管如此，人们提出的一些模型已经可以成功地复现出时域内的变化趋势，它们与实际观测结果也是相当吻合的。

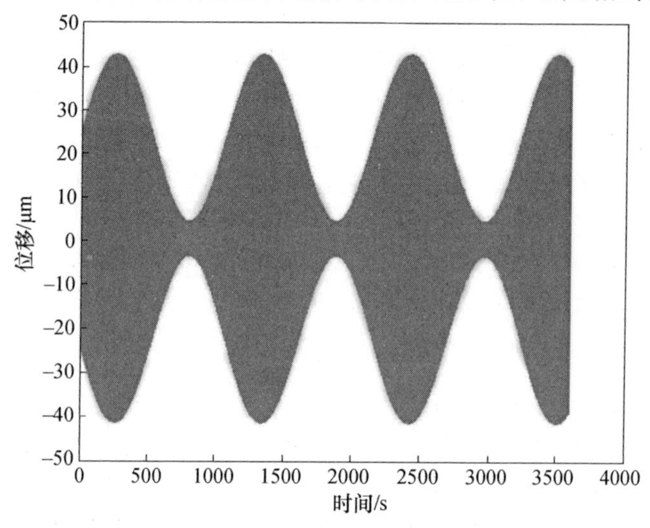

图 6.11　纽柯克效应示例

虽然在图 6.11 中没有给出相位随时间的变化情况，但是了解这一变化过程还是有用的。一般来说，相位也是逐渐变化的，其原因在于碰摩导致发热，进而导致转子热弯曲，进一步又会改变转子的等效不平衡度。我们可以注意到，在第 4 章中曾经指出，弯曲和不平衡并不是等效的，不过在单一的转速下它们可以放到一起来考察。因此，这里的结果是指等效不平衡度在逐渐变化，它可以是幅值或相位又或者二者同时发生的变化。从图 6.11 可以看出，这一过程的时间尺度约为 20min，这种长周期的情况一般发生在大型设备场合中。实际上，该时间尺度取决于多种因素，其中包括设备的尺寸、转子的热导率以及转子柔性等，其他因素例如质量不平衡度以及间隙等只会影响到热循环的程度。

转子和定子之间的相互作用可以有多种可能的情况。

（1）转子与其周围的所有定子部分始终发生碰摩（这是比较罕见的状态）。

（2）转子只与定子的某个部分始终碰摩。

(3) 转子在其轨迹上的某个部分上与定子碰摩,这是导致上述纽柯克效应的情况。

这种看似简单的过程能够导致非常多样化的后果,在特定场合中究竟哪些后果会是主导的取决于该特定情况中的相关参数。为了能够成功地进行诊断,显然有必要对所有影响参数进行综合分析,这样才能最大程度地认识和理解这一问题。

在旋转类设备的热碰摩方面,已经有了很多的研究工作,这与该问题的重要性是分不开的。人们提出的研究方法很多,从纯经验性的方法到详尽的数学分析手段都有,然而令人沮丧的是,这些方法所能获得的认识相当有限。值得注意的是,这里存在两种完全不同的情况。如果转子和定子之间发生的是短时冲击作用,那么,只会发生动量上的交换而发热很少。如果发生的是长时间的碰摩,那么,情况恰好相反,动量交换是不明显的,但是发热会很多。在实际问题中,我们还可能观测到这两种极端情况的组合形式。这里只对慢速碰摩情况做一描述,不过,即使是这一种情况也会产生多种现象并存的复杂行为。

为了便于讨论,这里考虑一个同时带有不平衡和弯曲的转子,分析其稳态运动情况。该转子的运动可以通过如下方程描述,即

$$\boldsymbol{K}y + \boldsymbol{C}\dot{y} + \boldsymbol{G}\boldsymbol{\Omega}\dot{y} + \boldsymbol{M}\dot{y} = \boldsymbol{K}b\mathrm{e}^{\mathrm{j}\Omega t} + \boldsymbol{M}\boldsymbol{\Omega}^2\varepsilon\mathrm{e}^{\mathrm{j}\Omega t} \tag{6.22}$$

碰摩之所以错综复杂,是因为转子的弯曲发热导致的,它是时变的。不过,在所有实际情况中,热效应的时间尺度要远大于动力响应的时间尺度,因此,可以将这两个问题分开单独处理。由于转子与定子的接触作用,将会生成热量 $Q(t)$,尽管存在一定的辐射损耗,不过净热量仍会在转子内形成热量场从而导致其发生弯曲。这种时变的热生成机制使得转子和定子内都会出现一定形式的温度场。对于转子来说,这种温度分布是非均匀的,它会导致转子扭曲从而使之变弯。如果输入的热量和热损耗都是已知的,那么,转子内的温度分布从理论上说就能够通过一些标准方法进行计算,解析或数值的方法都可以。不过,很明显,关于这些条件我们一般是很难获得准确值的,因此,对这一现象所涉及的过程作一般认识就显得更为重要。

转子内的温度分布很容易就可以转换为应力和应变,进而也就可以导出作用在转子上的力和力矩,由此也就得到了式(6.22)中的弯曲项。这一过程实际上就是一个复杂的事件链,如图 6.12 所示。

上述过程中忽略了一个比较重要的问题,即转子与定子接触的时间非常长,以致产生大量的热,还是转子只是与定子发生短时碰撞然后回跳呢?无论哪一种,可以肯定的是,动力学行为都会发生显著变化,不过,这两种情形对应的变化是有很大差异的。

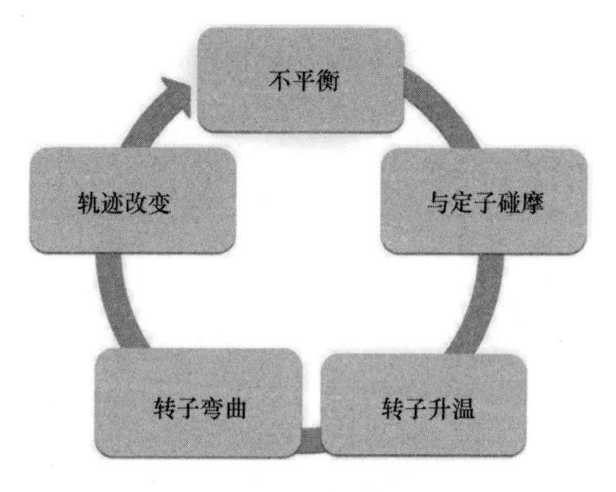

图 6.12　纽柯克循环

实际情况中,任何接触都会带来两种形式的相互作用,其中一种是主导的,而另一种则与局部参数有关。当转子与定子发生接触时,将会产生两个相互作用力,一个垂直于表面,而另一个是沿着接触面的摩擦力,它们都是相对位移的非线性函数。转子和定子会在一段时间内保持接触,这个接触时间一般取决于这两个部件的局部刚度特性以及转子速度。

6.4.2　碰撞与后坐

6.4.2.1　物理效应

所有旋转类设备中,固定部件和运动部件之间都会存在着精密的间隙,通常,这些间隙中会充满流体介质,这些流体介质可以是工作介质、冷却液或者是润滑剂。这些间隙会以很多方式对设备的动力学行为产生影响,可以将这些方式划分为三类。

(1) 流体力起主导作用。间隙的作用相当于辅助轴承,类似于前面曾经讨论过的泵中的颈圈密封情形。Muszynska[10]曾对与此相关的现象做过非常详尽的讨论。质量、刚度和阻尼特性都会对其产生影响。此外,在特定条件下还会对转子馈入能量,从而导致涡动或振荡形式的不稳定性。

(2) 碰摩。这会导致热效应和动力响应的循环作用。

(3) 冲击和后坐。

关于这一主题,人们已经提出了多种模型来描述转子和定子间的接触,进而对其进行了研究。这方面的研究涉及结构参数、表面状态和润滑等。很显然,实际物理过程是相当复杂的。对于实际设备来说,人们也基本不可能实现高可信度的计算。当然,这并不能说这一研究是没有价值的。事实上,并不是准确的数字结果才是有用的，搞清楚转子定子间的接触所能产生的诸多效应也是非常重要的。

Edwards 等人[12]首先定量讨论了转子定子接触产生的扭转激励问题。这一研究可能令人感到有点惊讶，这实际上反映了扭转问题一直被忽视的现状。当然，人们对扭转问题关注的不多也是可以理解的，因为准确测量扭转运动是相当困难的，在扭转运动的监控中所提出的一些方法在很多情况下也是难以验证其准确性的。尽管如此，对转子定子接触产生的扭转激励问题仍然是值得重视的。

当转子与定子发生接触时，系统的动力学特性将从根本上发生改变。除了会出现脉冲力以外，系统的刚度和阻尼参数也会变化。如果接触时间比较短，那么，所产生的脉冲力将是主要的，而如果接触时间较长，那么，热效应将会变得更加突出。为了说明短时接触带来的复杂性，下面对一个理想化的系统进行分析。

6.4.2.2 仿真

在转子和定子发生接触的过程中，除了 6.4.1 节中讨论过的热效应以外，还会存在着动量的交换。这种动量交换可能是非常快的，以致转子的回跳要远比发热导致的运动变化显著得多。毋庸置疑，这一过程的决定性因素就是转子和定子的接触时间，而这又取决于这些部件的相对刚度和转子转速。

当转子与定子进入到接触状态时，等效刚度也就发生了改变。这是一个比较复杂的问题，其中涉及冲击、扭转激励和发热等现象。如果做最大程度的简化，那么，可以将这一问题等效为一个弹簧质量与另一个弹簧发生碰撞的模型，如图 6.13 所示，静止状态时，这个质量与第二个弹簧之间的间距为 δ。

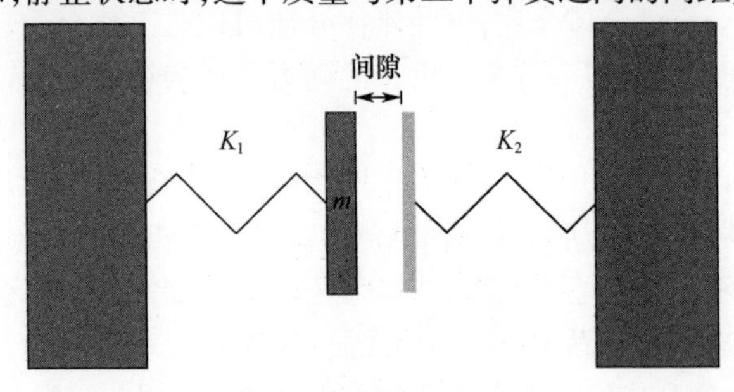

图 6.13　理想的一维冲击

首先考虑自由振动。对于小振幅情况，位移可表示为

$$x_1(t) = x_0 \sin\omega t \tag{6.23}$$

其中

$$x_0 \leqslant \delta, \omega = \sqrt{k_1/m}$$

现在再来考虑 $x_0>\delta$ 的情况。此时,发生接触的时刻为

$$\tau=\omega^{-1}\arcsin\left(\frac{\delta}{x_0}\right) \tag{6.24}$$

在碰撞发生之后,位移可由下式给出,即

$$x_2(t)=A\cos\omega_2(t-\tau)+B\sin\omega_2(t-\tau) \tag{6.25}$$

其中 $\omega_2=\sqrt{(k_1+k_2)/m}$。通过考察发生接触时刻的位置和速度,有

$$\begin{aligned} A&=\delta \\ \omega_2 B&=x_0\omega\cos\omega\tau \end{aligned} \tag{6.26}$$

于是,有

$$B=\frac{\omega}{\omega_2}\sqrt{x_0^2-\delta^2}=\sqrt{\frac{k_1(x_0^2-\delta^2)}{k_1+k_2}} \tag{6.27}$$

进一步,就可以建立这个非线性循环过程的"等效频率",这里需要确定该振动回到零位置的时刻。注意到式(6.25)可以表示为

$$x_2(t)=\sqrt{A^2+B^2}\cos\left[\omega_2(t-\tau)-\arctan\left(\frac{B}{A}\right)\right] \tag{6.28}$$

于是,最大变形将发生在

$$t_{\max}=\tau+\frac{1}{\omega_2}\arctan\left(\frac{B}{A}\right) \tag{6.29}$$

这个结果可以参考图6.14这个示例(位移为任意单位)。该示例中基本频率为1Hz,刚度 $k_2=4k_1$,初始速度对应的振幅为1,发生接触的时刻位移为0.8。

于是,在经过 $2t_{\max}$ 时间后将回到零位移位置,完成一个循环所需的时间为

$$T=\frac{2}{\omega_2}\arctan\left(\frac{B}{A}\right)+2\tau+\frac{\pi}{\omega_1} \tag{6.30}$$

等效频率为 $\Omega=2\pi/T$,我们要特别注意,这个 Ω 实际上指的是基本频率,而由于位移函数不再是正弦型的,所以还会伴有一些谐波频率成分。这个简单模型适用于那些转子定子接触时会产生转速相关谐波成分的设备,实际上如果设备带有任何形式的非线性那么都会产生这种谐波成分。

此处对自由振动的分析可以让我们更深入地理解设备内部过程,与之相比,受迫振动的分析要更为复杂一些。这是因为每次支撑状态发生变化时都会导致瞬态行为,尽管从理论上说也是可分析的,然而,其计算会变得太过复杂,因而,难以获得有价值的物理内涵。显然,最为方便的做法就是进行数值仿真。图6.15将自由振动和带碰撞冲击的情况进行了比较,可以很清晰地看出响应周期

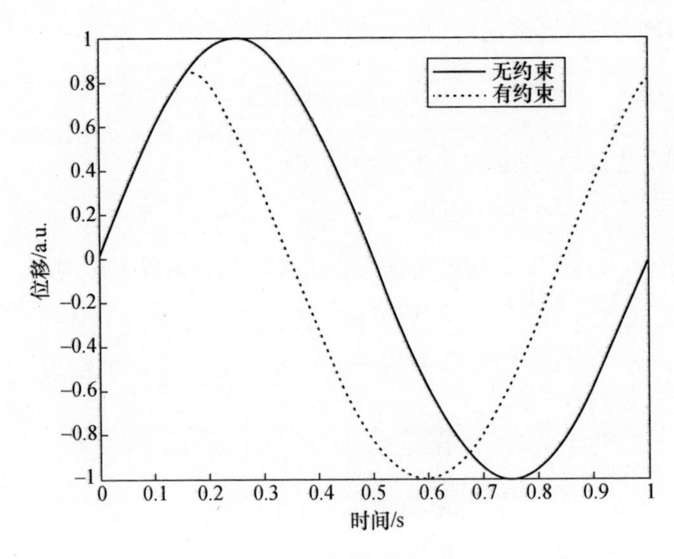

图 6.14　带冲击的系统

变得更小了，运动不再是正弦型的，其中会包含大量由冲击引发的谐波成分。

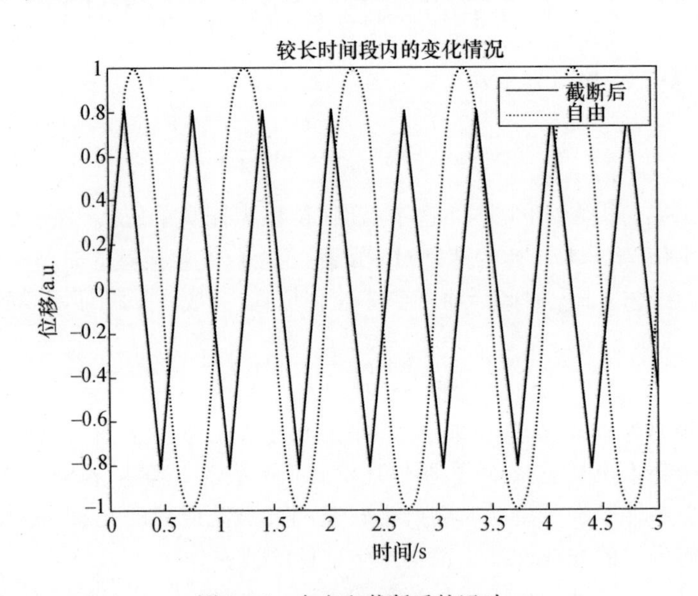

图 6.15　自由和截断后的运动

根据图 6.13，可以将受迫运动方程表示为

$$K(x)x + C\dot{x} + M\dot{x} = F\sin\omega t \tag{6.31}$$

其中已经考虑了阻尼，且有

$$\begin{cases} K(x) = k_1, & x < \delta \\ K(x) = k_1 + k_2, & x > \delta \end{cases} \tag{6.32}$$

应当注意,由于此处带有非线性,它会导致谐波成分,因而,不能再假定解为正弦形式。响应中的谐波成分可以通过速度位移图来观察,并且当 δ 减小时,我们还会发现响应逐渐通往混沌状态。图 6.16 给出了一个实例响应,单位激励力的频率为 1.5Hz,间距分别为激发出的幅值的 80%、60%、40% 和 20%。从图 6.16 中可以非常直观地观察到非线性的程度。

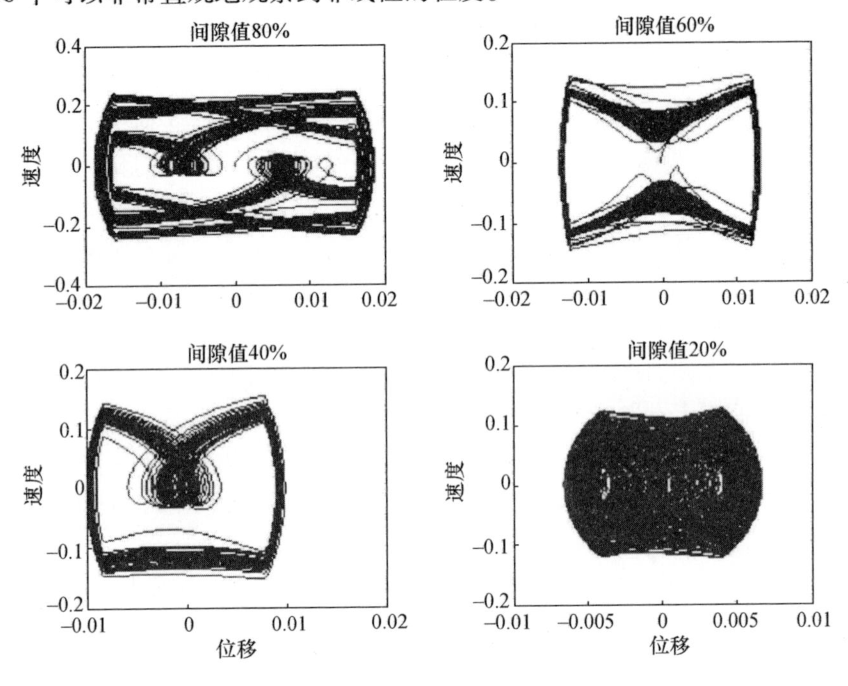

图 6.16 冲击条件下的相轨迹

Edwards 等人[12]做过这一方面的详细研究,他们指出,在速度和几何参数的某些组合条件下,运动将会变成混沌态。Muszynska[9]对这一非常复杂的问题也做了深入的讨论,指出在某些速度和不平衡的组合条件下,将会出现混沌运动。考虑到本书重点是故障状态的识别,因此我们只限于关注一些基本现象。

一般地,单自由度转子的运动可以作为最基本的分析对象。在 $x_{max} > \delta$ 的情况下,由于转动过程中刚度是周期变化的,因此,不能采用简单的正弦形式解分析。初看上去,似乎可以在频域中对两个不同区域单独进行处理,不过,如果这样,就必须考虑质量在两个区域之间往返时所产生的瞬态行为。显而易见,最恰当的方法应该是对其进行数值分析,一般需要借助状态空间这一工具,即将式

(6.31)改写为

$$\begin{bmatrix} 0 & K \\ K & C \end{bmatrix} \begin{Bmatrix} x \\ \dot{x} \end{Bmatrix} + \begin{bmatrix} -K & 0 \\ 0 & M \end{bmatrix} \frac{\mathrm{d}}{\mathrm{d}t} \begin{Bmatrix} x \\ \dot{x} \end{Bmatrix} = \begin{Bmatrix} 0 \\ A\sin\omega t \end{Bmatrix} \tag{6.33}$$

进一步,还可表示为如下的无量纲形式,即

$$\begin{bmatrix} 0 & \omega_n^2 \\ \omega_n^2 & 2\xi\omega_n \end{bmatrix} \begin{Bmatrix} x \\ \dot{x} \end{Bmatrix} + \begin{bmatrix} -\omega_n^2 & 0 \\ 0 & 1 \end{bmatrix} \frac{\mathrm{d}}{\mathrm{d}t} \begin{Bmatrix} x \\ \dot{x} \end{Bmatrix} = \begin{Bmatrix} 0 \\ \frac{A}{M}\sin\omega t \end{Bmatrix} \tag{6.34}$$

6.4.3 声发射

转子和定子发生接触时还可以构成一个高频振动源,很多研究者将其称为"声发射"。当转子和定子发生接触冲击时,当然会激发出一定范围内的高频模式,与此相关的物理机制显然与两者的刚度分布特性有关。进一步,这个过程还是非线性的,其中涉及类似于赫兹接触的行为(尽管是圆柱而不是球状几何形式)。除了会激发出一些高频模式以外,发生接触后表面形貌也会产生变化,正是由于这些过程才使得转子和定子中形成了弹性波。接触过程中的载荷是宽频带的,因此,观测到的声发射频率将包含各个部件的共振频率。Price 等人[13]是较早分析和使用声发射信号的研究人员,一般的分析方法就是对其中的事件进行简单的计数,以此来衡量声学活动。声发射的检测分析对于静态结构的监控来说早已成为一个非常有力的手段,而对于旋转类设备而言,这一手段还只是近年来才受到人们的关注。

图 6.17 给出了高频振动的典型信号,这些信号的幅值非常低,一般需要做 40 ~ 60dB 的放大处理。该图反映了典型的瞬态行为,可以通过图中所给出的一些特征参数表征。一般地,声发射研究主要关注的是对所谓的事件进行计数,也就是信号超出预定阈值的次数。这一方法在静态结构(如桥梁)的监控中已经证明是十分成功的,我们认为,将来声发射技术还会有更大的应用潜力。

真实的声发射信号与一般的振动测试信号是不同的,它们与材料内部的一些机制有关,如分子键的断裂,主要发生在高频段,一般为 25kHz ~ 1MHz。不过,这些频率与分子尺度并不是对应的,因此,有时甚至被认为是错误的机制。与分子键对应的频率至少比声发射频率高 6 ~ 7 个数量级,因此,这里有必要考察一下所观测到的信号的形成根源。事实上,由于分子尺度上的任何事件,如分子键的断裂,都是迅速发生的,它们的影响可以视为一种脉冲。这就意味着会形成一个非常宽的频谱,进而当应力波在物体中传播时,部分会发生反射和吸收。反射会使得一些波成分得到增强,它们对应于物体(更准确地说,反射点之间的

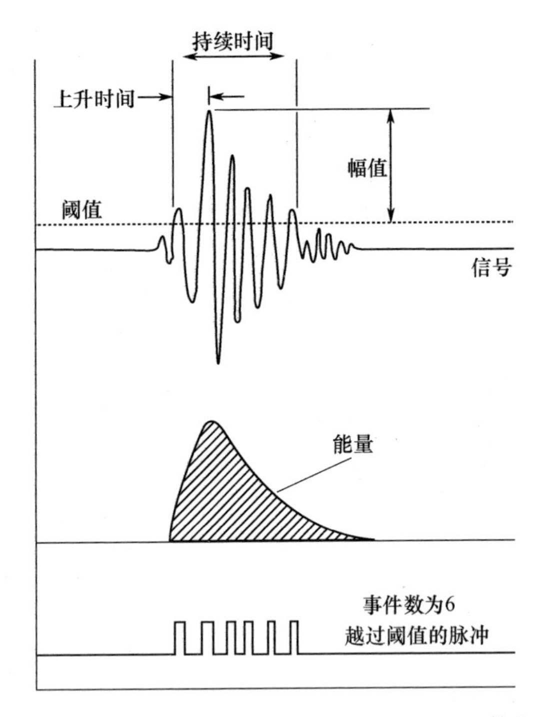

图 6.17　典型的声发射信号(源自于 E. D. Price 等人，Proc. Inst. Mech. Eng. ,Part J – J. Eng. Tribol. ,219(2),85,2005,经许可使用)

部分)的共振频率。于是,声发射信号的频率成分也就反映了声学活动所处部位的尺寸。完整的声发射波形分析是这一领域中相对较新的应用,它对于旋转类设备研究来说能够提供很大的帮助。

能够导致声发射的过程有很多,一般包括以下几种。

(1) 初始裂纹或裂纹生长。

(2) 塑性变形。

(3) 碰摩表面(带有变形和表面形貌的破坏)。

(4) 轴承中的湍流。

(5) 流体工作介质产生的效应。

利用声发射可以检测转子碰摩故障,从而为此类故障的监控提供了一种敏感而有用的技术手段,人们已经在这一方面做了较多工作,例如,Leahy 等[14]就曾将声发射技术应用于碰摩现象的检测。此外,这一技术也可用于检测滚珠轴承中的裂纹故障(可参考 Price 等人的著作[13])。

应当注意,转子和定子之间任何形式的碰摩一般都会同时产生高频振动和声发射,这二者是有区别的。声发射来源于表面形貌的扭曲和破坏,会在固体中形成应力波传播。

6.5 莫顿效应

对于带有较大悬伸部件的转子设备(如压缩机)来说,还存在另一类行为,它只带有周期性的同步振动,而没有谐波成分或声发射现象,这就是莫顿效应,最早是在1976年观测到的。这种同步振动的根本原因也是热弯曲,不过这里没有转子定子间的接触产生。此处的热量不是来自摩擦,而是在最小油膜厚度点处发生的油膜剪切(该点处剪切力也最大)。由于不存在接触,因而,动力特性也就不会发生改变,扭转激励也不存在。Keogh 和 Morto[15]、Kirk 和 Guo[16]以及其他一些研究者都已经针对这一效应进行过仿真研究,De Jong[17]曾研究过一个大型压缩机中的莫顿效应,讨论了一些校正措施,如设计上的处理和润滑油的改变等等。应当指出的是,准确预测这一效应仍然还是个难题,其中涉及一些相互冲突的因素处理。此外,与纽柯克效应不同,莫顿效应只与油膜轴承有关,而碰摩问题可在任何旋转设备中出现。

6.6 接触产生的谐波

关于转子在间隙内的运动,应当认识到的一个基本点是,转子的等效刚度会随着间隙的增大而显著增大。等效刚度与位移相关,恢复力是位移的非线性函数。关于这一点已经在5.6节中针对理想情形做过阐述。

实际问题中,真正的线性是不存在的,不过线性分析却可以帮助我们获得相当深刻的认识,而且要比完全的非线性分析简单得多。根据5.6节介绍的过程,可以针对如下方程来进行分析,即

$$m\ddot{u} + k_0 u - k_1 u^3 = F\mathrm{e}^{\mathrm{i}\omega t} \tag{6.35}$$

令

$$u(t) = \sum_{n=-\infty}^{\infty} a_n \mathrm{e}^{\mathrm{i}n\omega t} \tag{6.36}$$

然后,将式(6.36)代入式(6.35),可得

$$\sum_{n=-\infty}^{\infty} (-a_n m n^2 \omega^2 + a_n k_0)\mathrm{e}^{\mathrm{i}n\omega t} - k_1 \sum_{n=-\infty}^{\infty} a_n^3 \mathrm{e}^{3\mathrm{i}n\omega t} = F\mathrm{e}^{\mathrm{i}\omega t} \tag{6.37}$$

虽然式(6.37)有些复杂,不过各项通过系数 a_n 相互关联这一点却是很明显的。对于所有的 $n(n\neq 1)$ 应有下式成立,即

$$(-a_{3n} m 9 n^2 \omega^2 + a_{3n} k_0) - k_1 a_n^3 = 0 \tag{6.38}$$

可以看出,出现了关于激励频率的各阶谐波,这里不去讨论它们幅值的详细情况,因为在旋转类设备监控中谐波的存在性是最重要的,也是人们最关心的。在下面给出的实例中,转子的不平衡将会导致同步振动和一系列由式(6.37)给出的谐波。

这些谐波经常可以从转子轨迹图中检测出来,这里我们不妨考虑图6.18所示的图像。第一幅图给出的是一个简单的轨迹,这种情况显然只包含了单一频率。在图6.18(b)中则出现了一个二阶谐波,其尺寸反映了二阶谐波项的幅值。在图6.18(c)、(d)中出现了更多的回线,这表明存在着更高阶的谐波成分。这种非常简单的轨迹图为我们提供了敏感度较高的非线性行为指示功能,其机理在于,非线性会导致谐波激励,进而在转子轨迹图中生成了回路结构。

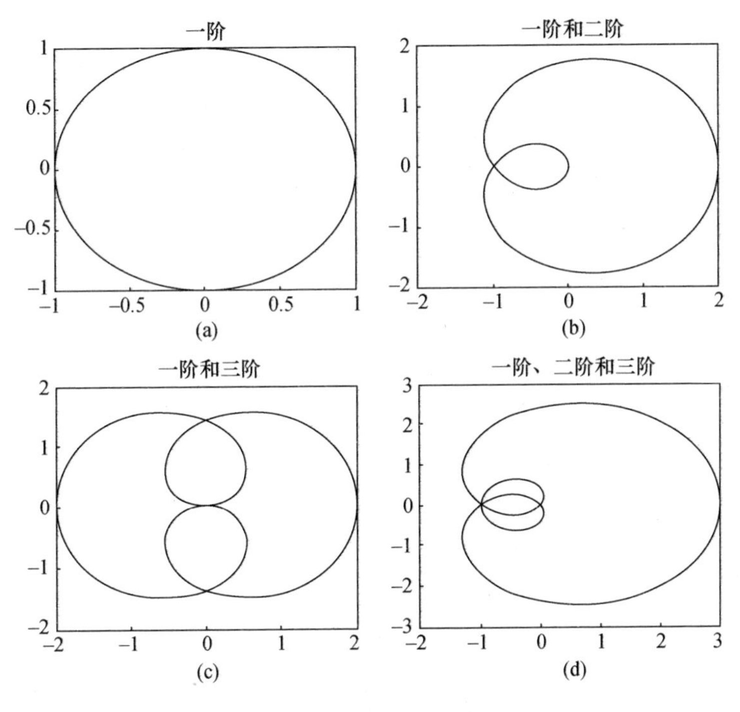

图6.18　谐波的影响

(a)单个频率的系统;(b)带基频和一阶谐波的系统;
(c)带基频和二阶谐波的系统;(d)带3个谐波的系统。

6.7　结束语

转子和定子之间的相互作用问题是复杂的,一般会涉及设备运转的许多细节。这一章将相关现象进行了分类阐述。一般来说,很多时候所观测到的设备行为都是令人满意的,与正常行为发生偏离只是一小部分,它们表明,设备内部过程和状态可能出现了问题。正是在这种情况下,才能体现出设备内部过程的理解对于故障诊断是多么重要。虽然本章进行了一些分析和讨论,然而,应当注意的是,绝大多数情况下,由于缺少准确的数据,精确计算是难以进行的。通过建模工作我们可以认识到振动响应对各个影响因素的敏感度,其实际目的在于识别出故障的症状表现,以便进行更加严谨的分析。

习题

6.1　设某设备中的两个轴承上所承受的载荷均为50kN,每个轴承的轴向长度为0.25m,直径为0.5m,径向间隙为0.7mm。试确定油的黏度为0.04Pa·s时的偏心量,并计算偏心量达到半径的80%时所需的黏度。

6.2　设习题6.1中的轴承所支撑的是一根均匀钢轴,跨距为3m,距离每个轴承内侧1m处有两个平衡面,第一个平衡面上的半径为0.3m位置处带有一个10g质量,而另一个平衡面的半径0.3m处带有5g质量。试计算系统的响应,并说明当轴承间隙由于磨损而增大1倍时,响应会发生怎样的变化。

6.3　某四级离心泵在转速为5000r/min时可产生的压头为200bar,作为一阶近似,可以视其为一根直径为0.2m的均匀轴,且支撑在相距3m的刚性短轴承上。每个叶轮的质量为50kg。如果每两级之间的颈圈为50mm长,而半径方向的间隙为0.2mm,试确定5000r/min转速条件下特征值的实部和虚部。

6.4　对于习题6.3中的离心泵,在对阀门调整之后其压头变成了100bar,那么,其响应将会如何变化。

6.5　设某设备的转轴在0.5mm的间隙中运转,计算得到的固有频率为38Hz,然而,测试到的是40Hz,试分析间隙内的响应情况。

参考文献

[1] Hamrock, B. J., Schmid, S. R. and Jacobson, B. O., 2004, *Fundamentals of Fluid Film Lubrication*, Marcel Decker, New York.

[2] Friswell, M. I., Penny, J. E. T., Garvey, S. D. and Lees, A. W., 2010, *Dynamics of Rotating Machines*, Cambridge University Press, New York.

[3] Childs, D. W., 1993, *Turbomachinery Rotordynamics: Phenomena, Modeling and Analysis*, Wiley, New York.

[4] Kramer, E., 1993, *Dynamics of Rotors and Foundations*, Springer - Velag, Berlin, Germany.

[5] Schweitzer, G. , 2005, Safety and reliability aspects for active magnetic bearing applications – A survey, *Proceedings of the Institution of Mechanical Engineers Part I – Journal of Systems and Control Engineering*, 219(16), 383 – 392.

[6] Black, H. F. , 1969, Effects of hydraulic forces in annular pressure seals on the vibration of centrifugal pump rotors, *Journal of Mechanical Engineering Science*, 11, 206 – 213.

[7] Bachschmid, N. , Pennacchi, P. and Vania A, 2008, Steam – whirl analysis in a high pressure cylinder of a turbo generator, *Mechanical Systems and Signal Processing*, 22, 121 – 132.

[8] Adams, M. L. , 2001, *Rotating Machinery Vibration: From Analysis to Troubleshooting*, Marcel Dekker, New York.

[9] Muszynska, A. , 1989, Rotor to stationary element rub – related vibration phenomenain rotating machinery: Literature survey, *Shock and Vibration Digest*, 21, 3 – 11.

[10] Muszynska, A. , 2005, *Rotordynamics*, CRC Press/Taylor & Francis, Boca Raton, FL.

[11] Newkirk, B. L. , 1926, Shaft rubbing: Relative freedom of rotor shafts from sensitiveness to rubbing contact when running above their critical speed, *Mechanical Engineering*, 48, 830 – 832.

[12] Edwards, S. , Lees, A. W. and Friswell, M. I. , 1999, The influence of torsion on rotorstator contact in rotating machinery, *Journal of Sound and Vibration*, 137, 463 – 481.

[13] Price, E. D. , Lees, A. W. and Friswell, M. I. , 2005, Detection of severe sliding and pitting fatigue wear regimes through the use of broadband acoustic emission, *Proceedings of the Institution of Mechanical Engineers Part J – Journal of Engineering Tribology*, 219, 85 – 98.

[14] Leahy, M. , Mba, D. , Cooper, P. , Montgomery, A. and Owen, D. , 2006, Experimental investigation into the capabilities of acoustic emission for the detection of shaftto – seal rubbing in large power generation turbines: A case study, *Proceedings of the Institution of Mechanical Engineers Part J – Journal of Engineering Tribology*, 220, 607 – 615.

[15] Keogh, P. S. and Morton, P. G. , 1993, Journal bearing differential heating evaluation with influence on rotor dynamic behaviour, *Proceedings of the Royal Society: Mathematical and Physical Sciences*, 445, 527 – 548.

[16] Kirk, R. G. and Guo, Z. , 2005, Morton effect analysis: Theory, program and case study, in *Third International Symposium on Stability Control in Rotating Machinery*, Cleveland, OH.

[17] De Jong, F. , 2008, The synchronous rotor instability phenomena – Morton effect, in *Proceedings of the 37th Turbomachinery Symposium*.

第7章　设备诊断

7.1　引言

这一章与前面几章的内容略有不同,这里主要介绍的是近年来出现的一些新技术的应用。尽管所介绍的这些技术中有一些已经在实验室和工厂中得到了很好的验证,不过由于这些技术的复杂性,因而,虽然在研究层面上是较为成熟的,可是距离广泛应用还有一段距离。当然,这些技术的基本思想已经为我们指明了设备诊断领域的发展方向。我们将阐述这些技术的关键过程及其基础,并给出了一些参考文献供读者作进一步的参阅。

7.2　建模研究现状

在前面的3章中,已经讨论了振动信号的分析方法,并介绍了一些基本故障形式所产生的信号类型,同时,也考察了设备建模相关的各种技术。很明显,如果模型是足够准确的,那么,利用它们就可以准确地找到故障原因,从而为我们提供了有用的诊断工具。实际上,在计算机发明以前,人们就已经通过一些简单的模型加深对设备动力学过程的认识,这方面内容可以追溯到 Jeffcott[1] 和 Stodola[2] 的早期工作。在过去的30年中,人们进一步提出了一些更为先进的数值模型。较早的模型主要建立在传递矩阵这一概念上,近年来,有限元方法则成为了主流手段。虽然传递矩阵法在临界转速计算上是强非线性的,不过,该方法可以非常高效地利用计算机的存储能力。

大多数现代方法是基于有限元思想的,20世纪70年代已经有多位研究人员将这种思想应用到转子设备分析中,如 Nelson 和 McVaugh[3] 和 Nelson[4] 等。在有限元思想基础上,人们已经提出了越来越多的先进模型,加深了对所观测到的设备行为的理解,同时也出现了大量的非常有价值的应用研究。当然,目前的这些模型也存在着很多不足之处,部分原因将在本章进行讨论。

这里首先阐述建模工作中的一些一般性问题。建模工具非常多样,从设备运转行为的统计性描述到基于物理的数学描述都属于这一范畴。从本质上说,它就是一个用于帮助理解设备运行过程的抽象结构。

对于统计性方法来说，虽然可以覆盖一定范围内的运行工况并具有一定的准确度，然而，其预测能力却是比较有限的。从数学层面来看，该方法是内插性的处理，而不是外插性的推演（由已知事实推算出未知情况）。事实上，所有的经验模型都是如此，包括人工神经网络模型。

从理论上来说，基于物理的模型（几乎都是有限元模型）是具备预测能力的，关键的问题在于它们做出的预测结果是否能与实际情况相符，以及模型的精细程度是否足够。应当注意的是，在很多情况中所需的细节信息往往是未知的。这一点可以通过考察名义相同的设备来理解，由于这些设备都是按照同一份图纸生产的，用于描述它们的模型也是完全相同的，然而，人们经常会发现虽然它们的行为具有非常强的相似性，可是却总存在着细微的差别。在 7.3 节中将讨论这些差别的形成原因，然后，会介绍一些克服这些问题的策略。

必须强调的是，这是一个重要而实际的问题。所有设备操作人员都能获得相当数量的稳定工况数据，正如第 2 章所介绍过的，这些数据通常都能揭示出各个参数微小变化所导致的设备行为变化，但是这些设备行为的变化往往与建模中的那些不确定性在同一个数量级上（甚至更低），因此从这些数据中也就难以得到有意义的信息。

我们已经认识到，纯粹从工程图纸导出的模型和实际观测到的设备行为之间存在着不一致性。由此不难得出一个结论，即在给定的模型基础上必须利用监控到的设备行为对这些模型进行改进。实现这一点可以有很多种不同途径。

一种途径是开发出纯经验性模型，从而将载荷与响应关联起来。例如，可以针对某台设备将其响应与一系列的不平衡分布情况对应起来，显然，这一方法的代价是比较高的。可以利用 7.5.1 节所给出的方法计算载荷力，然后，再确定出那些能使模型和观测值达到最佳匹配的参数值，从而使这类模型在一定程度上变得更为实用一些。这种匹配可通过自回归滑动平均（ARMA）方法获得，参考 Worden 和 Tomlinson 的著作[6]。

如果正确应用，这一方法是可以建立有效模型的，不过很难将各个影响因素与物理参数关联起来。这一困难可以通过基于物理的方法克服，即在模型中将特定参数调整到最佳匹配状态。当然，正如后面所将指出的，这也会导致认识和理解上的分歧。

在 7.5 节中将详细讨论本书作者及其合作者们给出的一种基本方法，随后的几节则对其进行改进。在这个方法中，采用了一个较好的转子模型，而基础的刚度、质量和阻尼矩阵等则作为待确定的参量处理。这 3 个矩阵中的每个元素都需要通过最小二乘法加以确定，这一寻优过程是在单个步骤中完成的。其他一些研究者还采用了卡尔曼滤波方法解决这一问题，将在 7.5.3 节中介绍。采用滤波方法有很多优点,不过也存在一些不足,Provasi 等人[7]曾经对此做过讨论。

7.3 系统的主要元件

为了阐述模型的不确定性以及针对特定设备进行模型调整等问题,这里有必要考察一下设备描述中涉及的元件。可以将一个设备系统划分为 3 种主要的构件,分别是转动部件、轴承(或转子定子间的其他相互作用)和定子(及其支撑结构)。

在大多数透平机械中,转子部件一般是相当复杂的梁式结构,通常可以借助有限元模型来描述(某些类型的梁单元和圆盘质量),其中可以很方便地引入合适的陀螺项。多年来,人们在转子描述方面已经积累了丰富的经验,可以构建出具有合理精度的转子模型。尽管在转子模型的构建中需要考虑很多方面的问题,如过盈配合应力效应等,不过,有经验的分析人员仍然可以建立良好的模型。不仅如此,这些模型还很容易与实验进行对比,只需要将转子用吊索悬挂起来然后进行激振或冲击试验并测其响应即可。Mayes 和 Davies[8]、Lees 和 Friswell[9]以及其他一些研究人员都曾讨论过这一测试工作。这种测试结果与转子的自由-自由模态具有非常好的吻合度,从而为转子模型提供了有益的参考。

上面这种通过单独试验验证的方法对于整体模型中的另外两类元件是难以适用的。对于转子定子之间的相互作用来说,所表现出来的设备行为当然是高度依赖于设备类型的。作为转子支撑和定位功能的提供者,轴承的效应是不可忽视的。密封件和颈圈也对这一相互作用有着重要贡献,这些在第 6 章已经做过介绍。Childs 的著作[10]中对这些效应还做过非常详尽的讨论,感兴趣的读者可以参阅他们的著作。在分析重型和大型设备时,主要涉及的是油膜轴承,当然,现在也有一些大型压缩机设备采用的是主动磁悬浮轴承。这些滑动轴承具有非线性特性,它们的行为也带有一定的不确定性。不过,近年来,人们也取得了一些重要进展,已经较好地认识了小幅振动情况下滑动轴承的性能。由于轴承刚度和阻尼系数高度依赖于轴承上的静态载荷,因而,这一方面的认识还受到了一定限制。对于带有两个轴承的设备而言,这不算什么问题;不过,对于复杂的多轴承情况,目前,尚缺乏有效手段来得到每个轴承上的载荷情况。

虽然这限制了我们对设备动力学特性的认识,但是,这绝不是不确定性的主要根源。除非所考察的设备的不对中程度非常严重,否则,轴承将提供正的直接刚度且其大小可近似确定。通过轴承传递的载荷与支撑结构是有关的,不过,分析人员往往对其动力特性所知较少。这些支撑结构一般都有其自身特有的动力学特性,在转子运行速度以下可能发生共振现象。正因如此,在任何转速处支撑结构究竟会提供正的还是负的恢复力就是未知的。对于涡流发电机而言,由于近 40 年来此类设备的尺寸有了显著增大,这个问题已经变得越来越突出。人们曾经将此类设备的支撑结构的共振点调高,从而使运行速度以下不会发生共振,然而,当设备变得越来越大时,要想使支撑结构保持足够的刚性也变得越来越困难了。这种情况下,只能将钢制支撑结构往低频方向调节,这在实用性和经济性方面也是比较有利的。还应当注意的是,大型混凝土基础也是可以往低频方向调节的。假如已经足够小心地避开了工作转速附近的共振,那么,这样的设备设计就是相当成功的了,当然,在构造详尽的设备模型和解读设备的振动行为方面也会带来一些额外的困难。实际上,人们已经认识到,对于大型透平机械设备的建模而言,支撑结构的描述目前仍是最重要的不足之处。

人们曾经认为这一问题可通过对支撑结构进行有限元建模加以解决。在 1970 年到 1990 年期间,一些研究团队对此进行了尝试,不过,所取得的成果较为有限,结果的吻合度相当差。虽然可以认为这些模型已经能够正确预测出总体变化趋势,然而,以此来构建有用的模型仍然还是远远不足的。

Lees 和 Simpson[11] 对设备基础研究中计算机的应用做过综述。他们指出,有限元对于设计过程是有帮助的,可以识别出总体变化,但是如果希望据此建立模型以进行故障监控和诊断,那么,其精度是远远不够的。Pons[12] 对混凝土基础做了较为全面的研究,并在电厂进行了大量的测试分析。实验结果表明,测得的频响与模型预测之间相关性较差。不仅如此,设备数据的获取也需付出高昂的代价,这不仅表现在需要付出相当的工作努力,而且也影响了设备的生产时间。对于名义相同的设备来说,由于它们存在着细微而重要的差异,因此,这种不利情况将会更加严重。

7.4 误差和不确定性的来源

尽管从理论上说在模型中可以很容易地把支撑结构的影响考虑进来,然而,实际问题中我们不可能获得与此相关的足够数据。支撑结构包含的东西很多,一般有螺栓连接件、焊接件、滑键连接件、膨胀接头、各种管件和辅助设备等。除了这些影响因素以外,在加工组装过程中也会存在一些小的差异,它们也可导致振动行为上较明显的变化。一个简单的例子就是门式框架,如图 7.1 所示,它的模态行为就能够体现出这一点。门式框架往往构成了很多设备的支撑结构,在对其进行建模的过程中需要关注很多问题。

(1) 是否可以采用梁模型描述还是应当采用实体建模来描述? 对于后者,建模工作显然要更加复杂。

(2) 如果采用了梁模型来描述,那么,中性轴的位置在哪里?如果选择中心线,那么,将难以正确反映关节接头处的转动效应。

(3) 各个关节应当如何处理?

Hirdaris 和 Lees[13] 曾对门式框架建模问题做过讨论,Oldfield 等人[14] 则对关节建模问题做过更具一般性的分析。

对于任何大型而复杂的结构来说,建模中都会存在大量的困难。一些常用的建模单元如梁和板等,都是对实际结构的理想化处理,而全三维实体单元处理又会使数据预处理和计算变得十分困难。事实上,实际问题往往更甚于此,在所有实际情况中一般能够获得的数据都是不够充分的,难以准确确定结构的特性。建模中存在其他一些问题。

(1) 怎样对各个零部件进行恰当的描述?

(2) 怎样考虑设备连接点(包括键槽)的影响?

(3) 对设备外壳的刚度有何影响?

(4) 连接到支撑结构上的辅助设备有何影响?

参考图 7.1,一些建模中的困难将变得非常清晰。对于细长型的结构,采用 3 根梁就足以描述框架了。角点连接关节处可以通过垂直构件和水平构件之间的直角约束反映。借助这一模型,我们就可以很容易地计算出固有频率和模态形状了。

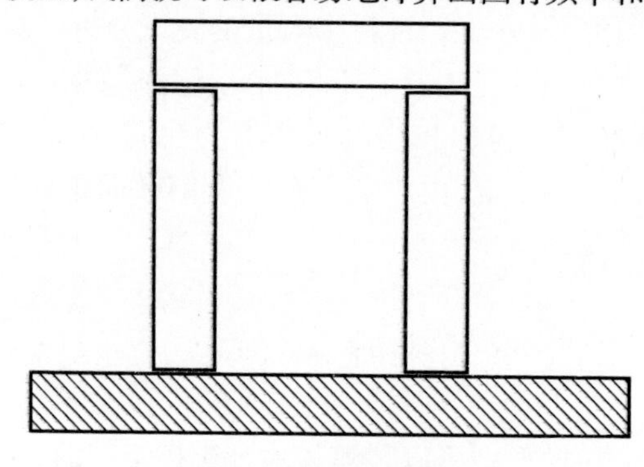

图 7.1　龙门架结构

当这些梁的厚度增大(可与其长度比拟)时,这种建模选择就非常不恰当了。尽管根据其中心线进行梁模型描述是可接受的,然而,在角点处会发生一些问题。首先,此时的质量分布跟前面是不同的;其次,角点处存在着一定的剪切行为,因而,该关节不能再简单地描述为两根梁在该处受到了直角约束。

图 7.1 所示的门式框架是涡流发电机支撑结构中的典型部分,在建模中可以将其考虑成如下这种情况,即顶部为刚性且带有较大质量,而 2 根立柱的横向刚度存在着 1% 的差异。这种差异在实际设备中是存在的,一般也很难保证公

差能如此小。如果两根立柱都是矩形框式截面的,那么,也就意味着壁厚误差在1% 以内(或截面宽度误差在 0.33% 以内)。

7.5 模型改进

在获取透平设备基础方面的数据上,存在着一些实际困难。一般来说,在很多设备的动力学特性测试中,一种非常方便的方法就是利用标准力锤敲击这些结构物。如果力锤所产生的冲击时间足够短,那么,这种激励实际上也就是一种宽频激励。在现场测试中,这一方法要比其他手段(如电磁激振器)更为方便,不过也存在一些相关问题,如准确性较差、频率分辨率较低以及信噪比较低等。

对于大型汽轮机组的基础,冲击试验方法会受到一定限制,尽管也有少量这一方面的研究,不过,Lees 和 Simpson[11] 曾经指出,在确定交叉响应方面难以获得足够高的信噪比,特别是较低频率范围内更是如此。考虑到这一点,以及模态密度较大等原因,这就要求采用激振器来进行此类试验。当然,这又会带来进一步的问题。很显然,对于大型汽轮机测试来说,一般需要能够提供 10kN 正弦力的大型激振器,这意味着该测试过程将是相当费力的。同时,这也意味着全面的测试时间将会比较长,这显然是非常不利的。事实上,正是由于此类设备的正常运转非常重要,停工损失非常巨大,所以我们才去追求能够用于快速故障诊断的准确模型。

还有一个困难之处在于,实际设备不可能处于一种理想的测试状态。为了分析支撑结构的动力特性,一般会要求从设备中拆去转子而保留所有壳体部分进行测试。这一点是重要的,因为上部壳体对总刚度有着非常重要的影响。然而,在正常运行状态下,这一点几乎是难以满足的,并且实现这一测试条件的经济成本也是极其高昂的。如果将这些因素都考虑在内,对大型高效设备进行测试条件的转换工作可能会达到每天 300000 英镑甚至更多,此类设备的高经济价值一方面要求提出准确的模型描述,另一方面也严重限制了现场测试的可行性。

Kramer[15] 曾经建议指出,基础的影响是可以在整个系统模型构建过程中作充分考虑的,困难主要在于如何合理地选择参数。对于相对比较硬的混凝土基础来说,一般是可以得到合理结果的,不过,对于固有频率较低的钢结构来说,要想得到准确的描述问题就非常多了。

正是由于设备的高经济价值,所以唯一实用的选择就是在设备处于运行过程中去测试所需的数据,当然,这就会涉及如何进行这些测试等一系列问题。有人可能会考虑对处于运行中的设备施加外部力进行测试,不过很少有设备管理人员会允许这种做法。显然,另外的可能性就是直接去利用设备运行数据了。

下面我们对与此相关的两种途径进行讨论。

7.5.1 系统诊断

这里首先要区分一下正问题和反问题。考虑一个受到一组正弦力作用的系统,其运动方程可以表示为如下通用形式,即

$$\boldsymbol{K}\boldsymbol{x} + \mathrm{j}\omega \boldsymbol{C}\boldsymbol{x} - \boldsymbol{M}\omega^2 \boldsymbol{x} = \boldsymbol{F}_0 \mathrm{e}^{\mathrm{j}\omega t} \tag{7.1}$$

显然,如果3个系数矩阵都已知,那么,任意载荷幅值下的位移矢量就很容易计算出来。这就是正问题,从逻辑上来看是非常直接而明确的,因为在确定的系统物理机制控制下一定存在着唯一的响应。

所谓的反问题,是指根据给定载荷下测得的响应去确定系统特性矩阵 $\boldsymbol{K}$、$\boldsymbol{C}$ 和 $\boldsymbol{M}$。与正问题相反的是,并不清楚是否只存在着唯一的解,因而,一般来说,反问题求解要复杂得多。值得注意的是,正问题中有 n 个参数需要确定(自由度个数),而在反问题中待确定的参数却有 $3 \times n \times (n+1)/2$ 个,显然,一般必须同时考虑多个频率成分了。当然,即便如此,这一问题也是不那么直观的。从理论上来看,简单地考察一系列频率成分似乎是可解的,然而,在实际问题中往往是不可行的,原因在于振动信号往往会受到测量噪声的干扰。因此,最好是能够利用所有可获得的信息来寻找最准确的结果。

根据上述讨论,可以将式(7.1)改写为另一种形式,即

$$\boldsymbol{W}\boldsymbol{S} = \boldsymbol{F}_0 \tag{7.2}$$

式(7.2)中的矩阵 $\boldsymbol{W}$ 包含了所有的测试信号和频率项,而矢量 $\boldsymbol{S}$ 则包含了所有未知的矩阵元素(以某种预先设定的顺序构成)。为更好地阐明这一点,考虑一个二自由度情况,这里需要确定的未知参数有9个,即 $\{K_{11}, K_{22}, K_{21}, M_{11}, M_{22}, M_{21}, C_{11}, C_{22}, C_{21}\}$(这一顺序是可以选择的)。现在的任务是将运动方程以式(7.2)的形式表示出来。对于每个离散的频率成分,可以写出如下关系式,即

$$\begin{bmatrix} x_{01} & 0 & x_{02} & -\omega^2 x_{01} & 0 & -\omega^2 x_{02} & \mathrm{j}\omega x_{01} & & \mathrm{j}\omega x_{02} \\ 0 & x_{02} & x_{01} & 0 & -\omega^2 x_{02} & -\omega^2 x_{01} & 0 & \mathrm{j}\omega x_{02} & \mathrm{j}\omega x_{01} \end{bmatrix} \begin{bmatrix} K_{11} \\ K_{22} \\ K_{21} \\ M_{11} \\ M_{22} \\ M_{21} \\ C_{11} \\ C_{22} \\ C_{21} \end{bmatrix} = \begin{bmatrix} F_{01} \\ F_{02} \end{bmatrix} \tag{7.3}$$

如果总共分析的是 N_f 个频率，那么，总共将有 N_f 个式(7.3)这样的方程了。将这些方程联立起来就可以得到形如式(7.2)这样的单个方程，其中的矩阵 $\boldsymbol{W}$ 的维度为 $2 \times N_f \times 9$。

当选择了过多的频率点时，这一问题就变成了超定形式，不过，考虑到测试结果总会带有噪声成分，因而，这种形式仍然是人们所希望的，它可以帮助分析人员获得“最佳估计”并能对其中的误差进行评估。由于矩阵 $\boldsymbol{W}$ 一般是长方阵，所以可以将式(7.2)乘以 $\boldsymbol{W}$ 的转置矩阵，由此可得

$$\boldsymbol{W}^{\mathrm{T}}\boldsymbol{W}\boldsymbol{S} = \boldsymbol{W}^{\mathrm{T}}\boldsymbol{F}_0 = \boldsymbol{A}\boldsymbol{S} \tag{7.4}$$

式中：$\boldsymbol{A}$ 为方阵，所以可以得到

$$\boldsymbol{S} = (\boldsymbol{W}^{\mathrm{T}}\boldsymbol{W})^{-1}\boldsymbol{W}^{\mathrm{T}}\boldsymbol{F}_0 \tag{7.5}$$

这就是所谓的 Moore - Penrose 解，很容易可以验证它与超定方程组的 LS 解是等价的。

理论上说，到这一步为止，这一问题就解决了，不过，实际上还有一些困难需要解决，主要集中在式(7.5)中的伪逆条件上，这与测试结果中的噪声水平是密切相关的。为了寻求测试结果与模型之间的良好匹配性，一般需要增大自由度数量来增强模型与测试结果之间的一致性程度，然而，过多的自由度数又会导致模型中侵入了过多的噪声。这就导致了模型失真，尽管它可以复现出建模中使用过的数据，然而，预测能力却很弱甚至根本没有。

7.5.2 误差准则

在所有诊断过程中，重要的一点是将所有能得到的数据都收集起来加以利用。由于不可避免地存在着测量误差和其他误差，因此，这些数据还会带有一定的不一致性。由此带来的一个问题就是需要尽量减小误差，通常是针对各种误差的平方和进行最小化处理。不仅如此，还需要对所考察的误差加以选择，一般分为方程误差和输出误差，从分析的角度来看，这二者似乎是等价的，然而，由于各种误差的权重是不同的，因此实际上并非等价。

首先考虑式(7.1)的误差。对于每个所考察的频率，方程的误差可以定义为

$$\boldsymbol{\varepsilon}_1(\omega) = \boldsymbol{F}(\omega) - \boldsymbol{K}\boldsymbol{x} - \mathrm{j}\omega\boldsymbol{C}\boldsymbol{x} + \omega^2\boldsymbol{M}\boldsymbol{x} \tag{7.6}$$

这是一个矢量，于是，总误差就可以定义为

$$E_1 = \sum \boldsymbol{\varepsilon}_1^{\mathrm{T}}(\omega_i)\boldsymbol{\varepsilon}_1(\omega_i) \tag{7.7}$$

其中的求和包括了瞬态过程中的所有频率。这种做法最大的好处在于所得到的

LS 解中，矩阵 $\boldsymbol{K}$、$\boldsymbol{C}$ 和 $\boldsymbol{M}$ 的元素都是线性的，不过，由于对噪声比较敏感因而会存在一定的误差。在某些频率处基础上可能受到较大的力然而响应却比较小，由此不难体会到这一点。当测量的量是位移时，受到的噪声影响更为显著，从而会导致在估计待定参数时出现较大偏差。回避这一问题的一条途径就是采用输出误差这种形式（位移仍为测量的参量），可以表示为

$$\boldsymbol{\varepsilon}_2(\omega_i)=\frac{\boldsymbol{F}(\omega_i)}{\boldsymbol{K}+\mathrm{j}\omega_i\boldsymbol{C}-\omega_i^2\boldsymbol{M}} \tag{7.8}$$

于是，有

$$E_2=\sum\boldsymbol{\varepsilon}_2^{\mathrm{T}}(\omega_i)\boldsymbol{\varepsilon}_2(\omega_i) \tag{7.9}$$

需要注意的是，如果数据都是准确的，那么，上面这两种方法就是等价的，只是它们对噪声的处理相当不同。式(7.7)称为方程误差，而式(7.9)则给出的是输出误差。因为对数据中的干扰做了更为恰当的权衡，因而，输出误差这种形式能够给出待定参数的更好估计。当然，由此也会带来一些复杂性，主要体现在对于所有待定参数而言，式(7.9)是非线性的。在实际应用中，这就意味着需要进行迭代计算求解，也可以先利用方程误差方法给出一个初始解，然后，以此为基础再进行迭代计算。

7.5.3 正则化

对反问题的结果品质加以改进的过程称为正则化，它包含了一系列的方法，一般针对特定问题组合起来使用，目的是得到有物理意义的唯一解。

目前已经有很多技术方法可以用于获得较好的结果，这里我们介绍其中 3 种最重要的，分别是加权、变量缩聚和奇异值分解（SVD）。

(1) 对参数作恰当的比例缩放，对测试数据作恰当的加权处理，从而使误差最小。

(2) 根据问题的物理本质方面的信息，去掉一些不重要的变量。

(3) 采用稳定的数值分析过程，如奇异值分解。

为获得最优结果，首先需要保证式(7.3)中的矩阵元素的大小都是同阶的。初看上去，这似乎是有问题的，因为刚度和质量元素的数量级是相当不同的，不过，这可以通过对频率尺度做重新调整来解决。将每个频率 ω 都除以一阶固有频率 ω_c，那么，式(7.3)中的未知参数将转换为

$$\boldsymbol{v}=(K_{11}\quad K_{22}\quad K_{12}\quad C_{11}\omega_c\quad C_{22}\omega_c\quad C_{12}\omega_c\quad M_{11}\omega_c^2\quad M_{22}\omega_c^2\quad M_{12}\omega_c^2)^{\mathrm{T}} \tag{7.10}$$

上述9个未知量就是同阶的。在给定了固有频率 ω_c 的较好近似值以后，就可以进行上述尺度变换，由此式(7.3)就可以改写为

$$\begin{bmatrix} x_{01} & 0 & x_{02} & -\left(\frac{\omega}{\omega_c}\right)^2 x_{01} & 0 & -\left(\frac{\omega}{\omega_c}\right)^2 x_{02} & \mathrm{j}\frac{\omega}{\omega_c}x_{01} & & \mathrm{j}\frac{\omega}{\omega_c}x_{02} \\ 0 & x_{02} & x_{01} & 0 & -\left(\frac{\omega}{\omega_c}\right)^2 x_{02} & -\left(\frac{\omega}{\omega_c}\right)^2 x_{01} & 0 & \mathrm{j}\frac{\omega}{\omega_c}x_{02} & \mathrm{j}\frac{\omega}{\omega_c}x_{01} \end{bmatrix} \boldsymbol{v} = \begin{bmatrix} F_{01} \\ F_{02} \end{bmatrix} \tag{7.11}$$

下一步需要进行加权处理。在实际问题中，人们经常可以发现部分数据要比其他数据更为可靠准确，例如，在靠近共振点的频率处，由于振动水平较高，远远超过了任何背景噪声，因此，这些数据就相对更加准确，显然，对于这些数据就应当给予较高的权值。从数学层面来看，我们可以在式(7.2)上乘以一个对角矩阵 $\boldsymbol{\Pi}$，则有：

$$\boldsymbol{\Pi W S} = \boldsymbol{\Pi F}_0 \tag{7.12}$$

于是，解可以表示为

$$\boldsymbol{S} = (\boldsymbol{W}^{\mathrm{T}}\boldsymbol{\Pi}^{\mathrm{T}}\boldsymbol{\Omega\Pi})^{-1}\boldsymbol{W}^{\mathrm{T}}\boldsymbol{\Pi}^{\mathrm{T}}\boldsymbol{F}_0 \tag{7.13}$$

可以证明，这一步对于改进结果精度是有效的。当然，整个分析过程中的其他步骤也应当保证其准确性，其中最重要的一步就是确保自由度数量的选择是合适的。很明显，在“试探函数”中增大自由度数量是可以提高与给定测试曲线的匹配程度的。然而，如果为拟合曲线选择了过多的自由度，那么，就会包含过多的测试噪声了。由此可以看出，选择合适的自由度数是非常重要的。从某种程度上来说，选择正确的参数组合也是一个不断反复的过程。

人们已经对合适的变量个数选择问题做过很多讨论，如 Smart 等人的工作[16]。无论是基于物理的模型还是基于统计学的方法，这一问题都必须解决。在建模中采用了过多的参数对于反映设备的真实特性是不利的，相反，却更多地体现了噪声的行为。解决这一问题的一个有效途径就是将某些变量设定为零，部分研究人员在分析设备基础时已经采用了这一做法。实际上，这种做法只需在相关的矩阵和矢量中删去某些行和列即可完成。在考虑了这些以后，就可以利用式(7.13)求解了，当然，我们仍然还需要尽可能地减小测试过程中的误差。此外，应当指出的是，与直接采用伪逆矩阵进行处理(式(7.13))相比，采用奇异值分解方法要更为合适一些。这一方法在很多文献中都做过讨论(如 Golub 和 van Loan 的著作[17])，下一节将对其做一概要介绍，而在第8章中做进一步的讨论。

7.5.4 奇异值分解

利用奇异值分解技术,可以通过一组模态项的叠加方式求解式(7.13)。主要的误差来自于那些带有非常小的奇异值的模态处理上,这是因为小的奇异值意味着该模态的贡献会被放大,而带有小奇异值的变量组合对于方程组的误差是基本没有影响的。解决这一问题的办法是在某个最小值处对奇异值做截断处理,并令后续的项均为这个最小值。为了利用这一方法求解,这里考虑式(7.12),将维度为 $m \times n(m >> n)$ 的矩阵 $[\boldsymbol{\Pi W}]$ 进行分解,即

$$\boldsymbol{\Pi W} = \boldsymbol{U \Lambda V}^{\mathrm{T}} \tag{7.14}$$

式中:$\boldsymbol{U}$ 为 $m \times m$ 矩阵;$\boldsymbol{\Lambda}$ 为 $m \times n$ 矩阵;$\boldsymbol{V}$ 为 $n \times n$ 矩阵。

$\boldsymbol{U}$ 和 $\boldsymbol{V}$ 均为正交矩阵,而 $\boldsymbol{\Lambda}$ 的对角线元素为奇异值,其他元素为零。于是,式(7.8)就可以改写为

$$\boldsymbol{U \Lambda V}^{\mathrm{T}} \boldsymbol{S} = \boldsymbol{W F}_0 \tag{7.15}$$

利用 $\boldsymbol{U}$ 和 $\boldsymbol{V}$ 的正交性,就可以得到如下形式的解,即

$$\boldsymbol{S} = \boldsymbol{V \Lambda}^{-1} \boldsymbol{U}^{\mathrm{T}} \boldsymbol{W F}_0 \tag{7.16}$$

矩阵 $\boldsymbol{\Lambda}$ 是存在逆阵的,这是因为它的结构比较特殊,即

$$\boldsymbol{\Lambda} = \begin{bmatrix} \lambda_1 & 0 & 0 & 0 & 0 & 0 \\ 0 & \lambda_2 & 0 & 0 & 0 & 0 \\ \cdots & \cdots & \ddots & \cdots & \cdots & \cdots \\ 0 & 0 & 0 & \lambda_n & 0 & 0 \end{bmatrix} \Rightarrow \boldsymbol{\Lambda}^{-1} = \begin{bmatrix} \frac{1}{\lambda_1} & 0 & 0 & 0 \\ 0 & \frac{1}{\lambda_2} & 0 & 0 \\ \cdots & \cdots & \ddots & \cdots \\ 0 & 0 & 0 & \frac{1}{\lambda_n} \\ 0 & 0 & 0 & 0 \\ 0 & 0 & 0 & 0 \end{bmatrix} \tag{7.17}$$

由此就可以将反问题的解以奇异值及其对应的特征函数的形式表示了。

7.6 在基础上的应用

较长时间以来,人们已经认识到支撑结构对于确定大型设备的动力学特性是有着重要影响的,对于那些柔性支撑结构而言其重要性更加突出,此类支撑结构的共振频率一般会调节到设备转速以下。从研究的角度来看,最显而易见的

分析途径就是进行完整的模型测试,不过,由于经济原因这往往是不可行的。实际上,对于此类复杂结构做完整的测试往往需要若干个星期,由此导致的生产损失相当的高昂。还有另一个问题是,要想获得有价值的测试结果,一般需要将设备中的转子拆卸下来而保留其他部分,这一点显然是不太现实的。进一步的问题还可能表现在,这种昂贵的测试虽然能给出单台设备的相关信息,然而,即便是名义相同的设备,它们也会表现出细微而重要的行为差异。值得提及的是,Pons[12]曾经在 Bugey 电厂建造期间进行过一系列详尽的测试,所得到的结果对于此类结构的建模而言具有非常重要的借鉴价值,有助于我们获得更加深入的认识。

7.6.1 问题描述

在认识到前述的问题之后,不可避免地要将注意力转到如何利用设备运行数据推断系统的特性。近年来,人们已经开始将系统识别技术应用到旋转类设备场合,也提出了若干解决办法。在确定结构动力学特性方面,模态分析技术(参考 Ewins 的著作[18])已经成为一种主流途径。在这一方法中,需要在结构上一个或多个位置施加已知载荷,其分析技术已经相当成熟。Vania[19]曾将这一方法用于设备基础特性的识别,后来,Pennacchi 等人[20]做了进一步的分析。他们利用卡尔曼滤波技术(本质上是一种迭代形式的 LS 方法)对模型进行调整,从而实现初始模型的精化。虽然这一方面仍存在着较多的障碍,但是近年来确实也取得了较大的进展。

当将运行中的设备作为测试平台时,必须对设备受到的激励载荷水平进行分析,一般存在着两种主要途径:第一种途径是测量每个轴承两端的相对运动,然后采用某种形式的轴承模型来描述传递到结构上的载荷(参考 Vania 的著作[19]);第二种途径是 Lees[21]给出的,需采用经过验证的转子模型,然后针对已知的不平衡度计算出所产生的载荷。这一途径涉及的计算较多,不过它也具有一些优点。后来,Lees 和 Friswell[22]研究指出,可以将不平衡转换为需要识别的附加参数或参数集来处理。

在模型参数的选取上是需要着重考虑的,它们可以是物理参数也可以是模态参数,目前,这两方面的研究都有,且存在较多的争议。模态参数模型的自由度数往往非常多,方程本质上是非线性的,因此,一般需要进行某种形式的迭代求解。通常可以构造出一个初始的结构有限元模型,然后进行完整的计算求解。因为在计算中每个轴承实际上是单独处理的,因此借助模态模型是难以考察总体不平衡问题的。

7.6.2 物理参数的最小二乘法处理

采用物理坐标有的时候会显得比较麻烦,虽然能给出清晰的物理图景,然而,却会涉及大量的未知参数。尽管为了提高结果精度需要进行非线性分析计算,然而,一般可以先进行线性分析然后再以迭代方式来完成整个分析。Lees[21]曾经建议将转子自身视为激励源,以这种方式来利用设备数据。这一方法需要借助良好的转子模型才能较好地计算出各种载荷情况,同时还必须假定轴承模型是已知的。后来,人们又对这一思路做了修正,在假设设备阻尼主要是由轴承提供的这一基础上,主要致力于确定支撑结构的刚度矩阵和质量矩阵。

早期的计算分析是针对旧设备进行的,转轴位置数据一般是难以获得的。Lees 的工作[21]以及随后的一些研究,还有 Smart 等人的工作[16],它们所采用的方法的主要特征就在于使用了详尽的转子模型推断载荷力的幅值。这种方法的基本思想是,转子的运动是由两组载荷的作用导致的,每组载荷均作用在轴向上的一组离散位置处。

(1) 一组未知的轴承力,作用在轴承处。

(2) 一组不平衡力,作用在预定的一组平衡面上。通过考察两次平衡试运行之间的差异可以将这些力视为已知的(这里应提及的是,后来的研究已经指出这一限制是可以放宽的,参见 Lees 和 Friswell 的工作[22])。

(3) 转轴的运动或者相关的基座运动是可以测得的,此时,轴承载荷可以以不平衡形式表示。

由于作用在转子轴承上的载荷已经确定,那么,作用到结构上的载荷也就确定了,它们大小相等、方向相反,其效应也就是测得的基座振动。矢量$\{\boldsymbol{F}\}$的维度就是轴承的数量,如果两个相互垂直的方向都考虑,那么,就是轴承数量的 2 倍了。这个矢量代表的是作用在转子上的轴承反力,于是,支撑结构受到的载荷应为$-\{\boldsymbol{F}\}$。

对于在运行转速范围内存在很多模态的基础来说,结构的特性矩阵将会有所变化。我们可以将频率范围进行细分处理这一情况,从而可以得到更大的 LS 问题,不存在原理上的更多困难。

下面对这一方法做详细的考察。在线性假设基础上,运动方程可以表示为

$$\boldsymbol{Kx} + \boldsymbol{C}\dot{\boldsymbol{x}} + \boldsymbol{M}\ddot{\boldsymbol{x}} = \boldsymbol{F} \tag{7.18}$$

这一形式的方程并不是非常有价值,这是因为关于刚度矩阵和质量矩阵只有不太完整的信息。我们考虑纯正弦激励的情形,此时,式(7.18)可以改写为

$$(\boldsymbol{K} + \mathrm{j}\omega\boldsymbol{C} - \omega^2\boldsymbol{M})\boldsymbol{X}_0 \mathrm{e}^{\mathrm{j}\omega t} = \boldsymbol{Z}(\omega)\boldsymbol{X}_0 \mathrm{e}^{\mathrm{j}\omega t} = \boldsymbol{F}_0 \mathrm{e}^{\mathrm{j}\omega t} \tag{7.19}$$

式中：$\boldsymbol{Z}$ 为动刚度，且其所包含的部分元素是未知的，不过，可以利用已知部分去推出未知元素。因此，在消去式(7.19)中的正弦项之后，通过对动刚度进行分块处理，可以得到如下形式的方程，即

$$\begin{bmatrix} \boldsymbol{Z}_{R,ii} & \boldsymbol{Z}_{R,ib} & 0 \\ \boldsymbol{Z}_{R,bi} & \boldsymbol{Z}_{R,bb}+\boldsymbol{Z}_B & \boldsymbol{Z}_B \\ 0 & \boldsymbol{Z}_B & \boldsymbol{Z}_B+\boldsymbol{Z}_F \end{bmatrix} \begin{Bmatrix} \boldsymbol{X}_{R,i} \\ \boldsymbol{X}_{R,b} \\ \boldsymbol{X}_{F,b} \end{Bmatrix} = \begin{Bmatrix} \boldsymbol{F}_u \\ 0 \\ 0 \end{Bmatrix} \tag{7.20}$$

式中：动刚度项 $\boldsymbol{Z}_R$、$\boldsymbol{Z}_B$和 $\boldsymbol{Z}_F$分别为转子、轴承和基础部分。经验表明，转子的建模是可以获得较高精度的，并且任何转子模型都可以通过冲击或激振试验来检验。因此，$\boldsymbol{Z}_R$可以认为是已知的。式(7.20)中的下标 i 和 b 分别为设备内部和轴承位置。对于轴承来说，建模也是没有问题的。就支撑基础而言，研究也表明了不确定因素对基础动刚度 $\boldsymbol{Z}_F$的影响是有限的。

从式(7.18)开始分析可以有多种不同过程，这取决于能够获得的测试数据有哪些。这里我们考虑的情况只依赖于轴承座振动测试数据，尽管从测试角度而言这是最简单的，不过，实际上会涉及较多数学处理，因为必须从式(7.20)中消去 $\boldsymbol{X}_{R,i}$和 $\boldsymbol{X}_{R,b}$项。这两个参数可以表示为

$$\begin{cases} \boldsymbol{X}_{R,b} = -(\boldsymbol{Z}_{R,bb}+\boldsymbol{Z}_B)^{-1}(\boldsymbol{Z}_{R,bi}\boldsymbol{X}_{Ri}+\boldsymbol{Z}_B\boldsymbol{X}_{F,b}) \\ \boldsymbol{X}_{R,i} = Z_{R,ii}^{-1}(\boldsymbol{F}_u-\boldsymbol{Z}_{R,ib}\boldsymbol{X}_{R,b}) \end{cases} \tag{7.21}$$

由此可以将式(7.20)中的第三行表示为

$$-\boldsymbol{Z}_B(\boldsymbol{Z}_{R,bb}+\boldsymbol{Z}_B)^{-1}(\boldsymbol{Z}_{R,bb}(\boldsymbol{Z}_{R,ii}^{-1}(\boldsymbol{F}_u-\boldsymbol{Z}_{R,ib}\boldsymbol{X}_{R,b}))+\boldsymbol{Z}_B\boldsymbol{X}_F)+(\boldsymbol{Z}_B+\boldsymbol{Z}_F)\boldsymbol{X}_F=0 \tag{7.22}$$

这个方程中包含了未知量 $\boldsymbol{X}_{R,b}$，可以通过式(7.20)中的第三个方程消去，即写出如下关系式，即

$$\boldsymbol{X}_{Rb} = -\boldsymbol{Z}_B^{-1}(\boldsymbol{Z}_B+\boldsymbol{Z}_F)\boldsymbol{X}_F \tag{7.23}$$

将式(7.23)代入式(7.22)即可得到一个只包含未知量 $\boldsymbol{Z}_F$和 $\boldsymbol{F}_u$的方程了。

初看上去，这似乎是相当难以处理的，不过它只包含了两个未知量，$\boldsymbol{Z}_F$是基础动刚度项，而 $\boldsymbol{F}_u$是不平衡项。实际上，利用两次不平衡运行的结果差异，可以获得 $\boldsymbol{F}_u$，因此，可以认为这一项是已知的。Lees 和 Friswell[22] 曾指出，不平衡性可以简单地处理为一组待识别的附加参数，这一点将在 7.7 节中做简要介绍。Sinha 等人[23]随后还证实了轴承也可以以类似的方式处理。在引入了一些新的项之后，式(7.20)可以表示为

$$\boldsymbol{P}\boldsymbol{F}_u+\boldsymbol{Q}+\boldsymbol{S}\boldsymbol{Z}_F=0 \tag{7.24}$$

式中：矩阵 $\boldsymbol{P}$、$\boldsymbol{S}$ 和矢量 $\boldsymbol{Q}$ 都是已知量 $\boldsymbol{Z}_R$、$\boldsymbol{Z}_B$和测试量 $\boldsymbol{X}_F$的复杂函数。现在可以将这一方程以式(7.2)的形式重新表达，以用于识别工作。将基础矩阵 $\boldsymbol{Z}_B$展开

成刚度、质量和阻尼项的形式，然后就可以得到如下方程，即

$$\boldsymbol{P}_{\omega}\boldsymbol{F}_{u\omega}+\boldsymbol{Q}_{\omega}+\boldsymbol{S}_{\omega}\boldsymbol{v}=0 \tag{7.25}$$

如同7.5.1节中所讨论过的，式(7.25)中的矩阵$\boldsymbol{S}_{\omega}$包含了测得的振动数据，矢量$\boldsymbol{Q}_{\omega}$也是如此，而矢量$\boldsymbol{v}^{\mathrm{T}}=\{k_{11}\ \cdots\ k_{1n}\ m_{11}\ \cdots\ m_{1n}\ c_{11}\ \cdots\ c_{1n}\}^{\mathrm{T}}$代表的是待确定的参数集。下标$\omega$是指这个方程是针对每个激励频率的。于是，所有这些方程就可以构造成一个超定问题，即

$$\boldsymbol{S}\boldsymbol{v}=-\boldsymbol{P}\boldsymbol{F}_{u}+\boldsymbol{Q} \tag{7.26}$$

这一描述适合于那些只能获得轴承振动测试数据的设备，不过，也需要进行轴承建模工作，尽管结果对轴承误差并不是非常敏感。应当指出的是，在更多现代化的设备场合中，转子振动数据也是可以通过接近式探头测出的。这种情况下，就可以采用另一种更为简单些的描述方式了，这个已经在7.5.2.1节中讨论过。当然，这不仅更为简单，而且，根据获得的转子测试数据我们还能更好地深入认识设备的状态。

7.6.2.1 利用转轴位置数据进行描述

在转轴运动也可监控的场合中，可以根据式(7.19)导出一种相当简单的描述方式，即

$$\begin{bmatrix}\boldsymbol{Z}_{R,ii} & \boldsymbol{Z}_{R,ib} & 0\\ \boldsymbol{Z}_{R,bi} & \boldsymbol{Z}_{R,bb} & 0\\ 0 & 0 & \boldsymbol{Z}_{F}\end{bmatrix}\begin{Bmatrix}\boldsymbol{r}_{R,i}\\ \boldsymbol{r}_{R,b}\\ \boldsymbol{r}_{F}\end{Bmatrix}=\begin{Bmatrix}\boldsymbol{f}_{u}\\ \boldsymbol{f}_{b}\\ -\boldsymbol{f}_{b}\end{Bmatrix} \tag{7.27}$$

当然，在这一步中作用到转轴轴承上的力$\boldsymbol{f}_{b}$还是未知的，不过这可以很容易消去，并且在后续计算中得到它。将式(7.27)中的第二行和第三行相加，可以导得

$$\begin{bmatrix}\boldsymbol{Z}_{R,ii} & \boldsymbol{Z}_{R,ib}\\ \boldsymbol{Z}_{R,bi} & \boldsymbol{Z}_{R,bb}\end{bmatrix}\begin{Bmatrix}\boldsymbol{r}_{R,i}\\ \boldsymbol{r}_{R,b}\end{Bmatrix}+\begin{bmatrix}0 & 0\\ 0 & \boldsymbol{Z}_{F}\end{bmatrix}\begin{Bmatrix}0\\ \boldsymbol{r}_{F}\end{Bmatrix}=\begin{Bmatrix}\boldsymbol{f}_{u}\\ 0\end{Bmatrix} \tag{7.28}$$

在式(7.28)中，所有的$\boldsymbol{r}$值都是已知的，它们都是测试量。在第一个矩阵中，所有4个$\boldsymbol{Z}_{R}$元素都是已知的，它们实际上代表的是转子模型（可以单独进行检验）。$\boldsymbol{Z}_{F}$代表的是待确定的基础模型。现在可以利用式(7.28)中的第一行消去内部转子自由度，以进行动态缩聚。不平衡力可以是已知的（通过考察两次平衡运行之间的差异得到），或者也可以视为待定的附加矢量。

一般来说，能够测得的数据越多就越有利，如在7.7节中将要讨论的，如果

能够获得转子的信息，在此基础上就可以提取出轴承的信息了。

7.6.2.2 施加约束

正如7.5.4节讨论过的SVD所指出的，矩阵$[\boldsymbol{\Pi W}]$的奇异值的范围决定了能够提取出的具有合理精度的参数个数。这一点也可通过考察Moore－Penrose逆$[\boldsymbol{W}^{\mathrm{T}}\boldsymbol{\Pi}^{\mathrm{T}}\boldsymbol{\Pi W}]$分析中的回归矩阵特征值来理解。

特征值范围过大是导致回归方程出现病态的一个原因。这实际上意味着缺乏足够的信息来辨别出所有未知参数，解决这一问题的主要方法已经在7.4.3节中讨论过。

尽管在模型中采用足够的自由度个数是非常重要的（可以获得与测试数据匹配度更高的结果），但是过多的自由度会导致对噪声的建模，这显然降低了模型的预测性能。必须强调，预测性能是模型的关键。当然，如何确定所需的自由度个数是一个困难的问题，有时需要反复摸索才能最终决定。一般来说，人们通常的做法是减小模型中的未知参数个数，常常可以借助物理方面的推理辅助决定。

这里不妨考虑一个带有14个轴承的设备，为简洁起见，只考察单个方向上的运动。显然，此处的刚度矩阵$\boldsymbol{K}$是14×14的，所包含的独立元素个数为105（$=14\times15/2$）。如果假设每个轴承只与最靠近的3个轴承有相互影响，那么，就可以显著简化，此时，刚度矩阵中的独立元素个数将变成50（$=14+13+12+11$），矩阵尺度降低了1/2还多，其形式为

$$\boldsymbol{K}=\begin{bmatrix}
x & x & x & x & 0 & 0 & 0 & 0 & 0 & 0 & 0 & 0 & 0 & 0\\
x & x & x & x & x & 0 & 0 & 0 & 0 & 0 & 0 & 0 & 0 & 0\\
x & x & x & x & x & x & 0 & 0 & 0 & 0 & 0 & 0 & 0 & 0\\
x & x & x & x & x & x & x & 0 & 0 & 0 & 0 & 0 & 0 & 0\\
0 & x & x & x & x & x & x & x & 0 & 0 & 0 & 0 & 0 & 0\\
0 & 0 & x & x & x & x & x & x & x & 0 & 0 & 0 & 0 & 0\\
0 & 0 & 0 & x & x & x & x & x & x & x & 0 & 0 & 0 & 0\\
0 & 0 & 0 & 0 & x & x & x & x & x & x & x & 0 & 0 & 0\\
0 & 0 & 0 & 0 & 0 & x & x & x & x & x & x & x & 0 & 0\\
0 & 0 & 0 & 0 & 0 & 0 & x & x & x & x & x & x & x & 0\\
0 & 0 & 0 & 0 & 0 & 0 & 0 & x & x & x & x & x & x & x\\
0 & 0 & 0 & 0 & 0 & 0 & 0 & 0 & x & x & x & x & x & x\\
0 & 0 & 0 & 0 & 0 & 0 & 0 & 0 & 0 & x & x & x & x & x\\
0 & 0 & 0 & 0 & 0 & 0 & 0 & 0 & 0 & 0 & x & x & x & x
\end{bmatrix} \tag{7.29}$$

对于那些不需要的自由度，实际上只需将它们限定为零即可。回到式

(7.2),假设 $\boldsymbol{S}$ 的一个或多个元素已经限定只能取某些指定值 $\boldsymbol{S}_c$,那么,就可以将矢量 $\boldsymbol{S}$ 划分为自由元素和受限元素,于是,有

$$[\boldsymbol{W}_f \quad \boldsymbol{W}_d]\begin{Bmatrix}\boldsymbol{S}_f\\ \boldsymbol{S}_c\end{Bmatrix}=\{\boldsymbol{F}_0\} \tag{7.30}$$

进而可以展开为

$$\boldsymbol{W}_f\boldsymbol{S}_f=\boldsymbol{F}_0-\boldsymbol{W}_c\boldsymbol{S}_c \tag{7.31}$$

受限情况中比较特殊也是非常常见的情况就是参数为零,这可以通过在矩阵 $\boldsymbol{W}$ 中将与相关自由度对应的列删去实现。对于非零的约束情况,载荷项也要做相应的修改,如式(7.31)所示。

这里考虑一个带有两个轴承的设备,在识别刚度、质量和阻尼矩阵时,需要 9 个自由度。如果消去 3 个交叉项,那么,未知矢量为

$$\boldsymbol{v}=\{k_{11} \quad k_{22} \quad 0 \quad m_{11} \quad m_{22} \quad 0 \quad c_{11} \quad c_{22} \quad 0\}^{\mathrm{T}}\Rightarrow\{k_{11} \quad k_{22} \quad m_{11} \quad m_{22} \quad c_{11} \quad c_{22}\}^{\mathrm{T}}$$

这意味着矩阵 $\boldsymbol{A}$ 的第 3 列、第 6 列和第 9 列删去了,于是,如果测试时覆盖了 N 个频率成分,那么,修正后的矩阵 $\boldsymbol{A}$ 的维度就是 $N\times 6$。这个例子可能显得比较随意,下面考虑一个更加实际一些的场景。对于一个带有 14 个轴承的涡流发电机,可以假定作用在高压透平端的力不会影响励磁机,也就是说,在轴承 1 和轴承 14 之间不存在明显的耦合效应。于是,刚度、质量和阻尼矩阵将呈现为带状结构,一般可以通过考察测试参数矩阵的奇异值情况对这些矩阵的带状分布情况做出先验性的判断。应当注意的是,前述矢量中的未知元素正是这些系统矩阵的元素,其顺序可以是任意的,只要计算方便即可。

处理系统中的阻尼一般是较为困难的,旋转类设备中经典阻尼(比例阻尼)的假设也没有特别的理由,并且这也会使得我们不得不将其描述为一个完整的矩阵。然而,这实际上是不必要的,也是人们所不希望的,这一做法可能带来较大的误差。原因有两点:第一,任何系统的测试数据只会在固有频率附近一个较窄的频率范围内才会携带较强的阻尼信息,因此以这种方式进行阻尼识别会引入相当多的变量;第二,在带有油膜轴承支撑的旋转类设备场合中,约 99% 的阻尼来自于轴承,这种耗散力已经在计算出的轴承力中体现出来了。因此,从理论上来说,将基础阻尼设定为零是合理的,当然,经验也表明,如果在识别出的模型中考虑阻尼项,那么,会得到更好的数值稳定性。

通过仔细分析真实设备的物理行为,问题的复杂性也是可以降低的。对于安装在固有频率较低的基础(通常是钢基础)上的大型设备,诊断问题是最为重要的,这些设备一般都会通过油膜轴承来支撑。这类系统中的绝大多数阻尼都

是由轴承油膜提供的,因此,结构的阻尼特性可以通过一个对角矩阵 $\boldsymbol{C}$ 描述。此外,也必须注意,人们也已经发现一些阻尼项对于识别过程的收敛性是必需的。事实上,这一点是不难理解的,在实验结果中,噪声水平与那些导致各种可能结果之间的差异的项往往是同阶的。

图 7.2 给出了一个测试结果和计算结果的比较,针对的是一个大型实验室测试平台在已知的不平衡度下的响应,这幅图与 Smart 等人[16]给出的实验结果是相似的。可以看出,在 15Hz 以上的频率范围内,二者在大小和相位上是相当吻合的。低频处吻合较差的原因尚不明确,不过,这对于实际设备来说并不太重要。

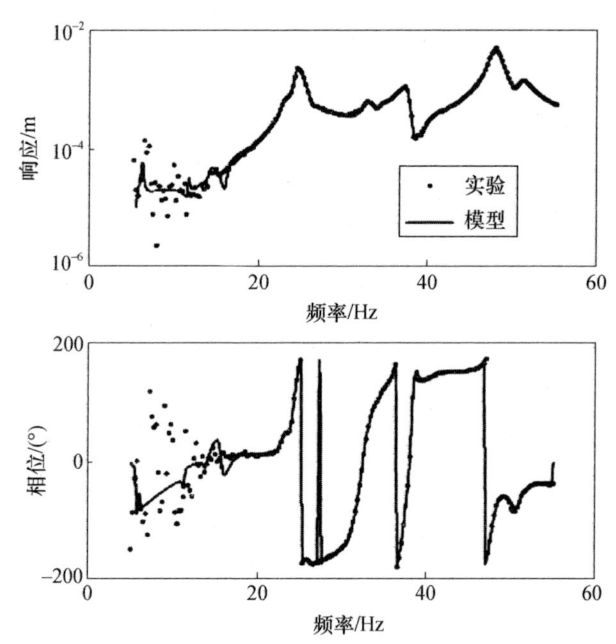

图 7.2 响应的测试结果和计算结果比较
(源自于 M. G. Smart 等人,Próc. R. Soc. A,456,1583,2000,经许可使用)

7.6.3 带卡尔曼滤波的模态方法

识别上述系统特性矩阵的另一方法就是利用模态模型,意大利的多位学者已经对此做过研究,如 Provasi 等人[7]、Vania[19]和 Zanetta[24]等。一旦模态行为得到确定,那么,也就可以获得所有的动力学行为特性。利用模态方法的最大好处在于,可以大大减少待识别的参数个数,不过代价是方程变成了未知参量的非线性形式。

在这一方法中，需要从轴承特性推断出载荷情况，于是，与 Lees 的方法不同的是，除了支座运动以外还需要测试转子位置。Feng 和 Hahn[25] 曾采用物理参数(而不是模态参数)进行过研究，早期他们也利用了计算得到的轴承系数和名义静载荷来计算轴承上的动态载荷情况，随后，他们[26] 又进行了轴承油膜压力测试并据此得到了转子上的载荷力情况。可以理解，这一做法在实际问题中是相当困难的。尽管这是一项非常有趣的实验研究，然而，实用性不是太明显。

多年来，意大利学者对于这一问题研究较多，Vania[19] 和 Zanetta[24] 在这一方面做了较为突出的工作。他们采用的方法不同于 Swansea 研究团队的方法，主要表现在 3 个方面，其中的两个是物理层面上的，而第三个则体现在数学细节上。总体来说，当前人们对于这一问题的认识仍然是不够深入的。

Zanetta 和 Vania 等人的工作中较为突出的 3 个方面如下。

(1) 采用了模态模型，而不是物理参数模型。

(2) 利用计算得到的轴承参数来计算载荷情况。

(3) 采用了卡尔曼滤波进行识别(在 7. 6. 4 节讨论)。

我们认为，这些方面既有其优点也有其不足，在此类方法的应用中可能产生一些问题。当然，必须意识到，模态参数和物理参数模型完全有可能综合起来使用，不过，目前这种综合运用的技术过程还远不够清晰。

在以模态参数表示模型时，存在两个主要优点。首先，问题的维度得到了显著降低；其次，每个轴承座的行为可以单独表示。不足之处在于，整个问题将变成高度非线性的，因此，必须采用迭代方法进行后续求解。所有这类方法，包括卡尔曼滤波方法，都需要设定一个初始的试探状态，以实现最终的求解。这在实际问题中是一个较大的缺点，并且人们也非常清楚这类算法的绝对收敛性和求解效率是高度依赖于初始状态与最终解的靠近程度的。

在建立系统的模态模型时往往会采用线性假设，当前的研究人员大多是这么进行分析的，所建立的模态模型都是线性的，由此将构成一个规模较大的耦合问题。

每个位置处的响应一般可以表示为如下形式，即

$$z_i = \sum_{r=1}^{n} \frac{\boldsymbol{\psi}_r^{\mathrm{T}} F(\omega)}{(\omega_r^2 - \omega^2 + 2\mathrm{j}\xi_r\omega_r\omega)} + \boldsymbol{\psi}_l^i \frac{\boldsymbol{\psi}_l^{\mathrm{T}} F(\omega)}{-\omega^2} + \boldsymbol{\psi}_n^i \frac{\boldsymbol{\psi}_n^{\mathrm{T}} F(\omega)}{\omega_n^2} \tag{7.32}$$

可以看出，式(7. 32)中最后两项计入了所分析的频率范围下方和上方的模态影响，模态分析中这一做法是常见的(参考 Ewins 的著作[18])。载荷力可根据轴承特性和测试结果进行计算。也有一些学者(如 Feng 和 Hahn[25])采用了雷诺方程求解。在轴承内部间隙和静态载荷方面一般会存在一定的不确定性，它们是随着工作状态而不断改变的，这一点应当加以注意。此外，还应看出式

(7.32)本质上给出的是输出误差这一类型,这也是比较恰当的。然而,由于是非线性形式的,因此会带来一定的数学复杂性。待确定的参数为

$$\boldsymbol{x} = \{\boldsymbol{\psi}_1^{\mathrm{T}}, \cdots, \boldsymbol{\psi}_r^{\mathrm{T}}, \cdots, \boldsymbol{\psi}_n^{\mathrm{T}}, \cdots, \xi_1, \cdots, \xi_r, \cdots, \xi_n, \omega_1, \cdots, \omega_r, \cdots, \omega_n, \boldsymbol{\psi}_l^{\mathrm{T}} \boldsymbol{\psi}_n^{\mathrm{T}}\}^{\mathrm{T}} \tag{7.33}$$

不妨考虑一台带有 14 个轴承的设备,并限于考察其单方向上的振动。那么,对于 n 个模态来说,总的变量个数(自由度数)将变成 $14 \times n + 2n + 14 \times 2$。

前面的分析中所导出的模型是纯线性的,不过,我们不应局限于此,可以对其做直接的非线性修正。实际上,在这一模型描述中不难引入非线性的轴承模型,由此得到的结果会受输入数据的不确定性的影响,这一点至今还没有得到研究。实际上,这种对轴承模型的依赖性也可以通过测试转子的瞬时位置和轴承座运动来消除,这些测试是很容易实施的,特别是对于一些新的涡轮发电机设备来说更是如此,不过,要注意的是,很多已有设备不具备这种测试条件,相关仪器设备的购置和维护保养等在经济性上也不是太合适。

一个更为麻烦的需求是对轴承上的静态载荷进行评估,不过这一需求是较为少见的。多转子系统一般是在冷态条件下进行对中的,然后,再针对可能的热运动进行修正,而工况下设备对中方面的信息是基本没有的。这一点非常重要,原因在于油膜轴承的动力特性强烈依赖于轴承承受的静态载荷情况。在当前的一些分析方法中,人们大多采用了名义值来回避这一困难。然而,我们仍需要注意这对于系统参数估计来说是一个误差源。

7.6.4 卡尔曼滤波的基本内容

卡尔曼滤波可以视为 LS 分析的连续形式,已经广泛用于控制应用领域中。这里只做一个简要的介绍,更多详细内容读者可以参阅相关的书籍。Noton[27]曾对此给出了一个相当清晰的解释,Simonian[28]则给出了一个在结构方面的有趣的实际应用(尽管已经比较过时了)。在标准的 LS 方法中,误差项的平方只需经过单次计算即可完成最小化,而在滤波方法中,需要先给出一个初始估计,然后,根据增补的数据集修正。随着计算过程的不断推进,待定参数的估计值以及它们的权值不断构造出来,整个计算过程是自洽的。从这一点来看,滤波方法要比直接应用 Moore - Penrose 逆运算有优势。在计算过程中,每一批新数据会不断地用于实现更好的匹配。例如,在第 i 步,参数估计的形式一般为

$$y_i = \alpha_i y_{i-1} + (1 - \alpha_i) x_i \tag{7.34}$$

式中:x 为利用当前数据集计算出的估计值。在每个计算步骤中,总的估计值是通过将现有估计值与从新数据集得到的估计值以加权方式构造而成的。与直接

的 LS 方法相比,滤波方法可以将完整的计算拆分成一组较小的计算工作,从而避免了非常大的矩阵运算过程。然而,这种计算中变量的个数仍然是相当多的。如果刚度、质量和阻尼矩阵都是 n 个自由度的,那么,总的变量个数将是 $3\times n\times(n+1)/2$ 个,而式(7.13)中的加权项则依赖于它们的方差矩阵,将包含 $3\times(n^2+n)\times(n^2+n+1)$ 个系数,因此,这些计算显然需要较大的存储容量才能完成。目前,已经有了比较有效的计算算法,这些大型关联矩阵可以根据更新后的参数估计直接进行计算。

7.7 不平衡度的识别

直接建模方法(参考 Smart 等人的著作[16])的一个优点在于,它可以以非常直接的方式将偏心矢量计入待识别的变量表中。Lees 和 Friswell[22] 曾对此做过详细的讨论。实际上,这种方法就是 7.6 节所讨论的方法的一个直接发展。根据 Smart 等人的工作[16],可以直接写出最简形式的运动方程,即

$$\boldsymbol{Z}_F\boldsymbol{r}_{F,b}=\boldsymbol{f}_{F,b} \tag{7.35}$$

轴承力 $\boldsymbol{f}_{F,b}$ 可以根据下式计算,即

$$\boldsymbol{f}_{F,b}=\boldsymbol{Z}_1\boldsymbol{r}_{F,b}+\boldsymbol{Z}_2\boldsymbol{f}_u \tag{7.36}$$

其中

$$\boldsymbol{Z}_1=\boldsymbol{Z}_B(\boldsymbol{P}^{-1}\boldsymbol{Z}_B-\boldsymbol{I}),\boldsymbol{Z}_2=\boldsymbol{Z}_B\boldsymbol{P}^{-1}\boldsymbol{Z}_{R,bi}\boldsymbol{Z}_{R,oo}^{-1} \tag{7.37}$$

且有

$$\boldsymbol{P}=\boldsymbol{Z}_{R,bb}+\boldsymbol{Z}_B-\boldsymbol{Z}_{R,bi}\boldsymbol{Z}_{R,ii}^{-1}\boldsymbol{Z}_{R,ib} \tag{7.38}$$

虽然这些公式比较复杂,不过它们的物理含义却是非常显然的,所涉及的矩阵只包括已知量或测试量,很容易计算。由此可以重构方程以适合于识别工作,即

$$\boldsymbol{W}\boldsymbol{v}=\boldsymbol{f}_{F,b}=\boldsymbol{Z}_1\boldsymbol{r}_{F,b}+\boldsymbol{Z}_2\omega^2\boldsymbol{\varepsilon} \tag{7.39}$$

式中:$\boldsymbol{\varepsilon}$ 为未知的质量偏心矢量(定义在每个预先选定的平衡面处)。重新安排之后,这一方程可变为

$$\begin{bmatrix}\boldsymbol{W} & -\boldsymbol{Z}_2\omega^2\end{bmatrix}\begin{Bmatrix}\boldsymbol{v}\\ \boldsymbol{\varepsilon}\end{Bmatrix}=\boldsymbol{Z}_1\boldsymbol{r}_{F,b} \tag{7.40}$$

不平衡度的估计是非常有价值的,与基础参数不同的是,利用动平衡技术我们可以轻松地对这一估计进行验证。例如,表 7.1 针对一个大型四轴承支撑的实验设备给出了一组测试结果,测试了 6 种不平衡构型,其中也给出了幅值和相位估计。

表 7.1 不平衡度的估计值和实际值比较

测试编号	平衡面	实际幅值/(kg·m)	实际相位/(°)	估计幅值/(kg·m)	估计相位/(°)
1	3	0.160	45	0.1678	44.4
2	1	0.160	195	0.1797	188.2
	3	0.160	45	0.1606	37.5
3	3	0.160	45	0.1715	48.4
	4	0.160	150	0.2108	149.1
4	1	0.160	195	0.1737	195.9
	5	0.160	0	0.1811	-0.02
5	1	0.160	195	0.1624	182.3
	3	0.160	45	0.1318	42.9
	4	0.160	150	0.1941	154.2
6	1	0.160	195	0.1852	195.7
	3	0.160	45	0.1829	42.2
	5	0.160	0	0.1830	2.77

在实验室完成这一方法的合理性验证之后，将其应用于一台 350MW 的涡流发电机设备(总长约为 40m)，该设备中有一个叶片损坏，详细情况可参阅 Swansea 大学研究团队的工作。计算表明，在 HP 转子上两个平衡面处存在着较高的不平衡性。通过分析力矩可以将其换算为单个不平衡问题，得到的估计再与测试结果进行比较分析。结果表明，这一估计值偏低 15%，且估计位置距离实际损伤的叶片位置相距 500mm。从实际损伤叶片具有不规则形状这一角度出发，这一结果已经可以认为是可接受的。在相位估计上存在一些误差，这些误差一般是无法彻底消除的，其原因在于测试信号中存在着相位差异，全面分析这些差异一般是不可能的。尽管如此，这一实验结果以及设备分析结果仍然表明了这是一种有用的处理方法。

上述方法也可以用于分析转轴弯曲的详细情况。正如第 4 章所讨论过的，弯曲会导致同步振动，但是它与不平衡导致的情况是有重要区别的。这一情况下的计算分析可以在上述分析基础上直接拓展过来，这里不再进行讨论。感兴趣的读者可以参考 Edwards 等人的著作[29]，其中给出了完整的讨论和分析。

7.8 不对中问题的分析

在 7.5 节中讨论了如果将转子运动数据和其他附加数据包括进来并加以正

确的利用,那么,就能够改善识别质量,进而也就能更好地理解和认识设备的运行过程。此外,借助这一做法可以实现对轴承载荷和转子定子间的运动的监控,这二者能够用于轴承状态的评估。在任何构型下,轴承特性都取决于静态载荷情况,在知道了轴承特性之后就可以进行相关的计算。通过对比测得的刚度和理想的短轴承(参见文献[30])情况,还可以直接进行载荷计算。当然,对于一些特殊情况来说,也可以采用其他更为合适的轴承模型处理。这里的计算本质上是非线性的,因而,采用输出误差进行处理是恰当的。待定的矢量一般为 $\boldsymbol{\theta}=\{\boldsymbol{v}\quad \boldsymbol{\varepsilon}\quad \boldsymbol{F}_1\quad \cdots\quad \boldsymbol{F}_n\}^{\mathrm{T}}$,可以借助迭代过程求解,其中涉及的计算过程要比本章给出的那些稍微复杂一点,其详细过程可参考 Sinha 等人的著作[31]。

7.9 未来的发展方向

本章讨论的大多数内容是近 20 年来人们的研究成果,在大型设备的识别(反问题)方面已经有了显著的进展。这一领域也是测试数据和建模研究相互补充的一个典型领域,由此我们能够更好地认识设备的运行情况。在这一方面,人们已经提出了很多有用的技术方法。不过这些技术同时也使得数据分析任务变得比较复杂,因此,如何实现一定程度上的自动化成为了一个必然的要求。虽然这需要我们付出更多的努力,然而,不难想象,未来的系统将可以根据每次运行过程自动进行分析,并自动获得每个轴承处的质量和刚度特性估计。此外,未来的系统还能够自动识别出转子不平衡的分布形态以及转子弯曲方面的信息。不仅如此,还可将这一系统拓展用于不对中情况的估计,这对于工厂实际来说显然是非常有价值的。所有这些方面应尽可能直接针对系统的物理参数进行存储,而不是像当前那样只存储巨量振动数据(需要进行大量的解读)。

进一步,未来的系统还可具有其他一些先进的功能,例如,在根据运行过程建立模型之后,可以利用滤波方法对其进行精细调节。我们的最终目标是从设备带载运行数据中获得最大程度的认识,这些数据是相当丰富的,但是现阶段对它们的利用仍然有限,所提取出的信息内容远少于瞬态过程数据的处理。不过,如果采用了经过精细调节的模型,那么,分析人员就可以细致地考察载荷变化产生的影响,进而获得更深入的认识。

7.9.1 实现过程

实现的过程可能会显得有些复杂,不过,实际上只是纯算法上的,也比较容易实现自动化。在根据设备的降速运行过程获得重要信息之后,一般需要进行如下工作。

（1）自动进行降速运行过程信息的处理。

在此之前，一般需要针对每种类型的设备建立相应的转子模型，例如，在一个电站场合中有4台相同的设备，那么，只需建立一个转子模型。人们已经对此做过很多讨论，如 Lees[21]。名义相同的设备所存在着的细微差异主要来自于支撑结构，这些差异也是可以处理的。此外，转子模型最好是在自由－自由边界条件下进行测试验证。

（2）根据前面得到的数据对不平衡度进行估计（对热态和冷态降速运行进行分类处理）。

（3）将基础参数与前面的数据进行比较。

在自动计算过程中，可以将一些独立的数据记录综合起来用于监控基础参数、平衡状态、转子弯曲、轴承（静态）载荷以及对中情况。

（4）监控对中性的变化。

（5）如果可以采用接近探头进行检测，则对轴承特性进行推断，这有助于发现轴承磨损问题。

经过单独的处理，就可以综合出轴承特性的完整信息。通过推导轴承处的载荷情况是可以做到这一点的，当然，这需要利用良好的转子模型。

如果具有了上述这样的系统，那么，就能获得与设备状态相关的大量内在信息，而基本上不需要像当前那样采用附加的仪器设备或额外的工作。人们已经研究提出了一些用于系统参数计算的技术方法，哪些方法才是最有效的至今还在讨论之中。当上述问题都得到解决之后，下一步只需进行软件设计和开发即可将它们付诸实施。应当指出的是，对于原型设计来说，不久的将来应该就可以实现。

实际上，未来的系统还可能具备更诱人的功能，事实上，在经过前述分析之后已经完全掌握了转子在轴承中的位置信息和不平衡载荷情况，因此，利用转子模型来体现所有这些信息之后，就能够得到转子的变形状态，这对于转子碰摩方面的研究是极为有利的。

7.9.2 社会效益

在上述分析过程中，始终需要进行的工作就是将观测到的行为与数值模型进行匹配。模型和设备数据都可以视为信息源，将它们合理地组合起来，可以最大限度地得到设备状态信息。这一思想可能令人感到奇怪，因为人们可能会认为设备数据是“真实”的，而模型给出的只是纯粹的“假想”。不过，实际上并非如此，设备数据和模型数据应视为是相互补充相互验证的，对于总体状态来说，它们构成了交叉检验的关系。

习题

7.1 下表给出了一个带有两根弹簧和两个质量的系统在 5 ~ 100Hz 范围内的响应。系统受到的是单位激励力作用(在质量 2 上)。试建立回归方程确定刚度、质量和阻尼参数。

7.2 只利用 50Hz 以下的数据重新计算习题 7.1。试解释此处导出的估计值与采用完整频率范围导出的估计值之间的差异。

频率/Hz	位移 1		位移 2	
	幅值/μm	相位/(°)	幅值/μm	相位/(°)
10	1.00	-1	2.43	-1
20	1.15	-11	2.71	-8
30	1.74	-28	3.79	-24
40	3.09	-87	5.84	-80
50	1.74	-149	2.59	-138
60	1.13	-168	1.11	-150
70	1.1	179	0.46	-136
80	2.19	144	1.13	-67
90	0.86	28	1.13	-161
100	0.27	12	0.61	-170

7.3 利用习题 7.1 的表中的数据估计系统的特性矩阵 $\boldsymbol{K}$、$\boldsymbol{M}$ 和 $\boldsymbol{C}$,假设阻尼矩阵是对角阵。进一步针对估计出的模型位移与表中测试结果进行对比分析。

7.4 针对习题 7.1 的表给出的数据,计算其回归矩阵的奇异值,并指出当有新数据补充进来时它们会如何变化。

7.5 设有一根直径为 350mm、长为 3m 的均匀转子,一端带有一个风扇,可以视为一个钢制圆盘,直径为 600mm,厚度为 150mm。两个轴承分别位于轴的驱动端和 2m 位置处,风扇的不平衡度为 0.0003kg · m。全速工况下轴承位置处的转轴运动测试结果如下表,试确定动态轴承载荷。

	x 方向	y 方向
轴承 1	6×10^{-6},30°	4×10^{-6}, -20°
轴承 2	8×10^{-6},20°	5×10^{-6},70°

参考文献

[1] Jeffcott, H. H. , 1919, The lateral vibration of loaded shafts in the neighbourhood of a whirling speed: The effects of want of balance, *Philosophical Magazine*, 6, 37 ,304 – 314.

[2] Stodola, A. , 1927, *Steam and Gas Turbines*, Translation by S. Loewenstein, McGraw – HillBook Co. , Inc. , New York.

[3] Nelson, H. D. and McVaugh, J. M. , 1976, The dynamics of rotor – bearing systems using finite elements, *Journal of Engineering for Industry*, 98, 593 – 599.

[4] Nelson, H. D. , 1980, A finite rotating shaft element using Timoshenko beam theory, *Journal of Strain Analysis for Engineering Design*, 102, 793 – 803.

[5] Friswell, M. I. , Penny, J. E. T. , Garvey, S. D. and Lees, A. W. , 2010, *Dynamics of Rotating Machines*, Cambridge University Press, New York.

[6] Worden, K. and Tomlinson, G. R. , 2000, *Non – linearity in Structural Dynamics*, CRC Press, Boca Raton, FL (Originally published by IoP Press, Bristol, PA.)

[7] Provasi, R. , Zanetta, G. A. and Vania, A. , 2000, The extended Kalman filter in the frequency domain for the identification of mechanical structure excited by multiplesinusoidal inputs, *Mechanical Systems and Signal Processing*, 14(3) ,327 – 341.

[8] Mayes, I. W. and Davies, W. G. R. , 1976, The behaviour of a rotating shaft system containing a transverse crack, *Institution of Mechanical Engineers Conference on Vibrations in Rotating Machinery*, Cambridge, U. K. , pp. 53 – 64.

[9] Lees, A. W. and Friswell, M. I. , 2001, The vibration signature of chordal cracks in asymmetric rotors, in 19*th International Modal Analysis Conference*, Kissimmee, FL.

[10] Childs, D. , 1993, *Turbomachinery Rotordynamics: Phenomena, Modeling and Analysis*, Wiley, New York.

[11] Lees, A. W. and Simpson, I. C. , 1983, Dynamics of turbo – alternator foundations, in *Institution of Mechanical Engineers Conference*, London, U. K. , Paper C6/83.

[12] Pons, A. , 1986, Experimental and numerical analysis on a large nuclear steam turbogenerator, in *IFToMM Conference on Rotordynamics*, Tokyo, Japan, p. 269.

[13] Hirdaris, S. E. and Lees, A. W. , 2005, A conforming unified finite element formulation for the vibration of thick beam and frames, *International Journal for Numerical Methods in Engineering*, 62 (4), 579 – 599.

[14] Oldfield, M. , Ouyang, H. and Mottershead, J. E. , 2005, Simplified models of bolted joints under harmonic loading, *Computers & Structures*, 84(1 2), 25 – 33.

[15] Kramer, E. , 1993, *Dynamics of Rotors and Foundations*, Springer – Verlag, Berlin, Germany.

[16] Smart, M. G. , Friswell, M. I. and Lees, A. W. , 2000, Estimating turbogenerator foundation parameters – Model selection and regularisation, *Proceedings of the Royal Society A*, 456, 1583 – 1607.

[17] Golub, G. H. and Van Loan, C. F. , 2012, *Matrix Computations*, The John Hopkins University Press, Baltimore, MD.

[18] Ewins, D. I. , 2000, *Modal Testing: Theory, Practice and Application*, 2nd edn. , Wiley – Blackwell, U. K.

[19] Vania, A. , 2000, On the identification of a large turbogenerator unit by the analysis of transient vibrations, in *Institution of Mechanical Engineers Conference on Vibrations in Rotating Machinery*, Nottingham, U. K. , pp. 313 - 322.

[20] Pennacchi, P. , Bachschmid, N. , Vania, A. et al. , 2006, Use of modal representation for the supporting structure in model - based fault identification of large rotating machinery: part 1 - theoretical remarks, *Mechanical Systems and Signal Processing*, 20(3), 662 - 681.

[21] Lees, A. W. , 1988, The least square method applied to identify rotor foundation parameters, in *Institution of Mechanical Engineers Conference on Vibrations in Rotating Machinery*, Edinburgh, U. K. , pp. 209 - 215.

[22] Lees, A. W. and Friswell, M. I. , 1997, The evaluation of rotor imbalance in flexibly mounted machines, *Journal of Sound and Vibration*, 208(5), 671 - 683.

[23] Sinha, J. K. , Friswell, M. I. and Lees, A. W. , 2002, The identification of the unbalance and the foundation model of a flexible rotating machine from a single rundown, *Mechanical Systems and Signal Processing*, 16, 255 - 171.

[24] Zanetta, G. A. , 1992, Identification methods in the dynamics of turbogenerator rotors, in *Institution of Mechanical Engineers Conference on Vibrations in Rotating Machinery*, Bath, U. K. , paper C432/092, pp. 173 - 182.

[25] Feng, N. S. and Hahn, E. J. , 1995, Including foundation effects on the vibration behaviour of rotating machinery, *Mechanical Systems and Signal Processing*, 1995, 9(3), 243 - 256.

[26] Feng, N. S. and Hahn, E. J. , 1998, Vibration analysis of statically in determinate rotors with hydrodynamic bearings, *Journal of Tribology - Transactions of ASME*, 120(4), 781 - 788.

[27] Noton, M. , 1972, *Modern Control Engineering*, Pergamon Press, Inc. , Elmsford, NY.

[28] Simonian, S. S. , 1979, System identification in structural dynamics: An application to wind force estimation, PhD thesis, University of California, University Microfilms International, Ann Arbor, MI.

[29] Edwards S. , Lees, A. W. and Friswell, M. I. , 1998, The identification of a rotor bend from vibration measurements, in 16*th International Modal Analysis Conference*, Santa - Barbara, CA, pp. 1543 - 1549.

[30] Hamrock, B. J. , Schmid, S. R. and Jacobson, B. O. , 2004, *Fundamentals of Fluid Film Lubrication*, Marcel - Dekker, NJ.

[31] Sinha, J. K. , Lees, A. W. and Friswell, M. I. , 2004, Estimating the static load on the fluid bearings of a flexible machine from run - down data, *Mechanical Systems and Signal Processing*, 18, 1349 - 1368.

第8章 进一步的分析方法

8.1 标准化方法

在分析评估设备状态所涉及的数据处理方面存在着一些明显不同的方法，从纯经验性的到基于物理层面的不一而足。数据处理的目的是从数据中提取出有用信息。以振动测试数据为例，它们自身是没有多少价值的，只是在将其解读成文字信息之后才能给出某些物理涵义。这一章主要讨论的正是如何进行数据的解读。

应当指出的是，将数据转换成信息不是一件简单的工作，需要进行一定的研究才能实现。纯经验性方法是可行途径之一，人们可以构建一个包含有大量振动数据和设备参数的知识库，根据对应关系去判断任何明显的模式改变都反映了设备的某种变化，进而启动后续的分析调查工作。这显然是一个相当简单的模型，它适合于一些经济价值相对较低的设备，当某些参数特征发生预定的变化时，可以将该设备停机检查。

在振动数据的处理中，一般需要采用一些合适的函数来描述，它们可以是均方根形式或者峰态系数等，后者是对信号的峰值进行处理从而体现系统内可能存在的冲击行为。稍微复杂一些的系统还可以在两个平面内对振动进行测量，然后，将这些数据记录在散点图上。正如第2章所讨论过的，很容易进行一些统计性测试从而对发生重要变化的那些点进行评估分析。当然，此类系统中所记录的数据通常不仅仅只包含振动数据，往往也会包括转速、负载和性能等方面的数据。

上述比较简单的系统已经足以指导某些设备的安全运行，不过，对于更为复杂和经济价值较高的设备来说，这样的系统仍然是不够的，必须开发出更为先进的系统。

现有研究中一般将监控系统的设计划分为以下3个层次或阶段。

(1) 故障检测。

(2) 故障诊断和定位。

(3) 故障影响的校正或修复。

每一个阶段都包括了一些预处理步骤。第一阶段已经做了讨论，最核心的要求仅仅是建立一些准则来提醒故障状态或通知停机。这一工作可以建立在纯统计性方法基础上实现，不过，仍然需要确定将哪些参数用于状态提示。正如前面曾经讨论过的，一个非常简单的参数就是振动数据的均方根。若令 $y(t)$ 代表振动测试数据，那么，均方根为

$$y_{\mathrm{rms}}(t) = \sqrt{\frac{1}{T}\int_{t-\frac{T}{2}}^{t+\frac{T}{2}} y^2(t)\,\mathrm{d}t} \tag{8.1}$$

式中：时间段 T 可以根据所考察的问题选定。当设备运行在名义上的稳态条件下时，可以选择较长的时间段来计算，而如果设备处于瞬态运行工况，那么，就需要选择较短的时间窗口。即便是振动数据中包含多种成分，这一做法也是有用的，当然，它可能不能全面反映出系统的重要特征。例如，对于滚动轴承的监控来说，轴承中各个元件之间的撞击情况显然是重要的，这种情况下，如果采用峰态系数这个参数可能要更为有用一些，因为它能更好地反映信号中的尖刺行为。峰态系数的定义为

$$K(t) = \frac{\int_{t-(T/2)}^{t+(T/2)} y^4(t)\,\mathrm{d}t}{\left(\int_{t-(T/2)}^{t+(T/2)} y^2(t)\,\mathrm{d}t\right)^2} \tag{8.2}$$

式中：T 的选择思路与前相似。应当注意的是，采用这一个参数作为监控参数一般需要对设备运行过程有一定的深入认识才行。

图 8.1 给出了一个信号实例，其中主要是高斯随机噪声。这里的问题是分析人员如何才能清楚明白地将这个信号与包含若干正弦成分的信号区别开来。实际上，可以采用多种方法实现这一目的，其中峰态系数方法可能是最为方便的。

其他一些纯统计性方法还包括自相关和互相关函数及其各自的谱函数。对于那些测试结果中带有明显随机成分的情况，这些方法是非常有用的，如流体处理设备就是如此。当信号中带有大量随机成分时，常见的处理方法就是计算信号的自相关函数，它实际上是刻画了信号重复的程度。

若测试数据为 $y(t)$，那么，自相关函数可以根据下式计算，即

$$R(\tau) = \lim_{T\to\infty}\frac{1}{T}\int_0^T y(t)y(t+\tau)\,\mathrm{d}t \tag{8.3}$$

实际问题中的 T 只能是有限值，选取的越大，可以更好地将随机成分平均掉，从而揭示出信号的内在结构。这一做法实际上假设了信号是定态的，虽然存

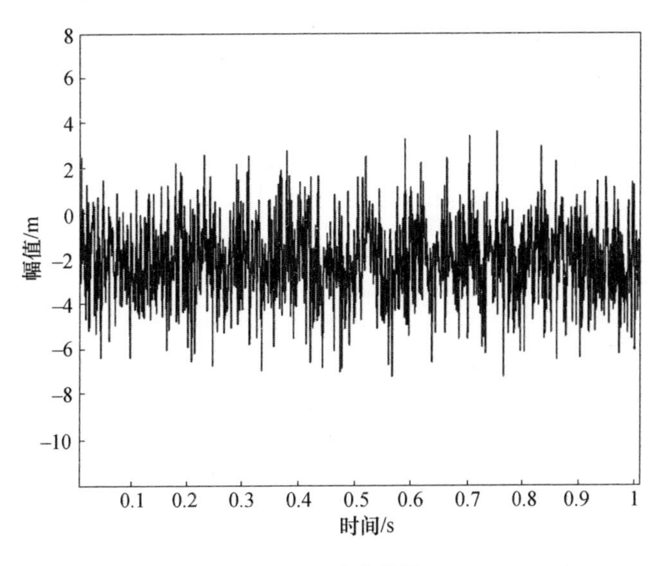

图 8.1　噪声信号

在较多的波动,但是其统计特性不随时间改变。应当注意,这里的自相关函数只是两个测试数据之间的时间间隔的函数,而不是绝对时间的函数。

我们再来考虑图 8.1 给出的这个实例,其中的信号受到了噪声的严重干扰。该图显示的是第一秒内的原始数据,很明显可以看出由于噪声的影响,任何形式的解析描述都是不可行的。考虑到存在着大量的噪声成分,因此,一般需要进行平均化处理才能得到真实信号。在图 8.2 中,给出了在 1000s 内进行平均之后得到的自相关函数,这里当然假设了这个系统在这么长时间内是定态的,应当注意的是,这一假设对于旋转类设备来说一般是不成立的,这一点将在 8.6.6 节加以讨论。对于这里的分析来说,仍然假设系统在此时间内是稳态的。图 8.2 中显示了 1s 内自相关函数的变化情况,与图 8.1 相比可以看出,这里可以直接观察到周期信号结构。需要注意的是,这里虽然仍存在较严重的噪声干扰,但是所包含的内在信号模式要更加明显了。

这个实例中的噪声程度实际上是远远超过实际设备中所能观测到的程度,这里只是做了夸大以更好地说明问题。虽然图 8.2 中仍然包含了噪声的干扰,但是其信号结构已经比较明显了,图 8.3 进一步给出了对应的傅里叶变换,即功率谱密度。不难发现,在 20Hz 和 40Hz 这两处存在着明显的周期成分。

在上述情况中,这两个频率成分也可以通过对原始信号做直接的傅里叶变换识别出,不过,由于噪声水平相当高,因此,40Hz 这一频率成分会受到一定的湮没。这一点从图 8.4 可以清楚地观察到,该图是对 1000s 内的信号做傅里叶变换得到的。

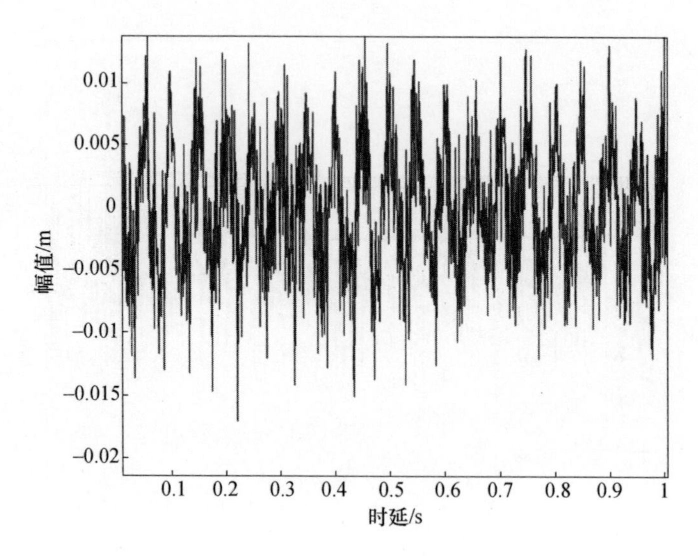

图 8.2　自相关函数

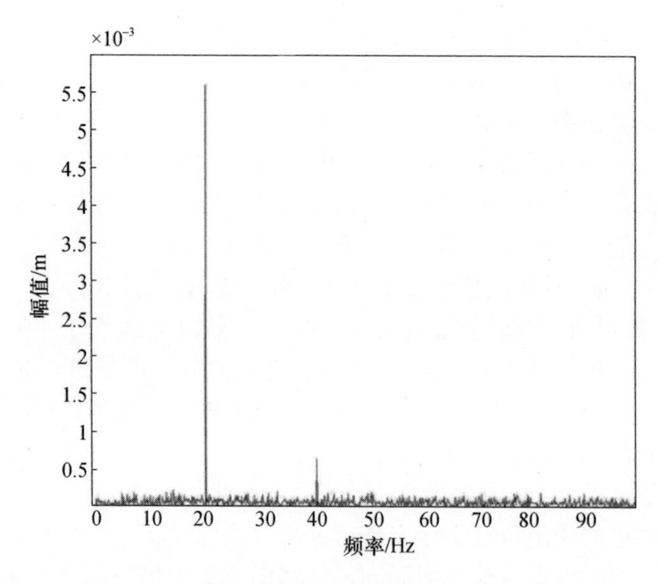

图 8.3　功率谱密度

经过上述处理,已经逐步认清了初看上去似乎是纯随机信号所具有的内在结构。当然,这一数据处理过程一般是难以给出精确描述的。不过,分析人员可以借助一些标准化的工具加以实现,如傅里叶变换。显然,借助这些标准技术方法我们就能够获得设备运行的相关数据信息,这是一个显著的优点。

需要强调指出的是,所有基本的信号处理方法本质上都是纯统计性的,分析

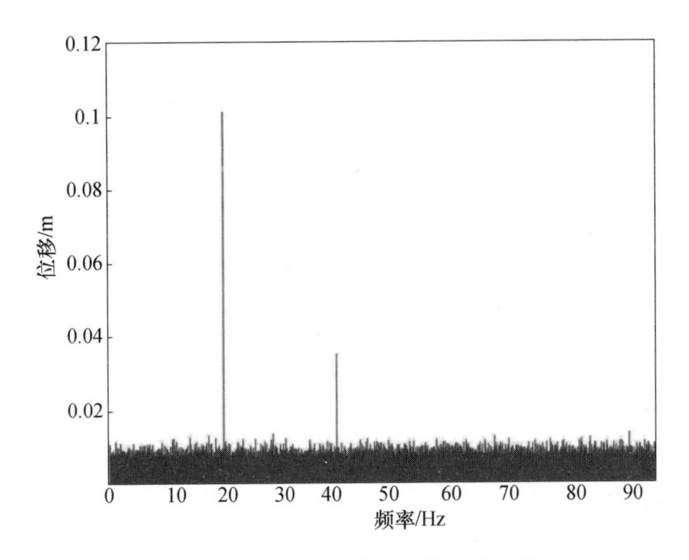

图 8.4　1000s 数据信号的傅里叶变换

人员的基本工作是从获得的数据中推断出相应的物理内涵，在此过程中往往需要组合使用一系列相关技术方法，具体方法的选择一般取决于分析的性质。

8.2　人工神经网络

前面所进行的绝大多数的讨论本质上都是确定性的，这种基于物理层面的确定性的描述是极为有用的，因为它们可以帮助我们更深入地认识设备运行过程的物理本质。然而，这种确定性的描述框架并不总是可行的，特别是当设备运行过程受到大量因素的影响时更是如此，此时所遇到的问题往往会超出当前的建模研究水平。在这类情况中，需要采取不同的分析途径。例如，第 2 章曾讨论了散点图方法，它可以显示出相当长时间内振动水平的变化情况（含幅值和相位），如图 2.6 所示的实例就展示了这一点（设备运行在不变的额定转速），随后就可以去探究设备为什么会出现此类行为的原因了。

一定程度上来说，这一原因是显然的，虽然设备工作在额定不变的条件下，但大量参数仍然是在变化之中的，而控制系统一直在进行校正以保证输出量保持不变。例如，虽然负载和转速（额定）是不变的，转子电流、蒸汽压力和冷凝器状态等却总是在不断变化的。不妨考虑一个带有 6 个轴承的涡流发电机设备，除了每个轴承处的两个振动分量和转子转速以外，一般还需要监控另外的 54 个参数，主要包括各点处的温度和压力信号。尽管这些参数在理想情况下应当是不变的，但是实际上都会出现一些波动。这些波动会对振动水平产生影响，只是影响机制相当复杂而已，为了更准确地评估设备的状态，就需要采用合适的方法分析这些参数的变化情况。这已经超出了当前的直接建模方法所能提供的能力范围，因而，一般需要采取更偏向于经验性的途径解决，其中一种途径就是利用人工神经网络。

在人工神经网络这种方法中，一组输入参数与一组输出参数之间的关系是通过对一组权值参数的调整构建的。对于上述这个实例，输入参数将包含设备的 54 个参数，这意味着网络中的输入层将带有 54 个节点，输出层为 12 个节点，它们代表了每个轴承处（或者更一般来说，每个测试点）的振动水平，可以是以幅值和相位的形式描述，也可以是实部和虚部的形式来描述。在输入层和输出层之间带有一个或多个中间层，每个中间层的节点个数一般应根据所分析的问题而定。在很多识别问题的研究中，人们已经认识到，节点数过少会使得匹配程度不足，而过多的节点又会导致对噪声的模化。

每层所包含的所有节点都与下一层的每个节点相连接，每个连接上都带有一个权值参数。这些权值需要进行调整，从而给出输入与输出之间的最佳匹配。这一过程通常也称为“训练”。经过训练后的网络就可以用于预测给定一组参数下的振动情况了，当然，前提是设备状态没有发生根本的改变。

在状态监控领域中最常用的人工神经网络是多层感知型的，其结构如图 8.5 所示。该图中只显示了一个隐含层，不过，从理论上说，这种隐含层的数量是任意的。每个节点都需要与前一层中的每个节点相连，其输出将传递到下一层中的每个节点中。每一层中的前向信号可由下式给出，即

$$y = f\left(\sum \omega_i x_i + \omega_0\right) \tag{8.4}$$

其中的函数 f 可以选择多种形式，不过最常用的是 sigmoid 函数，即

$$f(x) = \frac{1}{1 + e^{-x}} \tag{8.5}$$

这个函数是比较合适的，原因在于它具有连续导数，且在较大的正值和较小的负值处趋于零。针对一组训练用的输入和输出（训练样本），通过最优匹配即可获得权函数 ω。由于函数 f 是非线性的，因此，可以看出，任何数据集都可通过这一网络描述。

当然，在应用这项技术的过程中也需要注意一些问题。例如，输入参数值可能覆盖了一个非常宽的变化范围，如测试得到的位移数量级为 10^{-6}m，而温度为几百摄氏度。此时，一般需要将所有输入进行归一化处理，即通过尺度缩放使之落在 $-1 \sim +1$。这样就能保证所有测试数据在计算中都能体现出应有的重要性。另一个需要注意的问题是网络参数的选取，过少的隐含层会限制数据匹配

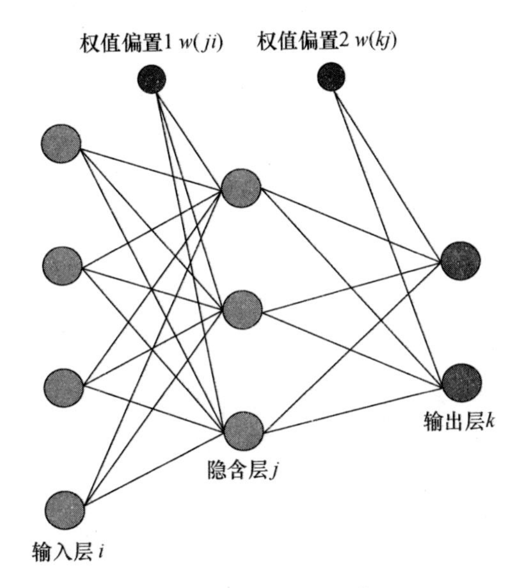

图 8.5　多层神经网络

能力，而过多的隐含层又会导致噪声被植入到模型中。在很多系统识别方法中，这也是经常遇到的一个矛盾。

值得注意的是，这种数据匹配是通过权函数的调整得到的，这一过程可以视为一种高级的曲线拟合过程，表现为节点连接关系的强弱程度。利用恰当的网络可以方便地描述一组数据之间的映射关系，但是这仅仅是曲线拟合而已，并不一定反映系统的物理参数就是如此，显然，这一点与第 7 章所介绍的工作形成了鲜明的对照。关于人工神经网络训练方面的更多内容已经超出了本书的范畴，感兴趣的读者可以去参阅相关文献，如 Worden 和 Tomlinson 的著作[1]。此外，目前也出现了很多人工神经网络应用与设计方面的容易掌握和使用的程序，可参阅 Nabney 的著作[2]。

作为一种高级的曲线拟合形式，在人工神经网络中信息是以内插方式得到的，而不是外插预测。这一点是容易理解的，因为数据只是做简单的匹配，而不是与任何物理方程进行关联。当然，如果运用恰当，那么，人工神经网络也能帮助我们获得与设备行为有关的物理内涵。

下面我们介绍一个实例说明这一点，这个实例与第 2 章给出的散点图数据有关。

图 2.6 所示的散点图中的数据反映的是 11 天时间内单个轴承上的振动情况，总共包括 8600 个测试数据，它们都是由 54 个参数决定的，如转子转速、蒸汽温度、压力以及其他一些额定参数，由于控制系统在不断地调整以适应变化的载

荷情况，因而，这些参数始终是在变化的。这里的目的是确定轴承振动是怎样受每个参数影响的。我们没有理由去假设这种影响机制是线性的，但是如果初始分析时采用线性假设，仍然可以在某些重要问题上得到一些启发。上述 54 个参数显然不会是同等重要的，因此，有必要去分析评估各个参数的相对重要性，也就是找出哪些参数对相关现象起到了决定性作用。

令 $\boldsymbol{\theta}$ 表示振动量，$\boldsymbol{R}$ 为未知参数矢量，于是，有

$$\boldsymbol{\theta} = \boldsymbol{P}\boldsymbol{R} \tag{8.6}$$

对于这个实例，这一方程中的 $\boldsymbol{\theta}$ 是长度为 8600 的矢量，$\boldsymbol{P}$ 为 8600×54 的矩阵，而 $\boldsymbol{R}$ 为长度为 54 的矢量。应用 Moore – Penrose 逆可得

$$\boldsymbol{R} = (\boldsymbol{P}^{\mathrm{T}}\boldsymbol{P})^{-1}\boldsymbol{P}^{\mathrm{T}}\boldsymbol{\theta} \tag{8.7}$$

这个解一般会受到显著的噪声干扰，因而是不可靠的。可以对这一方法做些改变，利用奇异值分解（见 8.6.1 节）分析矩阵 $\boldsymbol{P}$。事实上，可以将其表示为

$$\boldsymbol{P} = \boldsymbol{U}\boldsymbol{\Sigma}\boldsymbol{V}^{\mathrm{T}} \tag{8.8}$$

式中：$\boldsymbol{\Sigma}$ 为一个对角矩阵，包含了 54 个奇异值（降序排列）；$\boldsymbol{U}$ 和 $\boldsymbol{V}$ 是由标准正交列构成的矩阵，$\boldsymbol{U}^{\mathrm{T}}\boldsymbol{U} = \boldsymbol{V}^{\mathrm{T}}\boldsymbol{V} = \boldsymbol{I}_n$。实现这一分解的算法有很多种，可参阅 Golub 和 van Loan 的书[3]，也包括 MATLAB 中的相关标准函数。这些算法的机制这里不再讨论，而主要是去使用它们。对式(8.6)变换后可以得到

$$\boldsymbol{\Sigma}^{-1}\boldsymbol{U}^{\mathrm{T}}\boldsymbol{\theta} = \boldsymbol{V}^{\mathrm{T}}\boldsymbol{R} \tag{8.9}$$

可以将 $\boldsymbol{R}$ 的形式解表示成矩阵 $\boldsymbol{V}$ 中的列矢量的形式，于是，有

$$\boldsymbol{R} = \sum_{j=1}^{54} a_j \boldsymbol{v}_j \tag{8.10}$$

由此可得

$$a_j = \frac{\boldsymbol{u}_j^{\mathrm{T}}\boldsymbol{\theta}}{\sigma_j} \tag{8.11}$$

很明显可以看出，σ_j 较小的那些项会对结果产生重要影响。将式(8.8)和式(8.10)联系起来可得

$$\boldsymbol{P}\boldsymbol{v}_j = \sigma_j \boldsymbol{u}_j \tag{8.12}$$

这表明，有一些矢量只会导致系统产生噪声，消除这些噪声的途径比较简单，只需对解中的奇异值做截断处理即可，实际上，也就是将剩下的设定为零。事实上，这种分析过程是能够为我们提供相当深度的认知的，我们仍然借助前面的实例加以说明。

如图 8.6 所示，其中的两幅图只存在较小的差异，这是因为一些比较明显的

错误数据已经被直接删去了。这幅图给出的是奇异值的分布，很明显，可以看出，相对于列号的变化率在 $x=12$ 附近改变得非常显著，当然，精确的位置仍然有待考察。在较大的列号处，由于奇异值较低，所以高阶项的贡献变得很小，如果将它们包含进来，就会严重扭曲最终的解，显然，这些高阶模式项应当视为噪声并忽略掉。

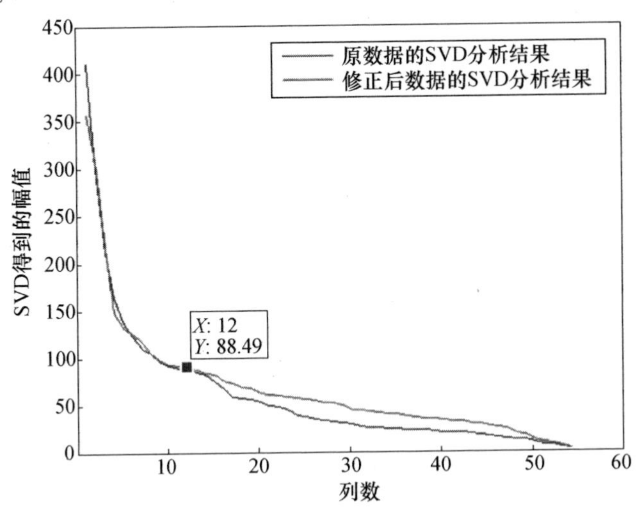

图 8.6　轴承数据的奇异值分解

8.3　人工神经网络与基于物理的模型之间的融合

人工神经网络是一种非线性方法，它为我们提供了一种用于数据匹配的优秀工具。从这一角度看，它确实要比线性回归方法更为有力，可以实现近优的数据匹配，不过，回归分析技术的好处在于分析人员可以将数据与某种给定方程形式进行匹配，因此，本质上包含了对底层物理本质的认识。在第 7 章中，已经针对一些基础模型的识别问题，通过选择合适的自由度数进行了改进。从这一内容可以看出，采用更多数量的自由度进行匹配无疑是能改善匹配度的，然而，所导出的模型的预测能力却会变得很低甚至没有。这一结论同样也适用于人工神经网络方法，对所建立的模型形式加以限制往往能改善其性能，然而，怎样直接建立这些限制却远不是那么显而易见的。

事实上，可以采用一些间接的方法进行分析，它们能够将人工神经网络的准确性和灵活性与回归方法结合起来。例如，在 8.2 节中已经讨论了伪静态参数是如何影响设备行为的，而利用人工神经网络则可将不同参数的影响区别开来，将它们结合起来就能够开发出一种组合形式的回归分析过程。

8.4 核密度估计

核密度估计是一项非常有用的分析技术,利用这种技术可根据测试数据对其概率分布函数进行估计。假设一系列测试结果可用参数 x_j 表示,那么,这里的问题就是去估计它们的概率分布 $p(x)$。如果参数不止一个,分析过程也是相似的,只是要做一些额外的处理。第一步是比较简单的,即将分析范围划分成多个区间,从数学上可以表示为

$$p(x) = \frac{1}{n}\sum_{j=1}^{n}\frac{1}{h}\omega\left(\frac{x - x_j}{h}\right) \tag{8.13}$$

式中:n 为数据点的个数;h 为窗口宽度;x_j 为采样数据,且有

$$\begin{cases}\omega(r) = \dfrac{1}{2}, |r| < 1, \\ \omega(r) = 0, |r| \geqslant 1\end{cases} \tag{8.14}$$

虽然这已经给出了分布情况,然而,仍然还是相当粗糙并且是不连续的,这主要是因为采样个数 n 比较小。这种分布有时也称为 Naive 估计,基本上就是通过引入宽度为 h 的“窗口”而构造出来的,如图 8.7 所示。

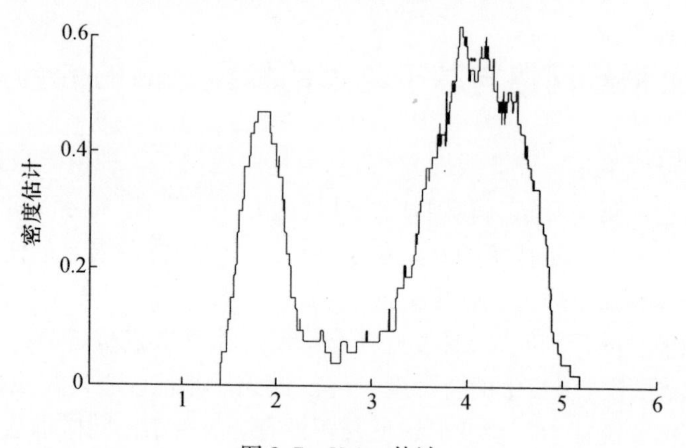

图 8.7 Naive 估计

如果在每个测试结果中的合适位置选取 n 个有一定重叠的窗口(宽度为 $2h$,高度为$(2nh)^{-1}$)然后再求和,那么,也可以构造出近似的概率分布函数。应当注意,这里实际上默认假定了每个测量值均处于窗口的中心。

如果不用矩形窗而是采用高斯曲线处理每个测试数据点,那么,就能够很好

地改进估计精度。这种改进主要是因为高斯曲线及其导数比顶帽函数的连续性更好,并且是单值的。于是,可以将估计表示为

$$\hat{f}(X)=\frac{1}{n}\sum_{i=1}^{n}\frac{1}{h}K\left(\frac{X-x_i}{h}\right) \tag{8.15}$$

其中的 K 理论上可以是任何形态良好的分布函数,不过一般采用高斯函数,即

$$K(x)=\frac{1}{\sqrt{2\pi}}\exp\left(-\frac{x^2}{2}\right) \tag{8.16}$$

将式(8.16)代入式(8.15)之后,唯一需要选择的参数就是 h 了,也就是所谓的带宽。这一参数的选择一般需要使(实际数据与导出的分布之间)积分均方误差最小。Silverman[4] 曾介绍过这一分析过程,从而得到了最优的带宽,其结果为

$$h=0.9An^{-1/5} \tag{8.17}$$

式中:A 为标准偏差和 1/1.34 倍四分间距中较小的那一个。在其他的研究文献中,关于这一表达式存在着一些较小的差异,主要体现在大小上。从理论上来说,精确的最优化结果取决于未知的分布形态。我们当然可以构造一个迭代过程做进一步的考察,不过,由上述过程导致的误差实际上是相当小的。

采用平滑曲线(高斯曲线最为常用)构造分布函数曲线,可以参见图 8.8。带宽 h(有时也称为平滑参数)的选择显然是相当重要的,图 8.8 中也显示出了不同选择的效应,从中不难看出,合理选择恰当的带宽对于更好地认识与了解概率分布情况是十分重要的。

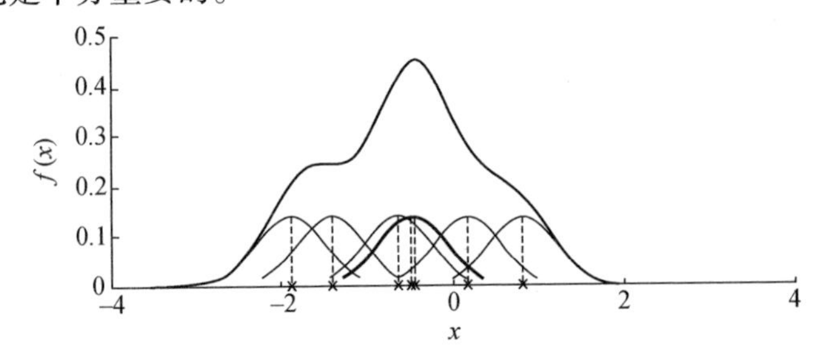

图 8.8　复合分布曲线

当存在着两个或更多个变量时,情况要变得稍微复杂一点。对于两个变量的场合,概率密度函数估计可由下式给出,即

$$\hat{f}(v)=\frac{1}{n}|\boldsymbol{H}|^{-1/2}\sum_{i=1}^{n}K(\boldsymbol{H}^{-1/2}[v-X_i]) \tag{8.18}$$

其中

$$\boldsymbol{H}=\begin{bmatrix} h_1^2 & h_3 \\ h_3 & h_2^2 \end{bmatrix} \tag{8.19}$$

式中：h_1和h_2分别为用于平滑x和y值的参数；h_3体现的是方位，并且假设

$$h_3=\rho h_1 h_2 \tag{8.20}$$

其中$0<\rho<1$。

很明显，可以看出，当问题的维数增大时将会变得更加复杂。正因为如此，在状态监控领域中目前还只出现了一些有限的应用，不过其前景是非常可观的。Baydar 等人[5]曾将该技术应用到齿轮箱磨损问题研究中，结果表明，可以通过改进的概率分布描述去检测早期故障，这要比一些传统方法更好。此外，这一工作还表明了该方法也能用于设备零部件的剩余寿命预测，只是目前这一领域还未见到与此相关的研究。

8.5 快速的瞬态过程：Vold－Kalman 方法

在第2章中曾经讨论过设备瞬态工况的分析，并指出了通过升速和降速运行的研究往往可以获得设备状态方面的深入认识，换言之，其中所携带的信息是非常丰富的。实际上，利用建立在傅里叶分析基础上的稳态方法研究瞬态现象在本质上是冲突的，正如第2章所讨论过的，这会对所能获得的频率分辨率带来限制，很容易理解，当瞬态过程变化非常快时分辨率将会降低。因此，对于那些瞬态过程较为迅速的设备，往往就需要采用另外的分析途径，其中一种比较合适的方法是20世纪90年代提出的。

这种方法是 Vold 和 Leuridan[6]给出的，随后又得到了大量的改进。这一方法不需要借助傅里叶变换技术，因此，避免了分辨率方面的一些固有困难。不过，该方法需要的计算量是非常大的。在进行这个分析之前，可以将振动信号表示为

$$x(t)=\sum A_k(t)\sin(k\omega t+\phi_k)+\eta(t) \tag{8.21}$$

需要注意的是，这里的转子转速ω也是时间的函数，η是所谓的有害成分，它包含了某些与转速无关的信号成分以及所有噪声成分。现在的任务是设计一个输入为$x(t)$而输出为$A_k(t)$的滤波器，这需要对信号的变化做出某些限定，从而给出所谓的结构方程模型。

在这一方法的原始描述中，假设了信号是呈现正弦变化的，因此，可以利用

如下三角恒等式，即

$$\sin(\omega k\Delta t)+\sin(\omega[k-2]\Delta t)=2\cos(\omega t)\sin(\omega[k-1]\Delta t) \tag{8.22}$$

于是，结构方程就可以表示为

$$x(n\Delta t)-2\cos(\omega\Delta t)x([n-1]\Delta t)+x([n-2]\Delta t)=\varepsilon(t) \tag{8.23}$$

其中的右边项主要考虑的是信号不是严格正弦形式的。应当特别注意的是，这里的转速 ω 是随时间变化的，这也是此处这个问题的前提基础，于是，可以给出一个更为准确的结构方程表达式，即

$$x(n\Delta t)-2\cos\left(\int_0^{[n-1]\Delta t}\omega(t)\,\mathrm{d}t\right)x([n-1]\Delta t)+x([n-2]\Delta t)=\varepsilon(t) \tag{8.24}$$

在第 n 个时间步，总的转动量可以表示为

$$\Theta(n\Delta t)=\int_0^{n\Delta t}\omega(t)\,\mathrm{d}t \tag{8.25}$$

于是，第 n 个点上的测试数据就可以表示为

$$y(n)=x(n)\mathrm{e}^{\mathrm{j}\Theta(n)}+\boldsymbol{\eta}(n) \tag{8.26}$$

式中：$x(n)$ 为复数波幅；$\boldsymbol{\eta}(n)$ 为“噪声”项。应当注意，在标准的诊断问题中，$x(n)$ 就是感兴趣的项。

式(8.26)可以转化成

$$\{\boldsymbol{\eta}\}=\{\boldsymbol{y}\}-[\boldsymbol{C}]\{\boldsymbol{x}\} \tag{8.27}$$

其中

$$[\boldsymbol{C}]=\begin{bmatrix}\mathrm{e}^{\mathrm{j}\Theta(1)} & 0 & \cdots & 0\\ 0 & \mathrm{e}^{\mathrm{j}\Theta(2)} & \cdots & 0\\ \vdots & \vdots & \ddots & \vdots\\ 0 & 0 & \cdots & \mathrm{e}^{\mathrm{j}\Theta(n)}\end{bmatrix}$$

误差矢量范数的平方为

$$\{\boldsymbol{\eta}\}^{\mathrm{H}}\{\boldsymbol{\eta}\}=(\{\boldsymbol{y}\}^{\mathrm{T}}-\{\boldsymbol{x}\}^{\mathrm{H}}[\boldsymbol{C}]^{\mathrm{H}})(\{\boldsymbol{y}\}-[\boldsymbol{C}]\{\boldsymbol{x}\}) \tag{8.28}$$

为完成瞬态数据的分析，必须对波幅变化速率进行评估，这可以通过所谓的结构方程实现。例如，利用两级滤波器描述可以得到

$$x(n)-2x(n+1)+x(n+2)=\varepsilon(n) \tag{8.29}$$

应当指出的是,引入高阶滤波器可以容许更快速的响应载波幅值变化。式(8.29)可以改写为

$$[\boldsymbol{A}]\{\boldsymbol{x}\}=\{\boldsymbol{\varepsilon}\} \tag{8.30}$$

在两级情况下为

$$\begin{bmatrix} 1 & -2 & 1 & 0 & \cdots & 0 & 0 & 0 \\ 0 & 1 & -2 & 1 & \cdots & 0 & 0 & 0 \\ \vdots & \vdots & \vdots & \vdots & \ddots & \vdots & \vdots & \vdots \\ 0 & 0 & 0 & 0 & \vdots & 1 & -2 & 1 \end{bmatrix} \begin{Bmatrix} x(1) \\ x(2) \\ \vdots \\ x(N) \end{Bmatrix} = \begin{Bmatrix} \varepsilon(1) \\ \varepsilon(2) \\ \vdots \\ \varepsilon(N-2) \end{Bmatrix} \tag{8.31}$$

现在就可以将误差项的平方表示为

$$\{\boldsymbol{\varepsilon}\}^{\mathrm{T}}\{\boldsymbol{\varepsilon}\}=\{\boldsymbol{x}\}^{\mathrm{T}}[\boldsymbol{A}]^{\mathrm{T}}[\boldsymbol{A}]\{\boldsymbol{x}\} \tag{8.32}$$

于是,在这一方法中就有两个不同的误差项需要最小化,权重 r 很大程度上决定了所得到的解的本性。第一个误差项是指测试噪声的大小,而第二个误差项则决定了响应包络的变化速率。因此,通过对下式的最小化也就可以得到整体的解,即

$$J=r^2\{\boldsymbol{\varepsilon}\}^{\mathrm{T}}\{\boldsymbol{\varepsilon}\}+\{\boldsymbol{\eta}\}^{\mathrm{T}}\{\boldsymbol{\eta}\} \tag{8.33}$$

将式(8.33)展开得

$$J=r^2\{\boldsymbol{x}\}^{\mathrm{T}}[\boldsymbol{A}]^{\mathrm{T}}[\boldsymbol{A}]\{\boldsymbol{x}\}+(\{\boldsymbol{y}\}^{\mathrm{T}}-\{\boldsymbol{x}\}^{\mathrm{H}}[\boldsymbol{C}]^{\mathrm{H}})(\{\boldsymbol{y}\}-[\boldsymbol{C}]\{\boldsymbol{x}\}) \tag{8.34}$$

这一加权罚函数可以通过如下处理即可实现最小化求解,即

$$\frac{\partial J}{\partial x^{\mathrm{H}}}=(r^2[\boldsymbol{A}]^{\mathrm{T}}[\boldsymbol{A}]+[\boldsymbol{E}])\{\boldsymbol{x}\}-[\boldsymbol{C}]^{\mathrm{H}}\{\boldsymbol{y}\}=0 \tag{8.35}$$

由此可得解为

$$\{\boldsymbol{x}\}=(r^2[\boldsymbol{A}]^{\mathrm{T}}[\boldsymbol{A}]+[\boldsymbol{E}])^{-1}[\boldsymbol{C}]^{\mathrm{H}}\{\boldsymbol{y}\} \tag{8.36}$$

其中

$$[\boldsymbol{E}]=[\boldsymbol{C}]^{\mathrm{H}}[\boldsymbol{C}] \tag{8.37}$$

必须认识到的一个重要之处在于,这一方法避开了傅里叶方法中所固有的分辨率问题,而是直接针对转子转速的谐波成分进行匹配,正是在这一方面它与 Prony 分析有着共同之处。这一方法在准确性上所受到的基本限制,主要来自于振动水平的最大变化率假设,它可以从式(8.36)中的权值 r 的选择来体现。这实际上是一个相当复杂的问题,主要取决于转子加速或减速的速率,以及系统的阻尼。

当设备转速发生改变时,任何时刻的振动水平将不会与瞬态转速所对应的振动水平相等,这是因为系统没有足够的时间达到稳定状态。正是由于这一原因,下面所给出的理想频率响应函数是理想化的假设,它假设了载荷不会引起过

渡过程,不过这对于我们的分析来说是比较方便的。图 8.9 给出了所分析的转子的理想频率响应函数,其中没有考虑权值因子。

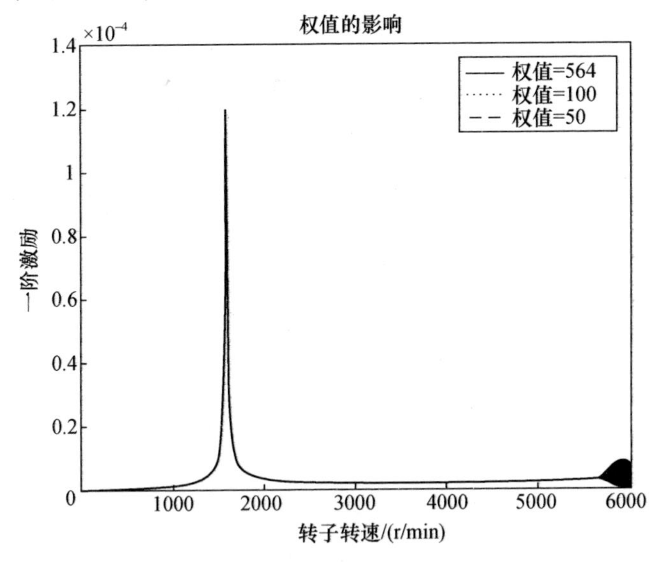

图 8.9 精确的频率响应

对于实际模型来说,瞬态过程取决于转速的变化速率,根据设备不同程度的降速运行过程中所观察到的振动水平差异,可以体现出这一点,如图 8.10 ~ 图 8.12 所示,其中给出了从 3000r/min 开始分别在 100s、10s 和 2s 内进行降速运行的情况。

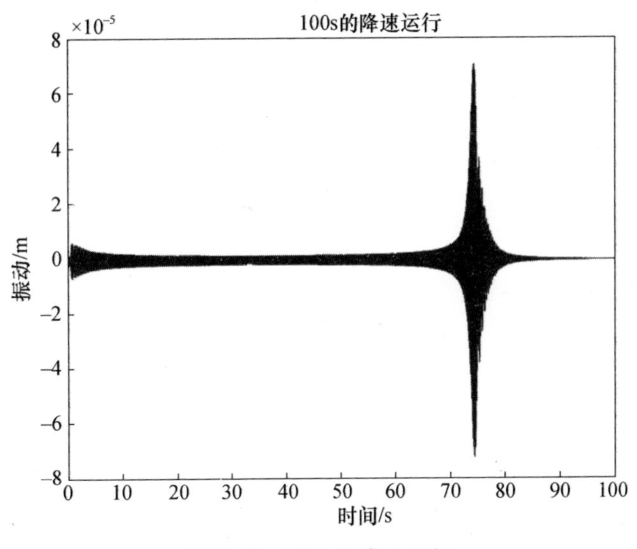

图 8.10 100s 的降速运行

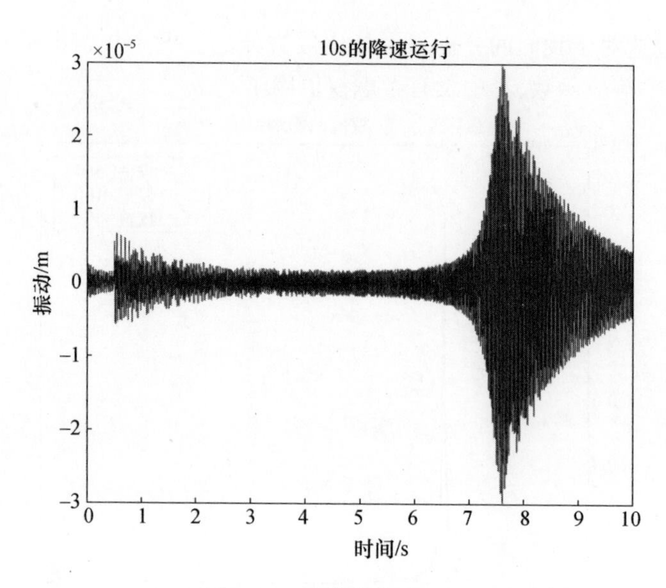

图 8.11　较快的降速运行

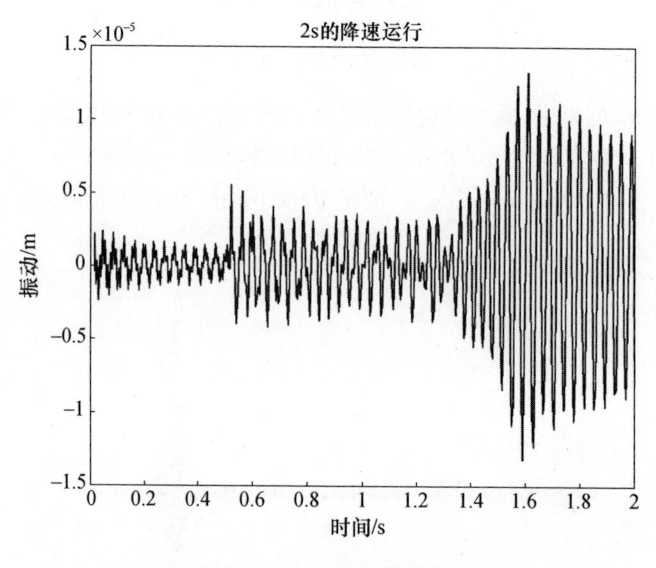

图 8.12　非常快的降速运行

很明显,在 100s 和 10s 的降速情况中,二者是基本相似的,当设备经过较低阶的共振点时都出现了较为明显的激励。然而,2s 的降速情况却有根本的不同,很难识别出内在的动力学行为。

产生这一现象的原因在于,系统的转速变化得非常迅速,在每个转速值处来不及达到稳态。对于这种快速的瞬态过程来说,利用第 2 章所给出的短时傅里叶变换方法是难以有效分析的。如表 8.1 所列，其中给出了利用短时傅里叶变换方法对上述 3 种降速运行分析后所能得到的最大分辨率。表中的参数 α 代表的是转速的指数下降率，也即 $\Omega = \Omega_0 e^{-\alpha t}$。

表 8.1　转速作指数下降时的分辨率

降速时间/s	α	分辨率/Hz
2	1.152	7.59
10	0.23	3.39
100	0.023	1.07
1000	0.0023	0.34

对于均匀的采样来说，当转速降低后分辨率当然会提高，不过表 8.1 中的数据对应的是转速范围的上边界。现在我们采用 Vold – Kalman 方法对快速的降速运行过程进行分析，希望得到的分辨率为 0.34Hz（与表中最慢的降速情况相同）。在给定的采样速率下，设奈奎斯特频率为 100Hz，Tůma[7] 给出了一个关于权值因子的表达式，对于两级滤波器，有

$$r = \sqrt{\frac{\sqrt{2} - 2}{6 - 8\cos(\pi\Delta f) + 2\cos(2\pi\Delta f)}} \approx \frac{0.00652097315}{\Delta f^2} \tag{8.38}$$

在这一情况中，$\Delta f = 0.34/100$，于是，$r = 564$。由此就可以获得合适的频率分辨率了，不过，信号噪声的平滑度有所降低。在对系统缺乏足够的了解时，这种折中一般是不可避免的。图 8.13 给出了根据快速降速运行数据，分别采用 564、100 和 50 这 3 种权值计算得到的同步激励情况。

对于图 8.12 中给出的最快速的瞬态过程，初看上去似乎令人困惑，难以从中观察出临界转速或转速阶次，并且从表 8.1 中可以清晰地看出，利用傅里叶变换技术只能获得非常差的分辨率。然而，利用 Vold – Kalman 方法之后却可以得到非常有价值的信息。

图 8.14 给出了一幅瀑布图，其中表示了同步振动成分与转速和权值之间的关系，由此可以进一步直接观察到在这一转速范围内两个临界转速的情况。

值得注意的是，所得到的响应曲线的形状是依赖于所选择的权值因子的值。正如前面曾经讨论过的，权值因子代表的是幅值变化和信号噪声的误差比。因此，较小的权值更适合于响应幅值的快速变化，而在较大权值处，90Hz 附近的响应峰会受到较大的抑制。此外，应注意的是，这一情况中采用了二阶滤波。

这里有必要讨论一下共振附近的响应幅值问题，尽管这一问题并不十分重要。在较慢的瞬态过程情况中，由于不平衡导致的响应一般只依赖于模态形状和阻尼情况。然而，对于较快的瞬态过程，转子转速的变化率也会对峰值响应产

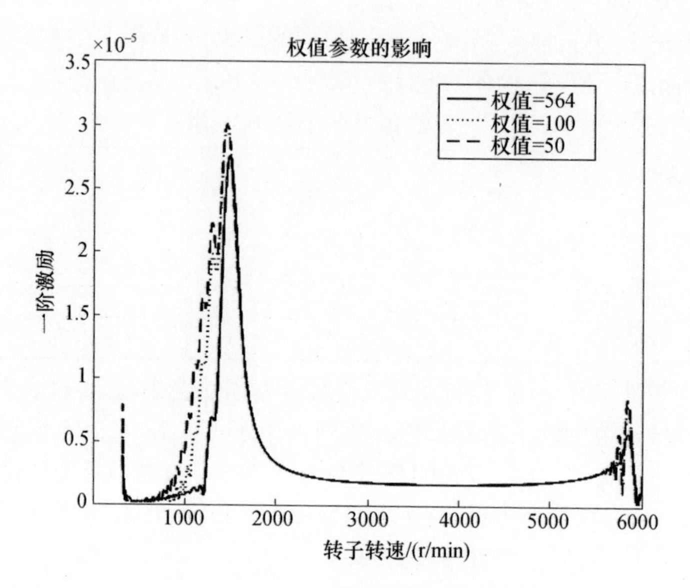

图 8.13 权值影响的比较

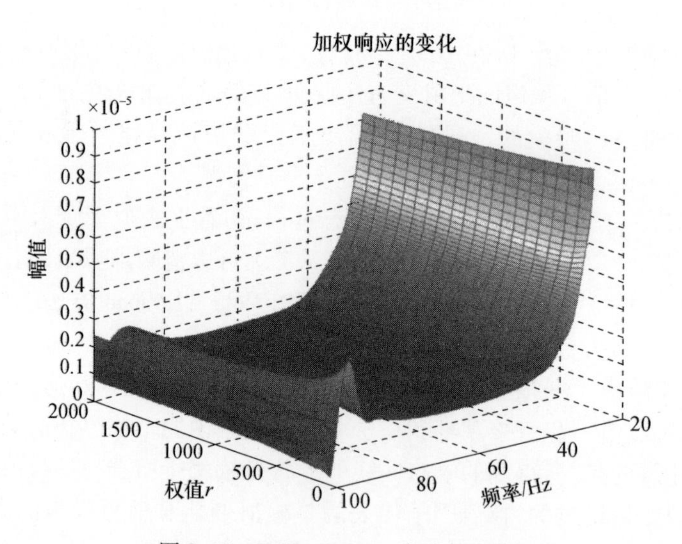

图 8.14 Vold - Kalman 方法的变化

生显著的影响。这是因为任何系统都需要一段时间达到稳态响应状态(正弦激励下),也正是因为这一点,所以人们都会令系统较快地通过临界转速位置。与此相关的更多讨论可参考 Friswell 等人的著作[8]。

8.6 一些有用的技术

8.6.1 奇异值分解

虽然在 8.2 节和 7.5.4 节都采用了奇异值分解,但是这里仍然有必要对这一技术再做一定的探讨。这一技术实际上是将特征值分析直接拓展到那些非方阵的矩阵场合。不妨考虑一个长方矩阵 $\boldsymbol{A}$,维度为 $m \times n$。这里主要针对 $m > n$ 进行讨论,因为它对应了超定问题,此类问题中一般需要借助类似于最小二乘法等手段才能得到满意解。这种矩阵一般可以分解成 3 个矩阵的乘积形式,即

$$\boldsymbol{A} = \boldsymbol{U}\boldsymbol{\Lambda}\boldsymbol{V} \tag{8.39}$$

式中:矩阵 $\boldsymbol{U}$ 的维度为 $m \times m$;$\boldsymbol{V}$ 的维度为 $n \times n$,而 $\boldsymbol{\Lambda}$ 与 $\boldsymbol{A}$ 的维度相同。这里的矩阵 $\boldsymbol{U}$ 和 $\boldsymbol{V}$ 都是正交矩阵,也即

$$\boldsymbol{U}^{\mathrm{T}}\boldsymbol{U} = \boldsymbol{I}_m, \quad \boldsymbol{V}^{\mathrm{T}}\boldsymbol{V} = \boldsymbol{I}_n \tag{8.40}$$

式中:$\boldsymbol{I}_n$ 为单位矩阵(维度为 n)。

矩阵 $\boldsymbol{\Lambda}$ 可由下式给出,即

$$\boldsymbol{\Lambda} = \begin{bmatrix} \lambda_1 & 0 & 0 & 0 \\ 0 & \lambda_2 & 0 & 0 \\ 0 & 0 & \ddots & 0 \\ 0 & 0 & 0 & \lambda_n \\ 0 & 0 & 0 & 0 \\ 0 & 0 & 0 & 0 \end{bmatrix} \tag{8.41}$$

根据式(8.40)和式(8.41)可得

$$\boldsymbol{A}\boldsymbol{V}^{\mathrm{T}} = \boldsymbol{U}\boldsymbol{\Lambda}, \quad \boldsymbol{U}^{\mathrm{T}}\boldsymbol{A} = \boldsymbol{\Lambda}\boldsymbol{V} \tag{8.42}$$

应当注意的是,如果 $\boldsymbol{A}$ 为方阵,那么,$\boldsymbol{U}$ 和 $\boldsymbol{V}$ 就完全相同了,而式(8.42)将变成标准的特征值问题。

现在考虑一个超定问题,其形式为

$$\boldsymbol{A}\boldsymbol{s} = \boldsymbol{f} \tag{8.43}$$

式(8.43)可以改写为

$$\boldsymbol{U}\boldsymbol{\Lambda}\boldsymbol{V}\boldsymbol{s} = \boldsymbol{f} \tag{8.44}$$

于是,根据正交性可得

$$\boldsymbol{\Lambda V s} = \boldsymbol{U}^{\mathrm{T}} \boldsymbol{f} \tag{8.45}$$

检查矩阵 $\boldsymbol{U}$ 的第 p 列可以看出，如果对应的奇异值 λ_p 比较小（相对于其他值），那么，就意味着对应的参数组合 $\boldsymbol{U}^{\mathrm{T}}\boldsymbol{f}$ 对整个方程的贡献就很小。这种较低的敏感性当然也会导致产生较大的误差，这一点是要注意的。解决这一问题的方法已经在 7.4.4 节介绍过，也就是将特征值序列做截断处理。随后，我们需要对式（8.45）进行求逆处理，虽然这里的矩阵 $\boldsymbol{\Lambda}$ 是长方阵，但是由于它的特殊形式所以仍然可以构造出它的逆。

一般来说，当模型中带有过多的数据参数时，这一方法可以提供有效的检查，它能很好地反映出数据集的内在结构。数学方面的具体细节可以在很多教科书中找到，如 Golub 和 van Loan 的书[3]。此外，从使用者角度来看，奇异值分解也是一个非常容易使用的分析手段，如可以借助 MATLAB 软件进行。

8.6.2 希尔伯特变换

傅里叶变换和拉普拉斯变换是将函数投影到不同的域（如从时域到频域），而希尔伯特变换则仍然在同一个空间中进行变换，因此，它与别的变换是有着根本不同的。希尔伯特变换可以给出信号本质方面的深度解读，这里我们对此做一简要介绍，感兴趣的读者可以参考 Worden、Tomlinson[1] 或 Feldman[9] 等人的著作，其中给出了更为全面的讨论。

这一变换的定义为

$$H[x(t)] = \tilde{x}(t) = \pi^{-1} \int_{-\infty}^{\infty} \frac{x(\tau)}{t-\tau} \mathrm{d}\tau \tag{8.46}$$

从这一定义本身是难以看出其应用价值的。它实际上反映了对函数的时域变化进行了“涂抹”处理。该变换的含义实际上是相当深刻的，可以从很多方面去理解和认识它。在信号处理领域中，它可以视为一个线性滤波器，所有幅值不会发生改变，只是相位移动了 $-\pi/2$。关于这一变换的性质，读者可以参阅相关文献，如 Feldman[9]、Worden 和 Tomlinson[1]。需要注意的是，由于存在着奇异性所导致的积分困难，因此，一般需取柯西积分或积分主值。

这里我们关注的是希尔伯特变换可以怎样用于设备的信号分析。两个最为重要的应用分别是信号包络的推导构建和非线性的检测。这两个方面都依赖于所谓的解析信号，它也是一个时间的函数，不过是复数形式的，可以定义为

$$X(t) = x(t) + \mathrm{j}\tilde{x}(t) \tag{8.47}$$

式中：$\tilde{x}(t)$ 为 $x(t)$ 的希尔伯特变换。

也可以采用一些其他形式的复数函数，即

$$A(X) = \sqrt{x^2(t) + \tilde{x}^2(t)} \tag{8.48}$$

现在考虑一个衰减的正弦波实例，令

$$x(t) = Ae^{-\alpha t}\sin\omega t \tag{8.49}$$

于是，有

$$H(x(t)) = \tilde{x}(t) = Ae^{-\alpha t}\cos\omega t \tag{8.50}$$

因此，有

$$A(t) = |X(t)| = Ae^{-\alpha t}(\sqrt{\sin^2\omega t + \cos^2\omega t}) = Ae^{-\alpha t} \tag{8.51}$$

显然，经过这一变换之后就可以提取出信号的包络，这常常也是信号最为重要的特征，而信号的快速变化却会掩盖总体特征。除了给出包络大小以外，式(8.51)还给出了 α 值，其时间导数对应了瞬时频率。

希尔伯特变换的计算是一个比较麻烦的问题，不过现在已经有了相关的变换表可以利用，因此实际问题中一般是不需要进行完整的计算。作为一个实例，考虑函数 $\cos\omega t$，其希尔伯特变换为

$$H\{\cos\omega t\} = \frac{-1}{\pi}P\int_{-\infty}^{\infty}\frac{\cos\omega(y+t)}{y}dy \tag{8.52}$$

其中已经进行了变量替换处理。式(8.52)可以进一步展开为

$$H\{\cos\omega t\} = \frac{-1}{\pi}\{\cos\omega tP\int_{-\infty}^{\infty}\frac{\cos\omega y}{y}dy - \sin\omega tP\int_{-\infty}^{\infty}\frac{\sin\omega y}{y}dy\} \tag{8.53}$$

右边第一项被积函数是奇函数，因此积分为零。第二项要稍微复杂一些，可以考虑如下的围道积分，即

$$I = \oint\frac{e^{j\omega z}}{z}dz \tag{8.54}$$

其中 $\omega > 0$，围道包围了上半平面，但不包括原点。这一积分可以在 4 个路径上进行，其中两个对应于实数轴，另外两个为半圆(一个无限大，另一个无限小)。根据柯西定理可知，总的围道积分为零，因此，可以导得

$$\int_{-\infty}^{\infty}\frac{\sin\omega y}{y}dy = \pi \tag{8.55}$$

由此不难得到

$$H\{\cos\omega t\} = \sin\omega t \tag{8.56}$$

机械系统中的信号还具有一个重要特征，即因果性，也就是说，一个系统不

会在激励作用之前就产生响应。为便于讨论,可以定义一个因果函数,当时间为负值时函数取值为零,显然,这是任何物理系统必须满足的先决条件。Worden 和 Tomlinson[1] 曾对此做过较为完美的讨论,这里我们只做简要介绍。

对于任意的时间函数 $g(t)$,都可以将其分解为

$$g(t) = g_{\text{even}}(t) + g_{\text{odd}}(t) \tag{8.57}$$

如果 $g(t)$ 是因果函数,那么,有

$$\begin{cases} g_{\text{even}}(t) = \dfrac{g(|t|)}{2}, & \text{对所有的 } t \\ g_{\text{odd}}(t) = \dfrac{g(|t|)}{2}, & t > 0 \end{cases} \tag{8.58}$$

或

$$g_{\text{odd}}(t) = -\frac{g(|t|)}{2}, t < 0 \tag{8.59}$$

正如 Worden 和 Tomlinson[1] 所注意到的,这两个式子可以以更好的方式表示,即

$$\begin{cases} g_{\text{even}}(t) = g_{\text{odd}}(t)\varepsilon(t) \\ g_{\text{odd}}(t) = g_{\text{even}}(t)\varepsilon(t) \end{cases} \tag{8.60}$$

式中:$\varepsilon(t)$ 为符号函数(经常表示为 $\text{sgn}(t)$),即

$$\varepsilon(t) = \begin{cases} 1, t > 0 \\ 0, t = 0 \\ -1, t < 0 \end{cases} \tag{8.61}$$

可以注意到,这个函数的傅里叶变换是 $\text{j}/\pi\omega$,由此不难将式(8.46)重新表示为如下形式,即

$$\text{Re}(G(\Omega)) = -\frac{1}{\pi}\int_{-\infty}^{\infty} \frac{\text{Im}(G(\Omega))}{\Omega - \omega}\text{d}\Omega \tag{8.62}$$

$$\text{Im}(G(\Omega)) = \frac{1}{\pi}\int_{-\infty}^{\infty} \frac{\text{Re}(G(\Omega))}{\Omega - \omega}\text{d}\Omega \tag{8.63}$$

据此也就得到了一个简单而又非常深刻的结论:因果函数的傅里叶变换在希尔伯特变换后将保持不变性,即

$$G(\omega) = \tilde{G}(\omega) = H\{G(\omega)\} \tag{8.64}$$

这一关系可以用于分析信号的线性度或非线性度。

总体来说,希尔伯特变换在设备监控领域具有两个主要作用。

(1) 确定信号的包络曲线。

(2) 检测信号的非线性度。

8.6.3 时频分析与 Wigner – Ville 分布

在 2.2.4 节曾讨论了一些可用于分析设备瞬态运行过程数据的标准分析方法,尽管存在诸多的分析困难,但是这些方法仍然是重要的,因为在第 7 章我们就曾指出瞬态过程的数据携带了丰富的信息内容。在第 2 章中这一问题是通过设置随瞬态过程而变的时间窗求解的,该方法一般称为 STFT,它是一个非常有用的工具,当然,也存在一些困难。主要的困难来自于需要同时指定频率和时间变量,这不仅仅是一个数学问题,而且涉及了一些底层物理概念。正弦信号的频率的定义是没问题的,然而,正弦波在时域内并不会受到限制;另外,一个时域信号又往往包含了多种频率成分。在 STFT 方法中,信号的变换可以表示为

$$S(t,\omega) = \int x(\tau)w(t-\tau)\mathrm{e}^{\mathrm{j}\omega\tau}\mathrm{d}\tau \tag{8.65}$$

其中的窗函数是:当 $0<t<\delta$ 时 $w(t)=1$,其他情况下 $w(t)=0$,δ 为窗的宽度。

正如第 2 章讨论过的,这个窗宽的选择一般需要在傅里叶变换的分辨率和转子加速/减速过程之间进行折中考虑。

时域信号的内在特征是可以分析得到的,一个有用的手段就是计算定态信号的自相关函数,即

$$R(\tau) = \int x(t)x(t+\tau)\mathrm{d}t \tag{8.66}$$

这一函数可以揭示出信号内在的周期性特征,这是通过计算相距 τ 的两个信号之间的关系获得的。对于非定态信号,也可采用类似的时间函数分析,由于积分上的困难,所以可以将其表示为

$$R(t,\tau) = x^*\left(t-\frac{\tau}{2}\right)x\left(t+\frac{\tau}{2}\right) \tag{8.67}$$

其中的星号代表的是复共轭。

上面这个量的傅里叶变换就是所谓的 Wigner – Ville 分布,它给出了信号的谱成分(时间函数),即

$$S_\omega(t,\omega) = \int x^*\left(t-\frac{\tau}{2}\right)x\left(t+\frac{\tau}{2}\right)\mathrm{e}^{-\mathrm{j}\omega\tau}\mathrm{d}\tau \tag{8.68}$$

可以看出,STFT 的表达式(式(8.67))实际上就是一个近似,其精确形式由

窗函数 w 决定。虽然 STFT 在直观上具有一定的可信度,但是在确定瞬时频率方面其精度是受限的。

时频概念是设备监控领域中诸多问题的核心,此处所给出的相关形式将为后续分析提供帮助。

8.6.4 小波分析

傅里叶变换及其数字化实现构成了信号处理的关键支撑,可以在旋转类设备监控和诊断中发挥作用。这些都是非常方便的分析手段,从数学上来说,它们将微分方程转换成了简单的代数方程。如果系统是线性的,或者至少是线性主导的,那么,这一技术就是极为简洁的分析思路,可以说,已经植根于工程技术人员的大脑之中了。然而,在考虑瞬态情况的过程中是存在一些基本矛盾的。根据这一方法的本质可以看出,正弦项应当是在整个时间域内发挥作用的,任何脉冲或瞬态行为都必须描述为一系列频率成分的组合,而这会带来较为显著的复杂性。在设备分析中大多数方法都是建立在平稳态假设基础上的,例如,在分析透平设备的瞬态工况时经常将它们视为近似的平稳态并利用 STFT 方法分析。然而,实际上,如果信号只持续了非常短的时间,那么,从概念上来说,我们是很难准确理解频率的含义的(如 50Hz)。

显然,这就需要在时频问题域内进行讨论了。这个领域中已经有了大量的研究工作,在所提出的很多类型的技术方法中,最为突出的一个就是小波变换。从概念上讲,与傅里叶变换求解不同的是,在小波变换中,时域内不再以正弦函数描述了。一个常用的小波函数就是 Morlet 函数,即

$$\Psi(t) = c_\sigma \pi^{-1/4} e^{-t^2/2} (e^{i\sigma t} - e^{-1/2\sigma^2}) \tag{8.69}$$

其中的 c_σ 主要用于归一化。

小波变换有多种常用的形式,不过最根本的一点是一致的,它们都是时域函数。全面讨论小波变换问题不在本书范畴之内,感兴趣的读者可以参考 Feng 等人的综述[10],其中介绍了非常广泛的相关技术方法。

在瞬态问题的处理中,小波变换是一条非常有效的途径,一般可以取如下形式,即

$$W_x(a,b;\psi) = a^{-1/2} \int x(t) \psi^* \left(\frac{t-b}{a}\right) dt \tag{8.70}$$

式中:星号为复共轭运算;ψ 为选定的小波;W 为 x 的变换结果,其中带有两个变量 a 和 b,这有点类似于 STFT 的情况,不过那里包含的是 t 和 ω 变量。

有很多函数形式都可以作为小波来使用,本质上都是脉冲形式的,其中

Morlet 函数是比较常见的一种。一般来说,小波函数应满足两个要求,首先,它的均值应为零,即

$$\int \psi(s)\,\mathrm{d}s = 0 \tag{8.71}$$

其次,满足所谓的容许条件,即

$$\int \frac{\psi^2(s)}{|s|}\mathrm{d}s < \infty \tag{8.72}$$

小波分解要比 STFT 分析更具优势,很多研究人员已经将其应用到很多问题中,不过,在工业领域中还没有得到广泛的应用,主要原因可能体现在两个方面的困惑:首先是小波函数形式的选取上;其次在于对结果的物理解释上。至于计算并不是问题,因为商业软件包(如 LABVIEW)已经提供了相当好的计算支持。

我们认为,上述第二个方面是主要的障碍。在 STFT 中时间和频率的含义都是非常清晰的,而在小波变换中将产生两个参数 a 和 b。前者描述的是尺度缩放,而后者是平移,它们的物理意义是不够清晰的。Peng 等人[11]也曾对这些问题做过讨论,并且还介绍了大量有关小波分析在设备诊断领域中的应用方面的文献。

8.6.5 倒频谱

很多人将倒频谱看成是一项新技术,实际上,它可以追溯到 20 世纪 60 年代早期,并且还早于 FFT 算法。J. W. Tukey 是较早引入倒频谱的多位研究者之一,随后,他还作为作者之一建立了 FFT 算法(Cooley 和 Tukey[12])。在第一篇相关文献中(Bogert 等人[13])对倒频谱的定义是“对数功率谱的功率谱”。近年来,Randall[14]还对这一技术的历史发展做过极好的介绍。

在数学层面上,倒频谱可以表示为

$$C_p(\tau) = F^{-1}(\log(F_{xx}(\omega))) \tag{8.73}$$

式中:$F_{xx}(f)$为功率谱;F^{-1}为傅里叶逆变换。虽然这一定义看上去显得比较别扭,但是引入了对数之后却变得非常有用。例如,在齿轮研究中,对数尺度可以揭示边频带结构,而在线性尺度上计算时它们往往是不明显的。利用倒频谱能够更好地分析边频带结构,这一点在齿轮传动问题中已经被证实了是特别有用的。类似地,在带有叶片损伤的汽轮机研究中也是如此。

倒频谱的另一个重要特征在于,由于它是对数尺度上的,所以载荷和脉冲响应特性分析中只需进行加法运算而无须乘法运算,从而极大地简化了某些方面

的分析。一般地,可以将系统的响应表示为

$$x(t) = \int_0^t p(t')h(t-t')\mathrm{d}t' = p(t) * h(t) \tag{8.74}$$

式中:$p(t)$为载荷力;$h(t)$为单位脉冲响应;星号为卷积运算。若取傅里叶变换并应用卷积定理,那么,可以得到

$$X(\omega) = P(\omega) \times H(\omega) \tag{8.75}$$

式中:X、P 和 H 分别为 x、p 和 h 的傅里叶变换。对式(8.75)取对数,则有

$$\log(X(\omega)) = \log(P(\omega)) + \log(H(\omega)) \tag{8.76}$$

这就意味着载荷项、系统特性和响应项被有效分开了,这对于识别工作来说是一个相当有益的特征。

虽然设备状态监控领域中大多数工程技术人员都知道倒频谱这一技术,然而,目前来说该技术一定程度上仍然集中在专业研究方面。这是一项强有力的技术工具,将来一定能够获得更加广泛的应用。

8.6.6 循环平稳分析方法

循环平稳分析方法比当前所应用的很多方法都要更新一些,它是一种较为复杂的信号分析方法,主要用于研究那些不具备严格周期性的系统(仍然存在一定的周期行为)。这方面一个很好的实例就是滚动轴承的运动分析,事实上,这也是该方法成功应用的一个典范。我们可能会认为滚动轴承会表现出真正的周期性行为,然而,实际上却并非如此,这是由多种原因造成的。相邻元件之间的随机滑移、可能的速度波动,以及轴向和径向载荷的变化等因素都会导致循环时间的轻微改变。虽然这些变化可能只是微小的,然而,正如 Antoni[15] 所指出的,这种小的变化能够彻底改变响应的简谐性。

这一问题是可以解决的,只需注意到频率变化具有统计性规律,而速度波动是周期性的(虽然其频率未知)。如果将 $x(t)$ 的傅里叶变换表示为 $X(\omega)$,那么,有

$$S_x(\omega;\alpha) = \lim_{L\to\infty}\frac{1}{L}E\left\{X\left(\omega+\frac{\alpha}{2}\right)\cdot X^*\left(\omega-\frac{\alpha}{2}\right)\right\} \tag{8.77}$$

式中:L 为信号采样区间;$S_x(\omega;\alpha)$ 为循环功率谱,这个量的极值点反映了原始信号中的频率成分。

这一技术包含了一些复杂的信号处理,在一些问题上的应用分析已经证实了该技术能够揭示出那些通过传统方法难以获得的谱特征。一旦利用这一技术

得到了精确的频率成分，那么，我们也就可以针对偏离真正周期性的任何调制作用进行校正处理了。

8.6.7 高阶谱

在很多情况中，如果假定系统是线性的，那么，往往可以获得显著的分析进展。不过，严格来说，真正线性的情况是少见的。因此，在诊断问题中对非线性度进行评估常常是非常有意义的一步工作。这一工作可以有很多种途径完成，其中一个就是所谓的高阶谱(HOS)方法。分析人员在检查高阶谱的过程中不仅要考察频率成分的分布情况，而且还要关注这些频率成分之间的相互关系，因为这往往能够提供更为深入的认识。

这里不妨考虑一个时间信号的功率谱密度，它可以按照下式计算，即

$$S_{xx}(f_k) = \frac{1}{n}\sum_{r=1}^{n} X_r(f_k)X_r^*(f_k) \tag{8.78}$$

式(8.78)反映的是各种频率成分所占据的能量情况。这一思路也可以进一步拓展到双谱，它反映的是两种频率成分及其相加得到的频率成分之间的关系，如f_k、f_l和f_{k+l}。其数学定义可以表示为

$$B(f_k,f_l) = \frac{1}{n}\sum_{r=1}^{n} X_r(f_k)X_r(f_l)X_r^*(f_{k+l}) \tag{8.79}$$

也可以定义双相干性(可参考 Fackrell 等人的著作[6])，即

$$b^2(f_k,f_l) = \frac{\left|\sum_{r=1}^{n} X_r(f_k)X_r(f_l)X_r^*(f_{k+l})\right|^2}{\sum_{r=1}^{n}\left|X_r(f_k)X_r(f_l)\right|^2\sum_{r=1}^{n}\left|X_r(f_{k+l})\right|^2} \tag{8.80}$$

任何一对频率f_k和f_l处的双相干性可以理解为频率f_{k+l}这个成分中有多少比例的功率与前两个频率成分是相位耦合的。

当然，这只是定义了高阶谱中较低阶的情况，即便如此，它们已经非常有价值了。进一步还可以定义三谱，其表达式为

$$T(f_k,f_l,f_m) = \frac{1}{n}\sum_{r=1}^{n} X_r(f_k)X_r(f_l)X_r(f_m)X_r^*(f_{k+l+m}) \tag{8.81}$$

为了有效利用这些工具，在采样速率和长度以及加窗技术等方面需要加以细致的考虑，可以参见 Fackrell 等的讨论[16]。这里只需要认识到这些工具是有用的即可，Collis 等人[17]曾对此给出过一些有益的深入讨论。完整的讨论是比较困难的，如果从物理原理方面阐述将会更为直观一些，实际上，这些高阶谱本质上是类似于矩量关系的，如一阶矩的定义为

$$\mu_1 = \int_0^{\infty} x(t)\,\mathrm{d}t \tag{8.82}$$

式(8.82)显然对应于平均位移。进一步还可以定义二阶矩以反映信号的功率,即

$$\mu_2 = \int_0^{\infty} x^2(t)\,\mathrm{d}t \tag{8.83}$$

对于偏度,则可以定义如下的三阶矩,如果位移分布是高斯型的,那么,它也应为零,即

$$\mu_3 = \int_0^{\infty} x^3(t)\,\mathrm{d}t \tag{8.84}$$

四阶矩就是峰度,即

$$\mu_4 = \int_0^{\infty} x^4(t)\,\mathrm{d}t \tag{8.85}$$

下面考虑一个用于描述设备行为的典型动力学方程,其矩阵形式可以表示为

$$Kx + K_n x^2 + C\dot{x} + M\dot{x} = f(t) \tag{8.86}$$

式(8.86)中已经包含了非线性刚度项,尽管这里不大容易严格定义该矢量项的物理含义,但是对于这里的讨论来说,我们不必过分关心。现在假设激励项包含了两种成分,对应的角速度分别为 ω_1 和 ω_2,并假设非线性项是小项,于是,对于上述方程的求解就可以转化为先求出线性解然后再对其进行修正。这一求解方式实际上就是一个迭代过程,这里只讨论一阶修正。不妨设 $x = x_L + x_n$,其中的线性部分为

$$x_L = [K + \mathrm{j}\omega_1 C - \omega_1^2 M]^{-1} f_1 \mathrm{e}^{\mathrm{j}\omega_1 t} + [K + \mathrm{j}\omega_2 C - \omega_2^2 M]^{-1} f_2 \mathrm{e}^{\mathrm{j}\omega_2 t} \tag{8.87}$$

式(8.87)也可表示为

$$x_L = \boldsymbol{A}\mathrm{e}^{\mathrm{j}\omega_1 t} + \boldsymbol{B}\mathrm{e}^{\mathrm{j}\omega_2 t} \tag{8.88}$$

结合式(8.87),对于前面设定的形式解中的第二项来说,就可以按下式计算,即

$$Kx_n + C\dot{x}_n + M\dot{x}_n = -K_n x_L^2 \tag{8.89}$$

这个非线性修正过程中的激励项将包含$(\boldsymbol{A}\mathrm{e}^{\mathrm{j}\omega_1 t} + \boldsymbol{B}\mathrm{e}^{\mathrm{j}\omega_2 t})^2$,它可以展开成$\alpha\mathrm{e}^{2\mathrm{j}\omega_1 t} + \beta\mathrm{e}^{2\mathrm{j}\omega_2 t} + \gamma\mathrm{e}^{\mathrm{j}(\omega_1+\omega_2)t}$。非常明显,由此会在频率 $\omega_1 + \omega_2$ 处产生相应的响应,这是系统非线性的直接结果。这一点可以用于测试系统的非线性,很多场合中这都是一个良好的指标。

对于一个线性系统来说,当同时受到两个频率f_1和f_2的激励时,那么,只会在这两个频率点处存在响应,然而,如果系统具有一定的非线性,那么,它还会在$f_1 \pm f_2$处产生响应,这也提示了系统中存在着非线性因素。类似地,单个频率处的激励也会产生一系列的谐波响应成分。这种相当复杂的行为可以通过绘制出一定频率范围内的双谱图刻画。这种双谱可由下式给出,即

$$B_{xxx} = E[X(f_l)X(f_m)X^*(f_{l+m})], \quad f_l + f_m \leqslant f_N \tag{8.90}$$

其中

$$X(f) = 2\pi\int_0^T x(t)\mathrm{e}^{\mathrm{j}2\pi f}\mathrm{d}f$$

进一步还可以考虑三谱,即

$$T_{xxxx} = E[X(f_k)X(f_l)X(f_m)X^*(f_{k+l+m})], \quad f_k + f_l + f_m \leqslant f_N \tag{8.91}$$

Yanussa - Kaltungo 和 Sinha[18]曾讨论过双谱和三谱在旋转设备故障诊断中的应用,并进行了实验设备上的故障模拟。他们实验研究了不对中、转子裂纹以及转子碰摩等问题,发现了每种情况中都可以出现多种不同的行为模式。这从物理上来说是合理的,因为每种情况中都存在着相应的非线性类型。所有这些结果对于状态监控来说都是相当重要的。这篇文章还强调指出,有必要进行双谱和三谱计算,其结果可用于区别不同类型的故障。下一步的工作主要应针对各类设备中出现的不同故障所产生的非线性类型,进行实验研究和解析分析。目前,这一领域正在发展中。

8.6.8 经验模态分解

本章已经用了很多内容讨论非平稳态和非线性数据,对于这个主题来说,还有必要对经验模态分解方法做详细介绍。经验模态分解也称为希尔伯特 - 黄变换,这一技术首先出现于 1998 年(Huang 等人[19]),目前,已经在非平稳态和非线性数据分析中得到了广泛的应用。当然,设备测试数据常常是平稳的,主要是由转速效应所主导的,不过,在某些情况中,进行完全的非平稳分析却更为适合。

这一技术名称中的"模态"在一定程度上是容易令人误解的,因为它其实与解析的模态形状(对应于特征矢量)没有关系。这里的"模态"只是指一种形状或模式,据此能够方便地进行数据分解。

希尔伯特 - 黄变换技术可以针对任何信号进行处理,不过只是在非线性和(或)非平稳信号情况中特别有优势。它将完整的数据集分解成所谓的本征模函数(IMF)的线性组合形式,这些本征模函数都具有定义好的希尔伯特 - 黄变换,由此也就可以定义瞬时能量和瞬时频率了(因为数据可以表示为 IMF 的和)。

本征模函数可以是满足如下两个条件的任意函数。

(1) 在整个数据集内,局部极值点和过零点的数目必须相等,或最多相差一个。

(2) 在任意点,局部最大值的包络(上包络线)和局部最小值的包络(下包络线)的平均必须为零。

分解过程是相当直观的,一般可通过迭代过程给出。若输入数据为 $x(t)$,那么,其拟合步骤如下。

(1) 识别出所有极大值点,利用 3 次样条拟合构建出包络线 $e_{\max}$。

(2) 识别出所有的极小值点,利用 3 次样条拟合构建出包络线 $e_{\min}$。

(3) 在每个点处计算出两个包络的平均,即 $m(t)=\dfrac{e_{\max}(t)+e_{\min}(t)}{2}$。

(4) 如果 $m(t)=0$,那么,该函数就是一个本征模函数,否则,应从输入中减去这一平均值函数,然后重复上述过程。

(5) 当第(4)步得以精确满足或在误差允许范围内时,第一个本征模函数(IMF1)随之确定。

(6) 从原始数据中减去这一函数,然后,针对 $r(t)=x(t)-\mathrm{IMF1}$ 重复整个过程。

(7) 当满足一定的误差条件时结束迭代过程。

对于每一个本征模函数进行希尔伯特-黄变换,即可得到瞬时幅值和瞬时频率。

与其他技术如傅里叶变换相比,这一方法仍然是比较年轻的,不过已经在很多方面表现出了优越性,特别适用于非平稳数据信号的处理,如在煤气鼓风机的亚谐振动分析[20]中以及齿轮箱诊断分析[21]中它都得到了应用。

8.7 结束语

这一章介绍了多种技术方法,它们在各种不同的场合中都能发挥作用,不过,何时采用何种方法没有一定的法则,这一般需要根据数据的类型和需要提取的特征来定。

习题

8.1 设有一根均匀的钢制转子,长度为 1m,两端支撑在刚度为 5×10^5N/m、阻尼为 150(N/s)/m 的轴承上,距离每一端 250mm 处各有一个钢制圆盘,厚度为20mm,直径为100mm。第一个圆盘的不平衡度为0.04kg·mm,第二个圆盘的不平衡度为0.02kg·mm,二者都处于零相位位置。转子中部所处的间隙为10μm。试计算系统的响应并确定转子与定子发生接触时的转速。

8.2 设有一台设备从500r/min在2min内进行降速工况,试给出确定降速运行曲线的方法,并计算最优分辨率。

8.3 设有一台设备可以描述为一根均匀的转子,直径0.3m,轴承支撑之间的距离为4m,每个轴承的刚度为5×10^7N/m,阻尼为12000(N/s)/m。距离每个轴承内侧1m处各有一个圆盘,直径为0.5m,厚度为0.05m。第一个圆盘的不平衡度为0.0003kg·m。试确定在较慢的升速工况过程中响应随转速的变化情况。

8.4 设习题8.3中的转子在30s内从静止平稳地加速到3000r/min。试计算系统的响应并将其与较慢的升速过程中所观测到的行为进行比较。此外,利用得到的结果结合Vold-Kalman方法求出降速运行曲线。

8.5 设有一个时间信号具有如下形式:

$$y(t)=(5e^{-0.05t}\sin(100\pi t)+3e^{-0.08t}\cos(60\pi t))e^{-(t-25)^2/100}$$

试确定最大瞬时频率和速度以及对应的时刻。

参考文献

[1] Worden, K. and Tomlinson, G. R., 2001, *Non-linearity in Structural Dynamics*, CRC Press, Boca Raton, FL (originally published by IOP Publishing, London, U.K.)

[2] Nabney, I. T., 2003, *Netlab, Algorithms for Pattern Recognition*, Springer, London, U.K.

[3] Golub, G. H. and van Loan, C. F., 2012, *Matrix Computations*, The John Hopkins University Press.

[4] Silverman, B. W., 1986, *Density Estimation for Statistics and Data Analysis*, Chapman and Hall, London.

[5] Baydar, N., Chen, Q., Ball, A. and Kruger, U., 2001, Detection of incipient tooth defect in helical gears using multivariate statistics, *Mechanical Systems and Signal Processing*, 15(2), 303-321.

[6] Vold, H. and Leuridan, J., 1995, High resolution order tracking at extreme slew rates using Kalman tracking filters, *Shock and Vibration*, 2, 507-515.

[7] Tuma, R., 2005, Setting the passband width in the Vold_Kalman order tracking filter, 12*th International Congress on Sound and Vibration*, 11 14 July, Lisbon, Portugal.

[8] Friswell, M. I., Penny, J. E. T., Garvey, S. D. and Lees, A. W., 2010, *Dynamics of Rotating Machines*, Cambridge University Press, New York.

[9] Feldman, M., 2011, Hilbert transform in vibration analysis, *Mechanical Systems and Signal Processing*, 25, 735-802.

[10] Feng, Z., Liang, M. and Chu, F., 2013, Recent advances in time-frequency analysis methods for machinery fault diagnosis: A review with application examples, *Mechanical Systems and Signal Processing*, 38,

165 - 205.

[11] Peng, Z. K., Tse, P. W. and Chu, F. L., 2005, A comparison study of improved Hilbert - Huang transform and wavelet transform: Application to fault diagnosis for rolling bearing, *Mechanical Systems and Signal Processing*, 19, 974 - 988.

[12] Cooley, J. W. and Tukey, J. W., 1965, An algorithm for the machine calculation of complex Fourier series, *Mathematics of Computation*, 19(90), 297 - 301.

[13] Bogert, B. P., Healey, M. J. R. and Tukey, J. W., 1963, The quefrequency analysis of time series for echoes: Cepstrum, pseudo - autocovariance, cross - cepstrum and saphe cracking, *Proceeding of the symposium on Time Series Analysis*, Wiley, NY, pp. 209 - 243.

[14] Randall, R. B., 2013, A history of Cepstrum analysis and its application to mechanical problems, *Conference Surveillance* 7, 29 30, October 2013, Chartres, France.

[15] Antoni, J., 2007, Cyclic spectral analysis of rolling - element bearing signals: Facts and fictions, *Journal of Sound and Vibration*, 304, 497 - 529.

[16] Fackrell, J. W. A., White, P. R., Hammond, J. K. and Pinnington, R. J., 1995, The interpretation of the bispectra of vibration signals - 1. Theory, *Mechanical Systems and Signal Processing*, 9 (3), 257 - 266.

[17] Collis, W. B., White, P. R. and Hammond, J. K., 1998, Higher order spectra: The bi - spectrum and tri - spectrum, *Mechanical Systems and Signal Processing*, 12(3), 375 - 394.

[18] Yanussa - Kaltungo, A. and Sinha, J. K., 2014, Coherent composite HOS analysis of rotating machines with different support flexibilities, *Vibration Engineering and Technology of Machinery*, *Proceedings of VETOMAC - X*, Manchester, U. K., 9 11 September, Springer, New York, pp. 145 - 154.

[19] Huang, N. E., Shen, Z., Long, S. R., Wu, M. C., Shi, H. H., Zheng, Q., Yen, N. - C., Tunf, C. C. and Liu, H. H., 1998, The empirical mode decomposition and the Hilbert Spectrum for nonlinear and non - stationary time series analysis, *Proceedings of the Royal Society A*, 454, 903 - 995.

[20] Wu, F. and Qu, L., 2009, Diagnosis of subharmonic faults of large rotating machinery, *Mechanical Systems and Signal Processing*, 23, 467 - 475.

[21] Ma, H., Pang, X., Feng, R., Song, R. and Wen, B., 2015, Fault feature analysis of cracked gear considering the effects of the extended tooth contact, *Engineering Failure Analysis*, 48, 105 - 120.

第9章　实例分析

9.1　引言

前几章中已经介绍了旋转类设备振动问题的监控与故障诊断方面的多种主要技术方法，每一种方法都有自身的特点，应视具体问题选择合适的方法，而没有一定之规。当然，具体到这些方法本身，仍然需要按照一些标准的过程进行，并需要注意一些关键环节。这一章我们将考察5个不同的实例问题，目的是从应用角度对相关技术方法做进一步的阐释。这5个实例中的前4个实际上已经得到了成功的解决，而第五个仍然在进行之中，它也是当前很多国家都比较关心的一个主题。

9.2　大型交流发电机转子中的裂纹

这一节给出的实例是很多年前的，当时（1981年）的测试、数据处理和计算能力要弱于当前的水平。不过，这一设备故障诊断问题可以为我们提供一个极好的实例，涉及设备故障诊断中的振动数据的应用。当年的5月，在对交流发电机进行维修以后设备恢复了运转，其中涉及外端盖的整修。这些零部件都是重型的，其中容纳了转子上的电气连接部分。在整修之后往往会出现一定程度上的不平衡问题，当然，已有经验也表明它们会趋于磨合。恢复运行以后，升速过程中的振动水平与一年前测得的结果相当一致，不过，载荷工况下的响应却有了一定的改变。

该设备是一台大型涡轮交流发电机，包括了1个高压（HP）涡轮、中压涡轮和3个低压（LP）涡轮，以及交流发电机和励磁机等部分。振动的显著改变主要体现在轴承11处，也就是交流发电机转子的驱动端位置。

这个轴承处的同步振动信号和2倍转速振动信号的幅值和相位如图9.1所示，可以看出，振动水平非常类似于18个月之前监控到的结果。人们不太清楚是热过程导致设备对负载敏感，还是裂纹的影响。该设备一直运转到当年的7月22日，在此期间轴承11处的同步振动在经过初始的增长以后逐渐恢复到较低的水平(1.6mm/s),而2倍转速的振动成分稍有增加,从2.1mm/s到2.3mm/s。这一情况比较令人困惑,因为人们已经了解到此类设备只在每转2次这个频率上才会表现出负载敏感性。

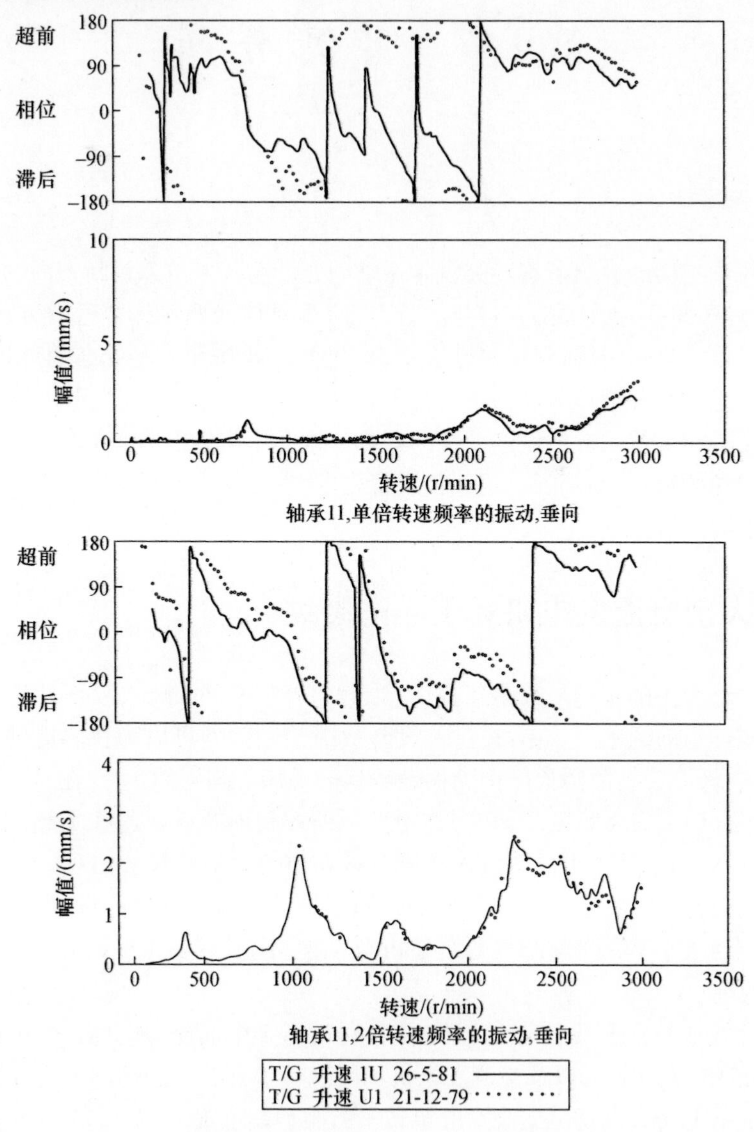

图9.1 轴承11处的振动信号比较(1979年12月和1981年5月的数据记录,经英国Gloucester的EDF Energy许可使用)

随后,人们将该设备停机并重新加油,8天以后恢复运转。根据5月的运行数据重新绘制了振动测试结果,轴承11处的振动如图9.2所示。在2倍转速频率处可以看出有了一些改变,不过变化非常小,当时不能视为是裂纹引起的。不过,在同步转速频率处有了显著的变化,这意味着平衡性有了改变,可能是由端盖调整导致的。

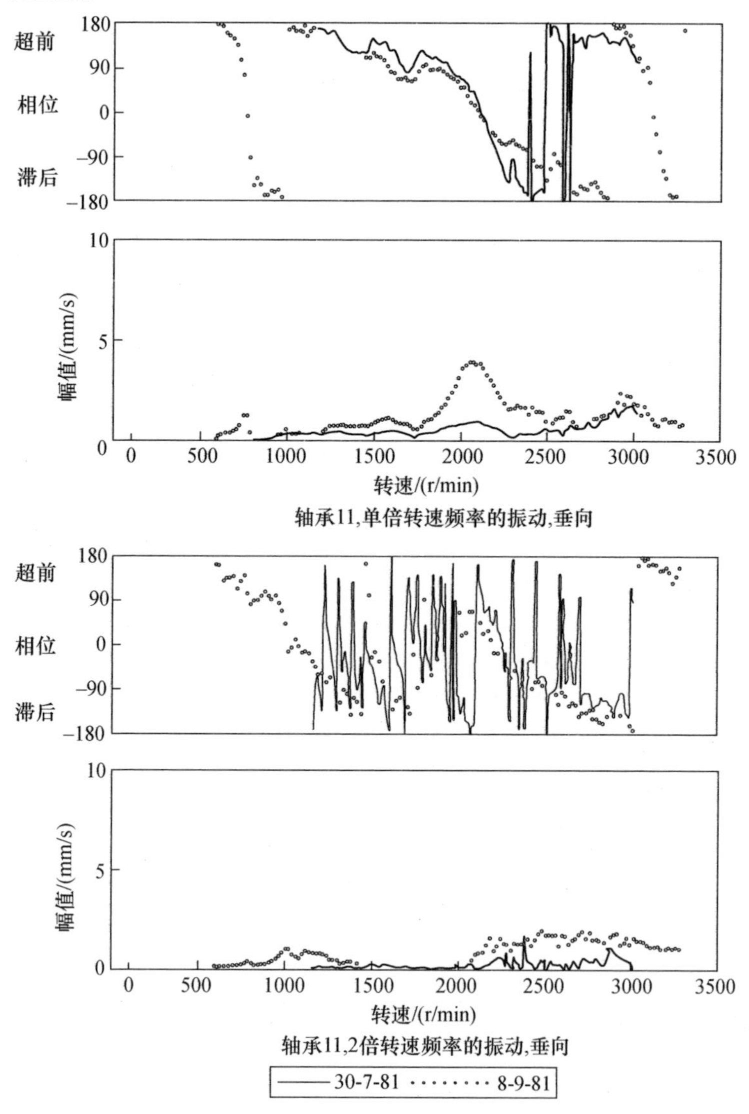

图 9.2　与 1981 年 5 月的数据信号的比较

(经英国 Gloucester 的 EDF Energy 许可使用)

在整个 8 月份,同步转速和 2 倍转速频率的振动都在变化,虽然同步转速的振动可能是裂纹引发的,不过同样也有可能是端盖的调整所导致的部分结果。2

倍转速的振动从 7 月 30 日的 2. 3mm/s 增大到了 8 月 28 日的 3. 3mm/s。当然，所有这些振动水平仍然是处于可接受范围之内的。

在短时间断电之后，该设备于 9 月 8 日再次恢复运转，图 9. 3 给出了轴承 11 处的单倍和 2 倍转速频率处的振动，同时也示出 5 月和 7 月的数据。图 9. 4 给出了 3 倍转速处的振动情况，从中可以看出明显出现了 660r/min 处的峰值行为，该转速接近于二阶临界转速的 1/3。同时，2 倍转速的振动表明，在 1050r/min 处有了明显的改变，该转速约为临界转速的 1/2。综合分析可以看出，这已经初步表明了转子内存在着裂纹。通过观察单倍转速处的振动情况进一步可以发现，所有峰值点都呈现出略微向低频方向的移动，这表明了临界转速有所降低。

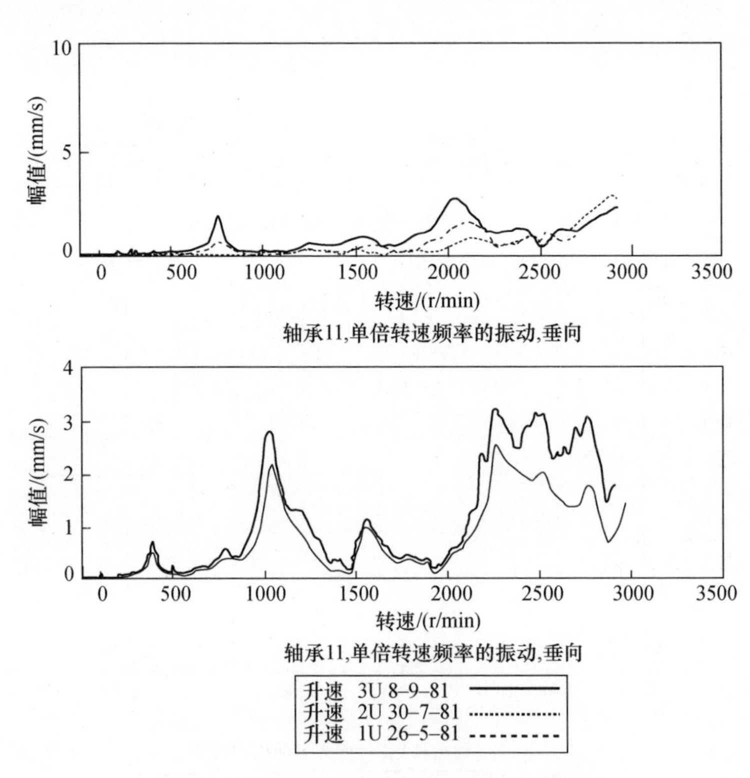

图 9. 3　轴承 11 处升速运行过程信号的比较

(经英国 Gloucester 的 EDF Energy 许可使用)

随后，该设备运行至高载荷工况，9 月 10 日观察到单倍转速和 2 倍转速频率处的振动有了改变，特别是在轴承 11 位置。单倍转速的振动变化可以认为是正常趋势，而 2 倍转速的振动增大则证实了裂纹的存在。此后运行中振动水平

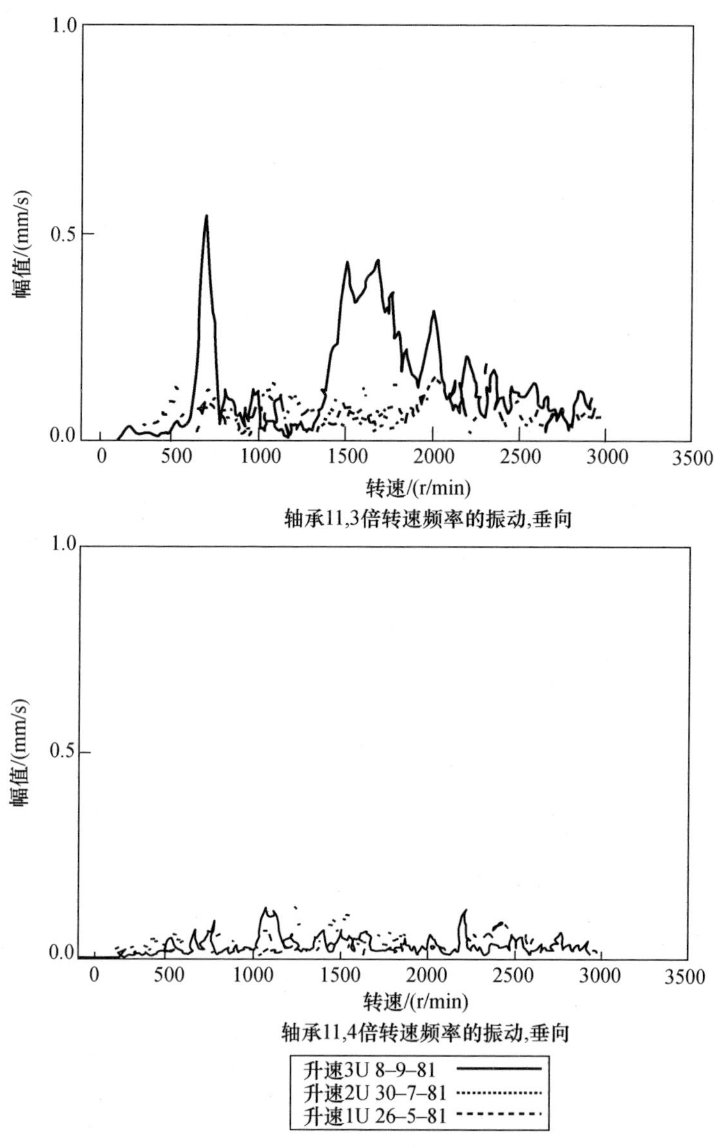

图 9.4　轴承 11 处的高阶谐波振动

(经英国 Gloucester 的 EDF Energy 许可使用)

持续增大,因而,9 月 12 日将该设备停机,此时,2 倍转速频率的振动已经达到了许可范围的极限 6mm/s。图 9.5 给出了降速运行过程的情况,其中可以观察到一系列特征。交流发电机轴承上的所有振动成分在 4 天运行中(从断电开始)接近增大了 1 倍。2 倍和 3 倍转速频率处的振动变化相当显著,这里应将它们作为裂纹发生的信号。交流发电机的 2 个临界转速都出现了大约 5% 的下降，轴承 12 处记录(水平方向)得到的二阶临界转速分裂成了 2 个峰,分别位于 1970r/min 和 2060r/min。

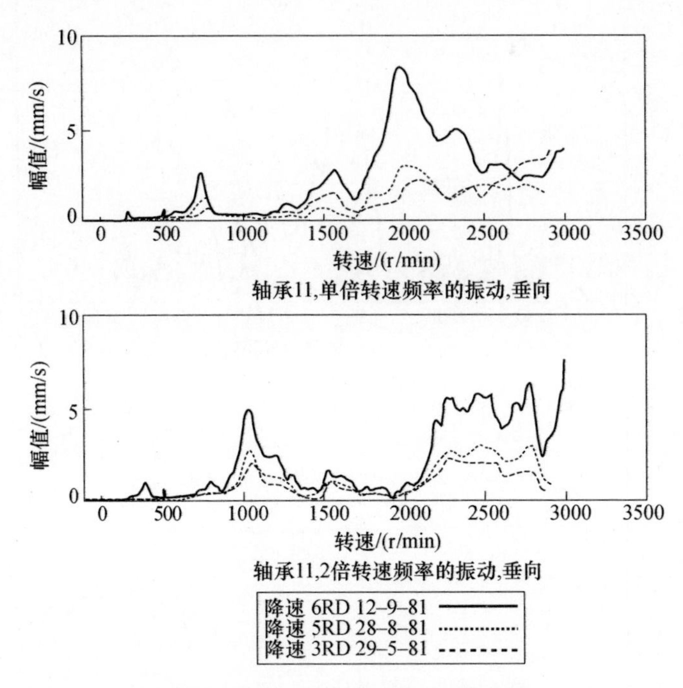

图 9.5 轴承 11 处降速运行数据信号

(经英国 Gloucester 的 EDF Energy 许可使用)

到了这一步,人们也考虑了可能导致这种设备行为的其他原因,不过都不能与这里观测到的振动特点完全吻合。由此不难推断,系统中的转子出现了裂纹。剩下的问题就是去识别裂纹的位置,以帮助维修人员去解决。根据降速运行过程中的变化情况可以发现,这一故障主要出现在发电机或励磁机转子等处,而不是任何涡轮部位。发电机转子的临界转速变化则进一步表明了缺陷就是发生在此处,因为小得多的励磁机转子不会有这么明显的影响。在发电机转子处,最为明显的变化就是二阶临界转速,因此,按照第 5 章的讨论可以认识到,缺陷应当靠近对应模态形状的二阶导数取最大值的位置。由此也就得到了结论,即裂纹位置靠近转子的一端。

当将转子从设备中拆卸下来之后,人们发现在涡轮端靠近截面变化处出现了一个较大的裂纹,该裂纹延伸到中心孔,角度约为 140°。

通过上述及时的诊断过程,最终防止了可能出现的灾难性故障。

9.3 车间内对裂纹转子进行模态测试

由于裂纹转子问题是非常重要的实际问题,因此,近几十年来人们对其进行了大量的研究,一些基本现象和相关技术已经在第5章中做过介绍。这里我们主要讨论一种经常用于识别和定位裂纹的技术手段,介绍其在一些转子上的应用,如发电机转子。

对于从设备中拆卸下来的可能有问题的转子来说,检测裂纹和确定裂纹位置的较好办法就是进行一组力锤冲击测试。可以将转子通过吊索悬挂起来,并调整其方位进行多次重复测试,这实际上就是通过逐渐调整(转动)转子模拟运行过程中裂纹的行为。进行这一测试的基本思想是非常简单的,即当转子方位对应于裂纹处于中轴下方时,裂纹至少是部分张开的,而在其他方位则是闭合的,转子振动特性将与完好状态下的振动特性相同。如果对多个轴向位置分别进行测试,那么,可以获得更好的效果,这也就是完整的模态测试。虽然这种完整的测试能够提供非常丰富的信息,不过由于此处我们仅关注裂纹位置,因此,只需进行单组测试即可。

对于轴对称的转子,如涡轮转子,任何方位下的冲击响应都会呈现带有一系列峰值的谱,这些峰对应于自由 - 自由状态下的固有频率。所谓的自由 - 自由状态当然只是一种近似,不过它很容易检测和校正。我们知道,当裂纹位于转子的上半部时,裂纹是保持闭合的,响应谱中的峰值频率(图9.5)也就是正常转子的共振频率。当转动转子之后,裂纹将张开,这些峰值频率将会降低。当这些频率达到最小值时,所对应的方位也就指明了裂纹完全张开的位置(假设只有一个裂纹)。不仅如此,针对完好转子与裂纹完全张开的转子,通过考察各峰值频率的相对变化情况,还可以进一步确定裂纹的轴向位置。

在第5章中曾介绍了 Mayes 和 Davies[1] 所给出的相当完善的分析,其中将固有频率的改变与裂纹深度和位置有效关联了起来。分析表明

$$\Delta(\omega_N^2) = R y_N''(s_c) \tag{9.1}$$

式中:y_N''为模态形状在裂纹位置 s_c 处的二阶导数,$y_N''(s_c) = \left[\dfrac{d^2 y_N}{dz^2}\right]_{z=s_c}$;$R$ 为裂纹和转子几何的函数;y_N 为第 N 阶模态形状;z 轴为转子轴线方向。在 Mayes 和 Davies[2] 的分析中,还利用量纲分析方法进一步考察了裂纹尖端的应力集中因子,并导出了一个简化表达式,即

$$\Delta(\omega_N^2) = -4\left(\frac{EI^2}{\pi r^3}\right)(1-v^2)F(\mu)y''_N(s_c) \tag{9.2}$$

式中:μ 为无量纲形式的裂纹深度(相对于局部轴径);F 为针对给定形状转子的通用函数,与其他参数无关;其他参数含义参见第5章。

理论上说,函数 $F(\mu)$ 可根据合适的应力集中因子(如果已知)导得。Mayes和 Davies[3]采用的是另一途径,他们是根据一组针对弦状裂纹的实验测试结果推断出了 F 的值,结果表明,该函数非常近似于裂纹面处测得的截面惯性矩的变化率。此外,Friswell 等人[4]也曾对裂纹方面的研究做过总结。

在进行这一计算时,需要特别注意的是,裂纹面部分的惯性矩是针对新的几何中心的,而不是原来的几何中心。于是,F 将是一个关于 μ 的高度非线性函数。在搞清楚裂纹对刚度和固有频率的影响之后,就可以建立有限元模型了。还是在上面的文献中,作者指出了可以通过单个单元的惯性矩降低 ΔI 描述裂纹。利用瑞利型方法,他们还指出如果该单元的惯性矩为 I_0,那么,有

$$\frac{\Delta I/I_0}{(1-\Delta I)/I_0}=\frac{r}{l_{el}}(1-v^2)F(\mu) \tag{9.3}$$

式中:l_{el}为受削弱段的长度。需要注意的是,该参数可以由建模人员在合理范围内自行选取,不过它决定了惯性矩的值。对于任何给定的弦状裂纹来说,有两个 F 值,裂纹面内有两个正交方向。据此模型中的参数也就完全指定了。

利用上述这些信息我们就可以得到较为准确的转子模型了,进而(无裂纹)模态形状以及裂纹对每个模态的影响也就可以分析评估了。这一点的重要性在于,由此可以确定裂纹的位置,而不必将转子整个拆卸下来。附带指出的是,很多工业场合中转子往往是非常复杂的装配体,因此即使是较大的裂纹一般也是较难定位的。

测试过程中是需要调整的,一般会采用 8 个等间隔的方位,并记录下力锤冲击产生的响应。对于每个位置,应注意前 2 个或前 3 个弯曲共振频率。一般来说,只需在单个方向上进行测量就足够了,通常是在水平方向上,不过正如后面将要指出的,同时监控 2 个正交方向更为有利。考虑到总共有 8 个方位,因此,可在 4 组直径方向上的测试点(每组 2 个,位置相对)处获得固有频率的差异,正是根据这些频率差异才能够识别出裂纹特征。一般地,可以得出如下结论。

(1) 最小固有频率所在的转子方位对应于裂纹处于最低位置,且裂纹是完全张开的。

(2) 共振频率差值的比例将决定裂纹的轴向位置。

(3) 在裂纹位置确定之后,裂纹的大小可通过式(9.2)中的函数 F 确定,进而可确定无量纲裂纹深度 μ。

当然,这一基本的分析过程也可能导致部分矛盾的结论,可能采用某种形式的最小二乘过程更为恰当,这里不再进行讨论。

我们需要考察一下上述过程中可能引起复杂性的一些原因。一个重要的方面在于，虽然裂纹可以划分为平面和弦状模型，不过这也只是对实际情况的一种近似而已。必须强调的是，所有的裂纹都是不同的，建模的目的是提取出一些关键特征，而不是准确地再现出所有特定裂纹的行为。另外，可能也是更重要的，转子自身的性质也是必须考虑的，特别是带有电路的转子，例如，发电机和电动机中的转子，它们是非轴对称的，这会导致相当的复杂性。

对于那些带有电路部分的转子来说，它们在两个正交方向上具有不同的刚度，这会带来一些重要的影响。首先，裂纹的识别工作可能是在运行工况下进行的，通过观测 2 倍转速频率处的振动成分变化实现。对于轴对称的转子，这种变化总是在增大的，而对于不是轴对称的转子来说，情况则并非如此。这是因为裂纹的方位可能会在初期阶段使得总体的非对称度降低，从而增强 2 倍转速频率振动成分，而随着裂纹的生长，一定阶段又会出现非对称度的逐渐增大，可以通过观测 2 倍转速频率振动的矢量变化情况考察。这种频率的振动几乎总是小于同步振动，不过它非常的稳定，在大多数设备中变化很小，因此，是一个非常有用的诊断工具。其次，裂纹的出现往往会带来 2 个主平面之间的交叉耦合，在分析冲击测试结果时也必须将这一点考虑进来。所谓的交叉耦合，是指在较“弱”的方向上受到激励时，可以在较“强”的方向上产生位移响应。显然，这一效应是必须考虑的，因此，相关的诊断也就会变得更加复杂。

不妨考虑图 9.6 所给出的实例，一根均匀的转子在 2 个主方向上有 5% 的刚度差异，因此，在自由 - 自由固有频率上将产生 2.5% 的差异。在中点引入一个裂纹，无量纲深度 $\mu = 1$，也就是说，这个裂纹将整个横截面削弱了 1/2，裂纹端面与转子的主轴方向呈 45°角。可以利用式(9.3)给出的降低惯性矩的方式对其建模，其位置如图 9.6 所示。如果考虑将该转子通过吊车悬挂起来，那么，模型中不存在轴承。对于这一问题，Lees 和 Friswell[5] 已经进行过讨论。

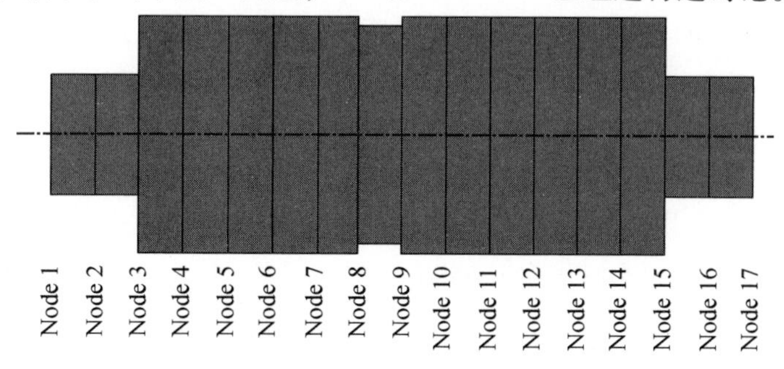

图 9.6 用于检查交叉耦合的转子模型

当转子完好时，在 2 个主方向上不存在运动的交叉耦合，但是在存在裂纹时,情况就会明显不同。图 9.7 给出了与激励方向正交的方向上的最大位移情况,在很多的模式中耦合程度都是非常明显的,这使得解读共振测试结果变得相当复杂。

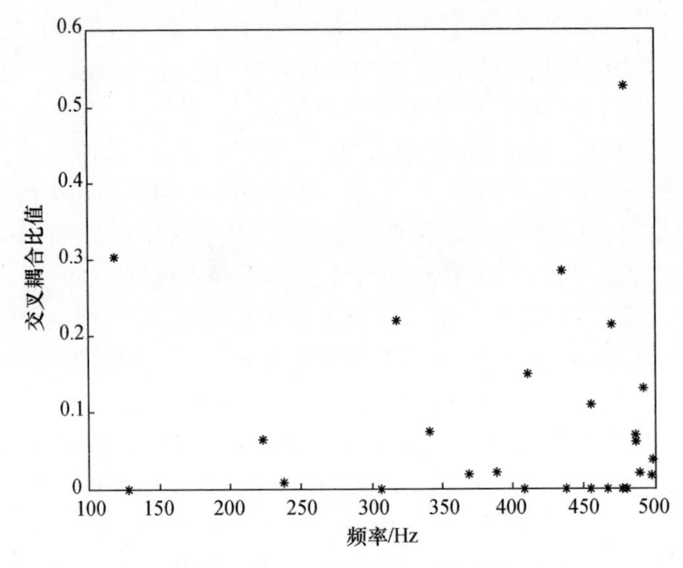

图 9.7　裂纹转子内的交叉耦合

无论如何,只要这种现象存在,我们就必须加以考虑。事实上,这种交叉耦合的敏感性是一个有趣的特征,这可能为将来的裂纹检测提供进一步的诊断工具。

9.4　锅炉给水泵的齿轮箱问题

这里所讨论的设备是某大型燃煤电厂中的主锅炉给水泵。主涡流发电机为 500MW,4 台发电机各有一个主锅炉给水泵,2 台运行、2 台备用。电厂新建不久后,主锅炉给水泵出现了一系列故障,可靠性较低。尽管可以只利用 1 个工作泵和 1 个备用泵就可以满载荷发电,但是这种工作模式难以满足给水加热系统的需求,因而效率显著降低。Lees 和 Haines[6] 对这一问题进行了研究。

该锅炉给水泵每小时供水 1.6Mkg,压力为 220bar,温度 16℃。很显然,为了抑制叶轮入口处的空化效应,需要预先进行增压处理,为此,系统中设置了一台所谓的增压泵。该增压泵是由主泵通过额定传动比 2:1 的减速齿轮箱(实际为 111:56)驱动的。齿轮箱是所遇到的各种问题的主要来源,如齿轮故障、联轴器损坏、转轴裂纹等。整个装置是通过一台单级涡轮来驱动的,功率为 17MW,最大转速为5000r/min。约有10%的功率传递到增压泵。涡轮、高压泵、齿轮箱和增压泵均是通过柔性联轴器连接起来的,目的是更好地适应运行过程中温度变化所带来的对中变化。图9.8给出了一个完整的示意图。

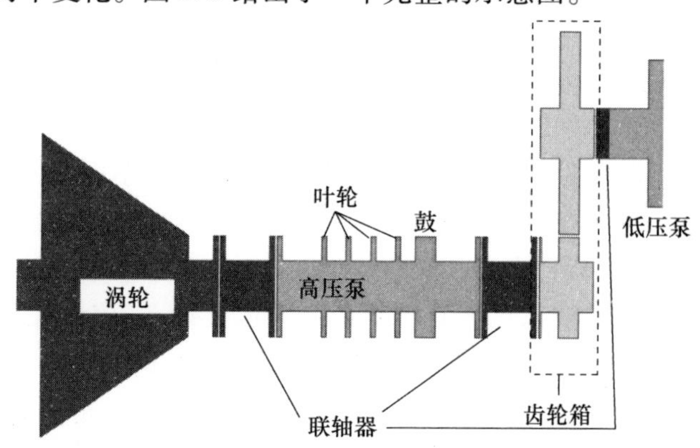

图9.8 理想的主锅炉给水泵和涡轮布局

很明显,这些设备上的各种问题需要加以解决。当时,该电厂内是4台设备,不过,在另外2处还有4台,它们都表现出了类似的故障问题。困难主要在于如何确定是不是单个原因导致的这些问题,进而去校正。这些泵的一个设计特点是利用了平衡鼓和外轴承来平衡推力,而不是当时常见的传统平衡活塞构型。值得注意的是,从轴承到联轴器存在一个较长的悬伸段,这会影响到扭转特性。由于齿轮箱表现为各种问题的焦点,因而,很自然地需要去监控传递过来的扭矩情况,尽管这一测试存在着一些困难。

扭矩测试是通过在高压泵和齿轮箱之间的双膜片联轴器的隔套上粘贴应变计完成的,并借助遥测系统将测试信号传到固定接收器中。测得的信号是令人惊讶的,同时也给了人们很多启发。在当时,这个测试过程是相当有挑战性的,Lees和Haines[6]给出了详细的细节内容,可以参阅。正是采用了这一测试,最终解决了一系列问题。当然,初期得到的测试结果是令人困惑的,需要采用恰当的数学模型解读这些数据。

在相当宽的泵转速和负载范围内,扭矩测试数据表现出了显著的波动。最为重要的是,可以观测到在某些工作条件下(升速到正常转速)这些波动要比平均扭矩还要大。由此产生的结果将在后面讨论。这里的主要目的是弄清这些波动的来源。另一个重要现象是,在一定的转速范围内,扭矩测试结果中存在着3个突出的频率成分(其幅值和相对重要性是变化的)。这3种成分分别是2个轴的转动频率和1个固定的频率值(39Hz)。后来人们分析指出这个固定频率对应的是系统的一阶扭转共振,它是由运动方程中的非线性项激发的。

研究人员首先根据设备图纸构建了1个有限元系统模型,其中包含了52个梁单元。随着分析工作的推进,人们发现,由于涡轮和泵之间的连接刚度较大,因而,可以采用图5.17所示的简化模型分析,其中包含了4个惯性元件和2个扭转弹簧元件。这是一个纯扭转模型,忽略了扭转和横向振动之间的耦合行为,根据测试结果也证实是可行的,不过在有限元模型中这一耦合效应是可以包含在内的。

与其他机械零部件类似,齿轮也不是精确的,而是在指定的公差范围内。因此,某个齿轮零部件的误差将会导致系统中出现激励力。对于上述简化系统来说,其运动方程可以写为

$$I_1\frac{\mathrm{d}^2\theta_1}{\mathrm{d}t^2}=K_1(\theta_2-\theta_1) \tag{9.4}$$

$$I_2\frac{\mathrm{d}^2\theta_2}{\mathrm{d}t^2}=K_1(\theta_1-\theta_2)+T \tag{9.5}$$

$$I_3\frac{\mathrm{d}^2\theta_3}{\mathrm{d}t^2}=K_2(\theta_4-\theta_3)+\gamma T \tag{9.6}$$

$$I_4\frac{\mathrm{d}^2\theta_4}{\mathrm{d}t^2}=K_2(\theta_3-\theta_4) \tag{9.7}$$

式中:γ为传动比;T为传递过去的扭矩,是未知的。在进行分析之前,需要引入一个约束,以指定齿轮传递运动的方式。这里可以假定齿轮元件的运动能够“吸收”齿形误差的影响。如果齿轮箱处于理想状态,那么,这个约束可以表示为

$$\dot{\theta}_2+\gamma\dot{\theta}_3=0 \tag{9.8}$$

不过,由于不可避免地存在一定误差,这个约束方程将稍微复杂一些,可以写为

$$\frac{N_1}{2\pi}\dot{\theta}_2+\frac{N_2}{2\pi}\dot{\theta}_3=\varepsilon_1(\omega_2+\dot{\theta}_2)\sin(\omega_2 t+\theta_2)+\varepsilon_2(\omega_3+\dot{\theta}_3)\sin(\omega_3 t+\theta_3) \tag{9.9}$$

显然,式是一个非线性方程。如果2个误差项中有一个是主导的(如$\varepsilon_2 \gg \varepsilon_1$),且扭转位移比较“小”,那么,就可以做显著的简化,将式(9.9)乘以$2\pi/N_1$可得

$$\dot{\theta}_2+\gamma\dot{\theta}_3=\frac{2\pi\varepsilon_2}{N_1}\sin\omega_3 t \tag{9.10}$$

由此就可以针对每个转速进行求解了。前面第5章中已经介绍了如何利用

矩阵方法对此进行求解,这里只需做简单的处理即可得到,即

$$T = \dot{\theta}_2 \left[K_1 - I_2\omega^2 - \frac{K_1^2}{K_1 - I_1\omega^2} \right] = \alpha\dot{\theta}_2 \tag{9.11}$$

类似地,有

$$T = \frac{\dot{\theta}_3}{\gamma} \left[K_2 - I_3\omega^2 - \frac{K_2^2}{K_2 - I_4\omega^2} \right] = \frac{\beta\dot{\theta}_3}{\gamma} \tag{9.12}$$

将这些关系式代入约束方程式(9.10),可以得到(消去正弦项)

$$T\left[\frac{1}{\alpha} + \frac{\gamma^2}{\beta} \right] = \frac{2\pi\varepsilon_2}{N_2} \tag{9.13}$$

于是,频率 ω 处传递的扭矩为

$$T(\omega) = \frac{2\pi\varepsilon_2}{N_2} \frac{\alpha\beta}{\alpha\gamma^2 + \beta} \tag{9.14}$$

式(9.14)还可以表示得更为具体一些,不过对我们的理解没有多大帮助。这一分析过程的本质特征在于它是位移控制型的,可以体现出扭矩波动的大小,进而轮齿应力也就是依赖于轴系的扭转刚度的,特别是最柔软的部位,即联轴器。与很多情况不同的是,齿轮的相对运动幅值是确定的,也即主动齿轮和从动齿轮的运动差异必须(至少)等于轮齿误差,这是由后者导致的激励力所保证的。若假定齿轮始终保持接触,那么,相对运动将正好等于接触点处的齿形误差。

这里还有一个假设,即轮齿是绝对刚性的,当然,实际上并不是如此。所有轮齿都有一定的柔性,这会带来一些复杂性,不过在模型中考虑这一点还是比较容易的。对于标准的轮齿形状,轮齿刚度是可以计算的。就这里的实例来说,人们已经发现这一效应只是在 1kHz 以上的频率处才比较有影响,因此这里的分析没有考虑。

现在回到式(9.14),我们来考察耦合刚度对扭矩波动的影响。由于上述实例已经比较复杂,为了说明位移控制机制的效应,这里不妨考虑图 9.9 所示的更为简单些的情况,其中的被动元件只有惯性,而驱动元件的惯性非常大。对于这个简单系统来说,方程可以表示为

$$I_1\ddot{\theta}_1 = k(\theta_2 - \theta_1) \tag{9.15}$$

$$I_2\ddot{\theta}_2 = k(\theta_1 - \theta_2) + R_2P \tag{9.16}$$

$$I_3\ddot{\theta}_3 = R_3P \tag{9.17}$$

式中:P 为轮齿上的力,其他符号与前相同。

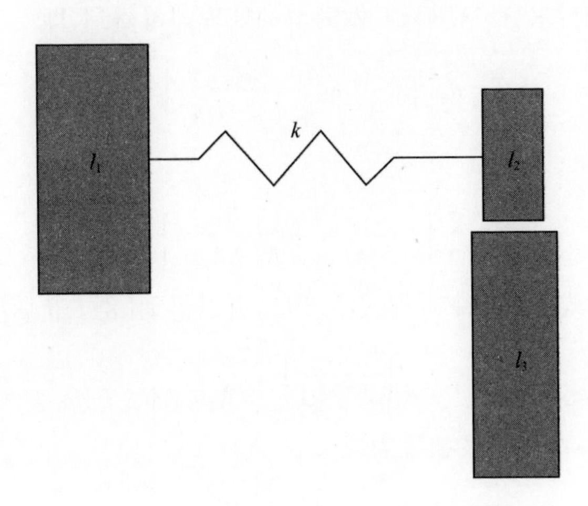

图 9.9　用于说明位移控制的简化系统

为了简便起见，这里也忽略了阻尼效应，不过在响应计算中将会考虑。如果假设只有主动齿轮存在着单个正弦误差，那么，约束方程就变成

$$R_2\theta_2 + R_3\theta_3 = e\sin(\omega t + \theta_2) \tag{9.18}$$

应当注意，式(9.18)中的 e 是齿轮的一个尺寸而不是角度。这里假设 I_1 非常大，于是，$\theta_1 = 0$。随后可以得到（忽略二阶项）

$$(k - I_2\omega^2)\theta_2 = R_2P \tag{9.19}$$

如果 θ_2 足够小，那么，式(9.18)就可以线性化，从而有

$$\theta_2 + \gamma\theta_3 = \frac{e}{R_2}\sin\omega t \tag{9.20}$$

线性化的影响将在稍后讨论，这里可以看出，它确实使问题的求解变得更易处理。将约束式(9.20)代入式(9.17)，可得

$$T\left[\frac{1}{k - I_1\omega^2} - \gamma^2\frac{1}{I_2\omega^2}\right] = \frac{e}{R_2}\sin\omega t \tag{9.21}$$

经过简单的处理之后，就可以得到正弦误差（幅值为 e）导致的传递扭矩波动，即

$$T = \frac{I_2\omega^2}{\gamma^2}\frac{(k - I_1\omega^2)}{\left[k - \left(I_1 + \frac{I_2}{\gamma^2}\right)\omega^2\right]}\frac{e}{R_2}\sin\omega t \tag{9.22}$$

这一结果对于更为实际的系统也是适用的，它阐明了耦合刚度（更准确地说，轴系刚度）在确定由齿轮误差导致的应力和力矩中的重要性，这些误差总是存在的，当然，一般是在各种标准（如 ASME、BS 和 ISO 标准）的限定范围之内。

如果假设 I_1 是小值，且考虑耦合刚度 K，那么，在共振转速之上扭矩波动将为

$$T = -\frac{ke}{R_2}\sin\omega t \tag{9.23}$$

于是，扭矩的波动也就可以完全由刚度决定。由于这一过程是位移控制型的，因此，这一点并不奇怪，齿轮的运动方式必须能够与几何误差相容，显然，如果轴的扭转刚度非常大，那么，就会产生较高的力矩。

现在我们回到更为实际的模型，即带有 4 个惯性部件的给水泵，这一系统会产生较高的扭矩波动，而齿轮的误差是适中的。这些齿轮都符合相关标准的要求，只是设备对这些误差过于敏感。在设备的升速过程中，扭矩波动会超过平均的扭矩，进而这些齿轮会脱离接触，并导致显著的冲击。虽然没有确凿的证据，但是这些冲击一般会导致齿轮的较大损伤。

人们已经采用上述模型考察了该设备的行为，给定的齿轮误差为 25μm（低速齿轮），结果如图 9.10 所示，其中同时也给出了齿轮箱所传递的平均扭矩（转速的函数）。模型求解中，采用了高速联轴器的简化刚度，其中安装了隔套（减小了壁厚），并引入了一定的扭转阻尼（在低速轴上采用了橡胶块联轴器）。这里要注意的是，在计算过程中引入了一些阻尼，而在前面的推导过程中为了简便起见没有考虑阻尼效应。在细致的研究之后，人们已经针对该设备进行了修正，从而极大地提高了设备的可靠性。事实上，根据图 9.10 可以注意到：对于修正后的系统，波动的幅值水平有了降低，不过频率上仍然有所变化，仍然远离了正常工况。计算中涉及的参数是：4 个惯性部件分别为 $15\text{kg}\cdot\text{m}^2$、$0.37\text{kg}\cdot\text{m}^2$、$3.38\text{kg}\cdot\text{m}^2$ 和 $5\text{kg}\cdot\text{m}^2$；初始时，两个刚度分别为 $8\times10^5(\text{N/m})/\text{rad}$ 和 $5.8\times10^5(\text{N/m})/\text{rad}$；在修正的系统中，第一个刚度减小为 $3\times10^5(\text{N/m})/\text{rad}$。

还有一个问题需要做一讨论，即较宽转速范围内总存在一个固定频率（39Hz）的成分。该成分对应于一阶扭转固有频率，是由式（9.22）中符号右边的非线性项导致的。这一问题是较难处理的，不过，Lees 等人[7]已经采用现代计算方法对其进行过分析。Lees 和 Haines[6]曾指出，可以将位移表示为两根轴的转速的谐波级数形式，由此能够得到更深入的认识。这个非线性项会导致这两个级数的乘积项，进而在较宽频率范围内产生相应的激励。在宽带频谱中，扭转固有频率处将会出现很高的激励，这一结果与观测到的行为以及现代分析结果是完全一致的。

对系统进行修正，以及在第二个联轴器中引入阻尼，这些都已经被证实是非常成功的。此外，从这一问题中还可以看出，完整系统的设计是相当重要的，我们不应只关注零部件的设计。

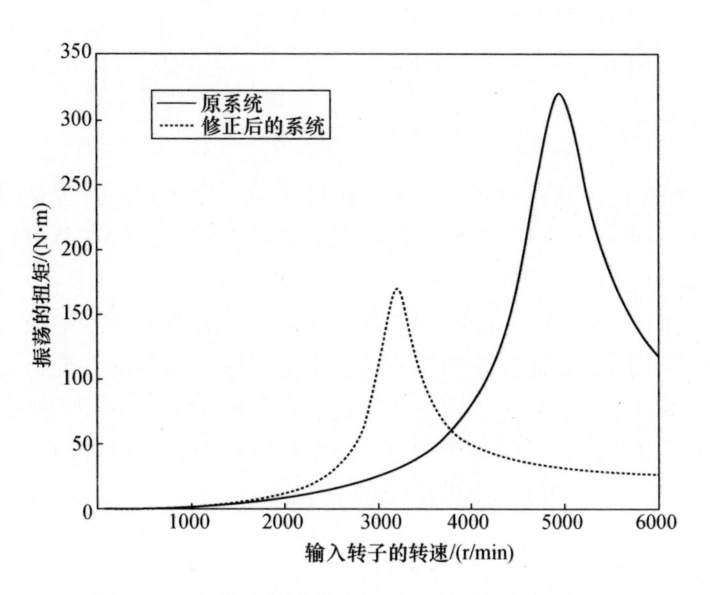

图 9.10 由从动齿轮误差(25μm)导致的扭矩波动

9.5 大型离心风机的振动

这里讨论的是一个简单的问题,涉及两个燃煤发电厂的若干排气扇。这些排气扇将磨煤机生成的空气和煤的混合物引入到锅炉中,每小时大约处理 100t 煤,每个磨煤机都有两台这样的风扇,而每台 500MW 的涡流发电机带有 4 台磨煤机。这些风扇所出现的问题主要是振动水平过高,从而影响了叶轮的使用寿命,同时也导致了较高的维护保养费用,甚至有时不能正常工作。

图 9.11 给出了一般的结构布局,电机通过一个柔性联轴器与轴相连,它们分别单独支撑,这一点与当前的问题是没有关系的。风扇叶轮带有 6 个叶片,直径约为 2m,质量为 0.8t。由于所处理的介质是煤屑,因此,叶轮叶片会发生磨蚀,进而导致初始做过动平衡的叶轮不久就会失去良好的平衡性。显然,在当时的情况下这种磨蚀速率就是一个主要的问题。在理想情况下,这些风扇应当能够运转大约 6 周,如果叶片发生严重磨损,那么,将会严重影响生产效率。事实上,这些风扇已经总是出现这样的问题了,因此,必须再次考察它们的设计。根据供应商提供的数据我们已经知道一阶临界转速是 1900r/min,因此,1500r/min 这个运行转速应该是完全合适的,然而,实际情况并非如此。

基础支撑部分是一个钢结构,带有一定的柔性,不过初始设计时是假定为刚性的,目的是为了便于计算固有频率和临界转速。叶轮到相邻轴承的悬伸长度

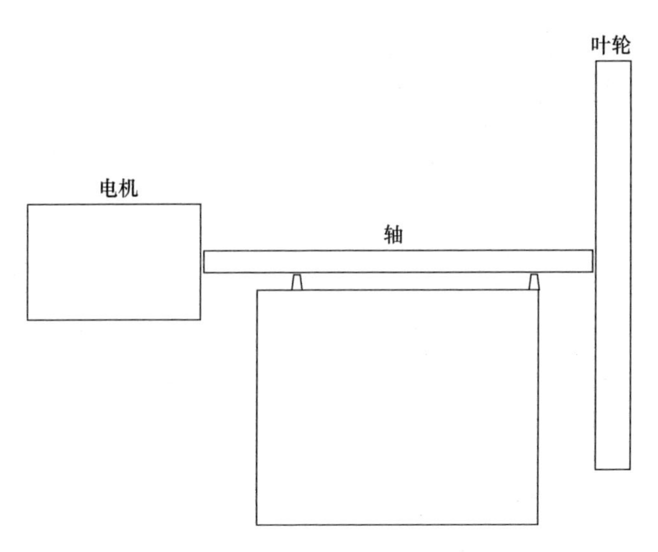

图 9.11　排气扇

为 60cm，轴的直径为 17cm。图 7.6 给出了坎贝尔图，可以直接看出风扇的运行转速范围内存在一个临界转速。这些结果使得供应商非常惊慌，因为他们早先的计算中忽略了陀螺力矩对轴的影响。虽然对于很多转子来说这些影响通常是相对较小的，特别是那些主体质量或惯性落在轴承支撑之间的情况，然而，由于此处的风扇转子是悬伸状态的，因而情况有所不同。

很显然，这里的风扇设计就需要做一定的改进。就这里的问题来说，支撑刚度和悬伸长度（外轴承与叶轮之间）是比较容易改变的参数。表 9.1 中针对这些参数的一些组合列出了对应的临界转速，很明显，缩短悬伸长度是非常重要的。不过，虽然临界转速是需要重点考虑的方面之一，但是同时也必须考虑到激励情况。应当引起注意的是，此处一个需要关注的主要问题就是反向涡动模式，在支撑结构存在不对称性的情况下，这种模式只会由不平衡激发出来。

表 9.1　临界转速的变化

情况	K_x/(N/m)	K_y/(N/m)	悬伸量/mm	临界转速/(r/min)
A	5×10^8	5×10^8	600	-1245，+2250
B	1×10^8	5×10^8	600	-1178，+1945
C	5×10^8	5×10^8	300	-1680，+5200
D	1×10^8	5×10^8	300	-1600，+3000

为了说明这一点，不妨考虑表 9.1 中最后两种情况下的不平衡引发的响应。在计算响应时，需要引入一些关于阻尼的假设，一般而言，这也是比较困难的。毫无疑问，轴承中一定存在着某些阻尼效应，风扇叶轮也会带来一定的阻尼。这

些阻尼的影响是难以精确分析的,并且对于这里的讨论来说也并不重要,因为此处主要是对不同的改进措施进行对比,只需采用一致的阻尼模型即可得到恰当的结论。图 9.12 针对表 9.1 中的 4 种情况对比了不平衡响应。情况 B 中,1200r/min 附近的峰值是由于反向涡动导致的,在对称情况中不存在,原因在于,当支撑结构(含轴承)在与转子正交的两个方向上都是对称时,这种讨厌的反向模式是不会被不平衡力激发的。Friswell 等人[4]曾对此做过非常深入的研究,实际上,这一现象可以简单地视为两个方向上位移之间的相位关系所带来的结果。必须强调的是,在情况 D 中仍然存在着临界转速,实际上,如果设备是在单个方向上受到了外部激励,那么,这一点就是显而易见的。

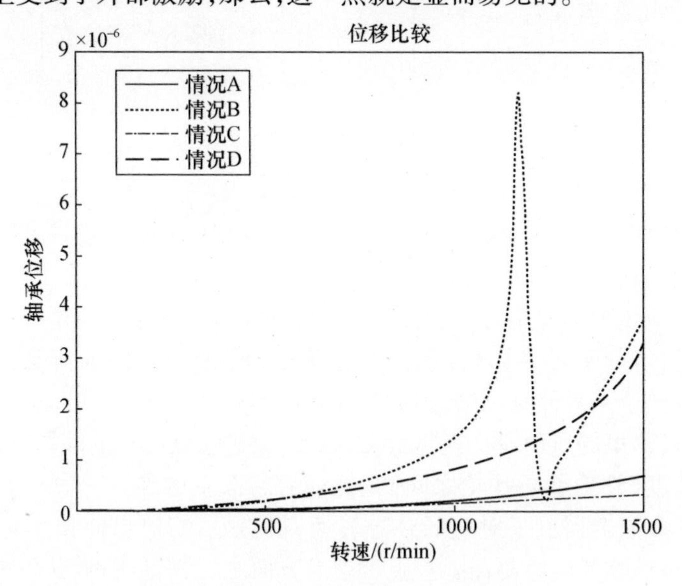

图 9.12　几种名义不平衡条件下的响应

在对风扇做了详细分析之后,人们进行了两项改进。首先,将悬伸长度减小到 300mm,这已经是在不对叶轮和机壳做大改的前提下所能达到的最小长度了。其次,将支撑结构替换成钢筋混凝土基础。应当注意,后者的目的不是增大刚度,而是为了在两个正交方向上获得近似相同的刚度。采用这些改进措施以后,相应的振动问题得到了较为妥善的解决,该叶轮也得以正常运转(直到性能出现下降)。

9.6　低压涡轮的不稳定性

这里要介绍的另一实例来自于英国。某大型发电厂中有 4 台 500MW 涡流发电机设备，在最后一级低压涡轮处出现了叶片裂纹。测试结果表明，在该低压涡轮上出现了间歇性的激励，位于 7 ~ 12Hz 范围，而在设备的其他部位则没有。不仅如此，它们还与同步振动及其谐波成分产生了相互作用。Hahn 和 Sinha[8] 对此做了研究。

低频激励与单倍转速的振动之间的相互作用使得在大约 43Hz 处产生了振动，这非常靠近临界转速 46.88Hz。与 2 倍转速频率的振动的相互作用则使得在 93Hz 处出现了振动，而最后一排叶片的固有频率是 90Hz。目前，这一问题仍然在研究过程中，不过早期的测试和模型研究已经识别出了问题的一些根源。

这个问题是比较复杂的，一般认为是由涡轮的失速机制所导致的。它出现在较低负载情况下，这一点并不奇怪，因为这种情况下涡轮是在远离其设计工况下工作的，蒸汽流与动叶片和静叶片之间不共线，因而，会产生二次流型。这与实际情况也是完全一致的，2 台都出现这一问题的设备都采用的是两班制运行且工作在较低负荷下。

上述现象只是这一广泛存在着的问题的一种表现而已。Rieger[9] 全面回顾了叶片问题，并讨论了这种失速现象。Owczarek[10] 详细研究了这一问题的物理本质。虽然人们早已认识到失速这一问题，然而，只是在近些年才对其表现出了浓厚的兴趣，其原因体现在两个有点矛盾的方面。

(1) 为了提高效率，早期的叶片一般是自由形式的，不带围带或拉筋。

(2) 由于可再生能源需求的出现，燃煤电厂趋于采用两班制工作模式或低负荷运行方式。

事实上，由于核电设备一般工作在高负荷状态下（考虑到技术和经济两方面原因），因此，对于燃煤电厂来说就不得不具备更大的运行灵活性，这也给设计带来了较大的困难。

Hahn 和 Sinha[8] 曾利用传统的傅里叶方法分析了所获得的数据，取得了一定的进展。Wu 和 Qu[11] 也曾在鼓风机设备中发现了相关的失速现象，采用了经验模态分解方法（参见 8.6.8 节）进行了分析。他们的研究都揭示了所存在的双态行为。

9.7 结束语

本章介绍了若干实例，其中一些是多年以前出现的问题，而另一些则是当前正在研究的主题。所有这些实例都与当前服役的设备有关，对于它们的分析有助于深入认识实际设备可能出现的一些问题。在最近几十年中，仪器设备和数据处理方面都已经得到了长足的发展，利用相关技术手段我们可以更好地了解这些设备的运行过程。事实上,对设备运行过程的认识与理解也正是所有状态监控和相关研究的核心环节。

习题

9.1　设有一台交流发电机转子可以理想化为一根均匀梁,质量为50t,支撑在相距6m、刚度为5×10^8N/m 的轴承上。试确定前两阶固有频率。

9.2　设习题9.1中的转子带有一个弦状裂纹,其位置距离第一个轴承2m。试计算前两阶固有频率的变化,分别考虑裂纹的无量纲深度为0.25、0.5和1的情形。

9.3　设某转子的第一个平衡面内存在0.002kg·m的不平衡度,裂纹无量纲深度为1。试计算同步振动和2倍转速频率成分的振动(作为转速的函数)(注意:第5章给出了此类分析的细节)。

9.4　设有一个单级齿轮箱,传动比为2.5:1。主动齿轮惯性矩为100kg·m^2,半径100mm;从动齿轮惯性矩为800kg·m^2。主动齿轮通过一个刚度为10^5(N/m)/rad的联轴器与惯量为1000kg·m^2的电机相连,从动齿轮则通过刚度为0.58×10^6(N/m)/rad的联轴器与惯量为500kg·m^2的泵设备相连。如果从动齿轮的周期误差为10μm,试确定扭矩波动的大小(作为输入转速的函数),这里假定每个联轴器的阻尼值为刚度的1/2000。

9.5　设有一台风扇的转子带有2m的悬伸长度,直径为0.2m,支撑在两个轴承上,轴承刚度为4×10^5N/m,第一个轴承距离轴端为0.2m,该轴端是由柔性联轴器驱动的。第二个轴承距离另一端为0.5m。悬伸部分是一个叶轮,质量为800kg,直径为1.8m。试绘制出坎贝尔图(转速应达到2000r/min)。

参考文献

[1] Mayes, I. W. and Davies, W. G. R., 1976, The behaviour of a rotating shaft system containing a transverse crack, *Institution of Mechanical Engineers Conference on Vibrations in Rotating Machinery*, Cambridge, U. K., pp. 53 – 64.

[2] Davies, W. G. R. and Mayes, I. W., 1984, The vibrational behaviour of a multi – shaft, multi – bearing system in the presence of a propagating transverse crack, *Journal of Vibration, Acoustics, Stress and Reliability in Design*, 106, 146 – 153.

[3] Mayes, I. W. and Davies, W. G. R., 1984, Analysis of the response of a multirotor – bearing system containing a transverse crack, *Journal of Vibration, Acoustics, Stress and Reliability in Design*, 106, 139 – 145.

[4] Friswell, M. I., Penny, J. E. T., Garvey, S. D. and Lees, A. W., 2010, *Dynamics of Rotating Machines*,

Cambridge University Press, New York.

[5] Lees, A. W. and Friswell, M. I. , 2001, The vibration signature of chordal cracks in asymmetric rotors, in 19*th International Modal Analysis Conference*, Kissimmee, FL.

[6] Lees, A. W. and Haines, K. A. , 1978, Torsional vibrations of a boiler feed pump, *Transactions of the American Society of Mechanical Engineers*, *Journal of Mechanical Design*, 100(4), 637 – 643.

[7] Lees, A. W. , Friswell, M. I. and Litak, G. , 2011, Torsional vibration of machines with gear errors, in 9*th International Conference on Damage Assessment of Structures*(*DAMAS*), Oxford, U. K.

[8] Hahn, W. J. and Sinha, J. K. , 2014, Vibration behaviour of a turbo – generator set, in *Proceedings of VETOMAC – X*, Manchester, U. K. , 9 11 September, pp. 155 – 161.

[9] Rieger, N. F. , 2012, Progress with the solution of vibration problems in steam turbine blades, www. sti – tech. com/dl/vibnfr. pdf, Accessed 5 April 2015.

[10] Owczarek, J. A. , 2011, On the phenomenon of pressure pulses reflecting between blades of adjacent rows in turbomachines, *American Society of Mechanical Engineers*, *Journal of Turbomachinery*, 133, 021012, 1 – 11.

[11] Wu, F. and Qu, L. , 2009, Diagnosis of subharmonic faults of large rotating machinery based on EMD, *Mechanical Systems and Signal Processing*, 23, 467 – 475.

第10章　回顾与展望

10.1　仪器设备的发展

在旋转类设备的监控和诊断领域,近年来相关的仪器设备已经出现了长足的发展。50年以前出现了非接触式涡流传感器,这对于工业领域来说是一个显著的进步,它们已经成为很多系统的关键元器件。近些年来,在宽带声发射传感器的改进方面也获得了不小的进展,它们使得我们可以不再局限于基本的事件计数这种早期的声发射技术。其他一些重要进展还包括遥测系统的进一步改善,其带宽得到了显著增强。

最重要的发展可能要属无线仪器技术的进步了。现在人们已经可以通过手提计算机直接对系统进行控制,这对于工业应用而言是非常有意义的。以往人们必须设置线缆来进行这一工作,从而使得监控系统中有相当的成本消耗于此。因此,引入无线通信技术无疑是具有较高的经济效益的。这种技术对于那些可能被视为不经济的设备监控场合来说,应当是一个恰当的选择。这里值得强调的一点是,这一领域中的所有发展最终都是由经济性来衡量的。例如,在详细分析问题的原因以及如何消除问题的过程中,如果所付出的代价比更换设备或零部件更高,那么,很显然就是毫无意义的。当然,大多数情况下这一点往往也是相当直观的,很容易做出选择。

10.2　数据分析和处理方面的进展

毋庸置疑,近年来最为显著的变化在于,人们已经可以以最小的代价获得超大数据量的存储能力了。这一进步改变了设备数据存储的方式,不过也带来了一些问题,如怎样最有效地进行数据库的分类、表示和检索等。

应当指出的是,数据量与信息内容之间是没有直接联系的,这一点在本书中已经反复强调过很多次。对于在线设备来说更是如此,尽管可以获得大量的数据,然而由于设备处于运行状态(准稳态),因此所包含的信息仍然是有限的。当然,考虑到控制系统和外部影响所带来的数据波动,仍然有一些信息是值得注意的,只不过需要采用某些形式的模型(统计性的或基于物理的)才能提取出来。

10.3 建模方面的进展

第一个旋转设备的数值模型是建立在传递矩阵方法基础上的,在当时这一方法可以高效地利用非常有限的计算机存储容量。随着 1960 年以来有限元技术的发展,有限元方法变成了一个主要的方法。线性的有限元法要比传递矩阵法更为简单,尽管需要多得多的存储容量。实际上,早期传递矩阵法之所以受到人们关注,就是因为它只需要适中的存储量,而近年来计算机存储硬件已经变得相当便宜,因此大容量需求已经不是一个限制因素了。

早期的研究大多采用的是线性梁模型,正如前面几章中曾经指出的,这些方法到目前仍然在使用。对于一些转子分析来说,可能需要采用更为复杂一些的方法,其中涉及三维单元。这一方面目前人们已经很好地建立了一些合适的方法,这里不再详细讨论。Friswell 等人[1]曾对此做过介绍,可以去参阅。一些研究者提倡在所有转子问题中都采用三维建模方法来分析,不过我们不大同意这一观点。三维模型当然可以用于所有形状的转子,不过对于大多数的转子,采用简单的方法或许更为恰当,主要优点在于可以显著减少分析时间,并且输入和输出都非常简洁。关于这一点,可能更多的还是思想上的差异导致的。一些人希望的是在计算中输入尽可能多的信息,某些时候这也是正确的。另外一些人,往往是分析人员,他们主要聚焦在更为本质的计算上,其中体现的是关键的物理成分。

有限元建模应当是最为成熟的技术了,它也是过去的 50 年间最显著的进步。很多实际设备的描述都有各种可行方法来完成,不足之处在于大多数情况中我们缺乏对内部细节的了解。与此相关的一个例子就是转子碰摩的处理,参见第 6 章的讨论。在推导建立理论模型来描述这个过程时不存在什么困难,不过却很难确定那些有意义的基本参数,它们对于定量预测来说是必需的。事实上,这里会产生两个问题:第一个是哪些参数是可用的,第二个也是更重要的,需要采用哪些参数。

所有状态监控的基本要求就是必须具有经济性。虽然揭示设备内部过程的细节可能在学术上是有益的,但是如果不能由此获得改进的、更快速的或更便宜的解决方案,那么,就是没有价值的工作。对于不太重要的设备而言,简单地进行更换显然要更为经济可行。

显而易见,设备数据对于理解设备来说是最基本的,而其自身并没有什么价值。只有当这些数据被用于解读设备内部过程的时候,它们才是非常有意义的,目前已经有很多种途径完成这一工作。这种内在认识一般可以通过 3 种主要途径来获得,当然,三者组合起来使用应当是最佳的。这 3 种途径分别如下。

(1) 每台设备的详尽的历史记录。目前,这些记录主要是以振动幅值和相位形式体现的,带载运行数据也可以以散点图形式给出。这些数据应当包括所有动平衡过程中的记录,该记录对于将来的运行是有用的。

(2) 统计性模型。利用统计性模型可以反映带载运行与瞬态工况中的振动水平和变化情况。对于设备行为中所观测到的任何变化,利用该模型都可以进行方便的比较分析。此外,它还可以进一步拓展为人工神经网络,从而揭示出系统对重要工作参数的敏感度。

(3) 数学模型。它们建立在设备运行过程的物理本质和设备图纸基础上,由此可以将测试结果与运行状态关联起来,从而获得深入认识。

在上述 3 种途径中,人们一般不会对前两个有疑义,不过对于数学模型却有一部分人表示怀疑。应当承认,目前我们所建立的总体模型一般是不够准确的,例如,间隙数据或其他参数的详尽情况等可能难以获得,不过从某种程度上来说,这一点并不是最重要的。虽然在模型中完全忠实地反映出运行状态下的设备是有用的,但是最主要的需要是该模型能够体现出系统对各个参数的比较准确的敏感度。

第 8 章中曾讨论过人工神经网络方法,它能帮助我们较好的认识设备运行过程。这些网络可以通过大量的运行参数来训练,进而可以方便地确定出设备状态是否合适。不仅如此,人工神经网络还可用于故障状态的分类,不过这一功能虽然有用,但是也会存在一些限制。主要是因为人工神经网络是一种统计性工具,其内部没有嵌入物理机制,这与其他的数学模型是不同的。正因如此,这一方法只能进行内插型预测,不能实现外插。换言之,人工神经网络只能将设备状态归类到某些已知的故障状态,而数学模型却可以揭示出新的效应和新的故障状态。

当然,这并不是反对近年来蓬勃发展的神经计算的重要性。事实上,作为故障状态的分类器,它们的性能可以通过数学模型加以改进,从而针对多种可能的故障生成非常宽泛的伪数据。这样一来也就解决了长期以来的一个问题,即分析人员手中有大量数据(正常工况下的),然而却很难提取出故障信息。当然,引入数学模型往往会带来验证问题,不过通过识别出各个参数的敏感度(而不是精确的影响规律),我们还是能够获得令人满意的结果的。

人工神经网络的另一个有价值的应用是可以用于确定一系列影响因素中每个因素的贡献。在第 8 章中我们已经提及这一应用,不过没有详细讨论它。当参数依赖性是非线性时,与奇异值分解这些线性方法相比,利用人工神经网络往往可以获得更好的内在认识。

当针对一组输入对网络进行训练以后，我们就可以每次改变一个输入参数做一系列的计算了。这一工作是有益的，由此可以分析出系统对每个参数的依赖性。当然，两个或多个输入参数之间也可能存在着交叉依赖性，它们也会对系统产生影响，不过根据这个网络也是可以搞清楚这一影响的。到目前为止，这一方法的应用还较为有限，然而，其应用潜力还是非常大的。Mayes[2]曾对这一方法的应用前景做过讨论。

与此相关的一个非常重要的问题是，怎样才能将神经计算的能力与物理模型的预测能力有机结合起来，迄今为止尚没有清晰的解决思路。物理模型会受到方程形式的限制，在第7章中将模型与过多的参数进行匹配可以改进匹配度，不过这会导致模型的预测能力受限。类似地，现在的人工神经网络的自由度过多，虽然能够获得非常好的数据匹配度，然而，其代价是预测能力也受到了限制。根据这些认识，人们已经提出了某些形式的有导师神经计算，不过何种形式是恰当的目前还不明确。

10.4 专家系统

很多研究人员针对一般的设备状态监控问题研究了各种专家系统。此类研究中采用了很多的技术方法，包括人工神经网络[3]、决策表分析[4]以及贝叶斯方法[5]等。这些研究者的目的是将这些技术封装到一个软件中，从而模拟具有丰富经验的专家为人们提供专家意见。在滚动轴承故障诊断研究方面，这一方法确实已经取得了非常大的成功。对于某些类型的设备来说，此类系统是一个良好的解决方案，已有证据表明它们能够给出正确的诊断意见。显然，这一方法至少可以减轻工程技术人员的压力，能够过滤掉一些比较显而易见的故障问题。

虽然相关文献已经指出专家系统具有较强的性能，但是此类基于逻辑推理的系统只能进行诊断，而不能给出任何定量信息，如故障位置或严重程度。另外，对于大型复杂设备来说，此类系统一般也较难发挥作用。

10.5 未来前景

在设备诊断领域，目前已经有了大量的工具和手段，从仪器设备到数据获取、存储，再到数据的分析评估等都是如此。在此基础上，这里可以对将来可能的发展方向进行介绍。实际上，在上一节中就已经指出了物理模型和神经网络方法的优缺点，并进一步指出了长远目标应当是实现设备故障的自动诊断。尽管这一目标究竟能否实现还不能肯定，但是只要是能够使需要工程技术人员直接参与解决的问题数量得以实质性减小,那么,这样的工作都是值得去做的。除此之外,未来的另一个长远目标是设备故障的自修复,从而构成所谓的“智能机器”。

10.5.1 设备诊断

未来的发展趋势之一是对设备内部状态信息的优化分析。这一工作不可避免地需要依靠足够的仪器设备、数据记录以及对测试结果的解读。在这一工作中还需要某些形式的模型支持,虽然物理模型更为理想一些,但是有时采用统计模型可能更为合适。具体到人工神经网络,可以说,它非常适合于检查各种参数对设备行为的影响,只是其外插预测能力有所不足。当然,现在也有一些可行途径可以避开这一缺陷。

在试图利用统计学方法(含人工神经网络)去实现故障的自动检测和分类时,所遇到的问题是缺乏足够的故障数据,尽管故障总是不停地发生,然而,能够实际获得的故障状态下的设备数据往往是相当少的。为解决这一不足,利用设备模型来模拟产生一些恰当的数据是一条解决途径。为此,所采用的模型一般需要经过合适的验证,这实际上也体现了在设备诊断领域中物理模型和统计模型之间是相互补充的。

由此也就提出了一个问题,即相关技术应当如何发展,显然,任何回答都是与具体设备高度关联的。对于那些很容易(很便宜)更换的小型设备,花费大量的代价进行故障检测软硬件的研发是不恰当的。然而,对于那些大型涡流发电机设备来说,自身的投入就是相当高昂的,发生故障的代价也是极高的,因此,上述软硬件的研发就变得非常重要了。其他章节中我们已经举出了多个实例,它们都说明了这一点。针对不同设备开发出各种可调模型,可以为我们提供敏感性更好的诊断工具,同时也能更好地根据带载运行数据推断出更具意义的信息。虽然这一一般性趋势已经足够清晰,不过最终会达到何种程度仍然是难以预测的。对于高价值的设备来说,可以预见这种可调模型将会与实际设备同步运行,同时其参数还可以不断进行更新。于是,这一模型就可以始终提供监控作用,并且能够推断出内部设备状态,这无疑是有利于我们快速地发现故障问题的。

关于能否最终实现故障自动检测这一终极目标,目前仍然存在争议,我们认为是有一点不确定性的,不过这实际上并不太重要。事实上,如果故障诊断技术有了长足的发展,以致需要人们直接参与的问题数量有了显著减少,那么,我们认为这就已经实现了一个非常重要的目标了。进一步,在需要人们直接参与的问题中,利用可调模型也可以为我们提供一些内在信息,而在当前,如果不经过深入而广泛的分析,这些信息是难以获得的。与此相伴的是,我们将不仅仅只记录和存储振动数据，这些改进的系统将能够记录更具物理意义的设备参数信息，例如不平衡构型信息、轴承载荷信息以及基础结构的动力特性信息等。这些信息能够显著加快问题的解决。

在上述基础上，进一步可构想的第二个发展方向就是所谓的“智能机器”这一概念。

10.5.2 自校正——智能机器

在建立了合适的模型并利用它们确定设备的运行状态之后，下一步显然就应当对故障状态进行校正了。尽管在一些结构问题中这已经取得了一定的成功，不过对于机器设备来说目前还处于初期阶段。当然，这一领域无疑是具有相当大的潜力的，将会越来越受到研究人员的关注。我们认为，这一方面很可能会在小型设备场合中先取得进展，然后一定会拓展到各类设备场合中。

对于运行中的设备来说，可以通过引入一些外部作用会对其产生影响，从而实现某些校正作用。下面通过几个小节对这些情况分别进行阐述。

10.5.2.1 磁悬浮轴承

磁悬浮轴承可能是构成未来“智能机器”的最为成熟的一项技术了。对于这类轴承来说，它最主要的特点是可以通过监控轴的运动情况直接对磁场进行控制，从而自动改变轴承特性。人们已经针对它们的性能做了很多方面的深入研究（如文献[6]），考察了它们在各种各样设备中的应用问题，从小型精密设备到大型燃气管道压缩机等都曾涉及。这些轴承具有很多的优点，当然也是比较昂贵的。不仅如此，在应用方面它们也会受到限制，原因在于它们只能承受有限的载荷，一般来说，要比同等尺寸的油膜轴承小得多。需要指出的是，这一限制实际上是由尺寸决定的。理论上来说，主动式的磁悬浮轴承（AMB）是可以承受任意负载的，只是由于磁场饱和效应的存在，使得只能通过采用更大的导体才能获得更高的承载能力，显然这就会受到尺寸上的限制。

10.5.2.2 电流变轴承

在20世纪末，一类特殊的滑动轴承受到了人们的重视，这种轴承是通过将介电材料粒子浸入到油液中构造而成的。在施加电场以后这种流体混合物就会从牛顿型转变为拟塑性，其黏性增大得非常显著。显然，利用这一特性就可以从外部对设备行为进行调节。很多人都对这一方面做过研究（如文献[7]），并指出这一类型的轴承将会是有前景的。不过，这些研究最终并没有很好地应用于实际。

10.5.2.3 静压轴承

静压轴承这一现有技术,对于未来的智能机器来说也可能是另一种构成要素,它们主要通过外部压力来改变轴承特性。在此类轴承中,油膜压力是由外部的泵产生的,而不是内部黏性流产生的。因此,这些轴承非常适合于低速场合的应用,当然,这也会带来额外的复杂性,并增加相应的成本。从智能机器角度来看,最令人感兴趣的是,这里的外部泵能够有效地改变轴承特性,事实上,也可以说,任何具有这一特点的零部件都具有设备行为控制方面的潜力。

10.5.2.4 其他技术

Lees 等人[8]曾设计了一个轴承箱原型,其刚度可以通过施加外部电压来改变。它将轴承安装在弹性材料挡圈上,而这个弹性挡圈的压缩量是可以改变的。由于该弹性材料具有强非线性特征,因而受压后其刚度会增大。通过两个形状记忆合金线圈就可以实现这种压缩,其原因在于这些材料具有非常特殊的特性,即受热后会收缩,因而,只需在线圈中通电使得这些线圈温度升高即可实现这一功能。Lees 等人[8]所给出的讨论仍然处于探索阶段,不过这确实为未来的智能机器提供了一种可行解决途径,尽管适用的设备范围是相当有限的。

这一技术也存在一些困难之处,其中比较重要的一点在于响应速率。虽然该技术能够适用某些场合,但是冷却阶段往往是比较麻烦的,为了获得有用的响应特性,不得不采取某些形式的强迫冷却措施,虽然这也是能够做到的,不过系统的复杂性显然会显著增大。由于响应时间比较慢,因此,一般来说,这一技术仅适合于转速变化较慢的场合。

利用上述技术方法,图 10.1 给出了某设备升速过程中,通过改变该瞬态过程中的轴承支撑刚度来显著降低最大振幅的情况。虽然这一技术确实有一定应用潜力,然而,形状记忆合金材料往往只是在非循环工况中才会表现出最佳的性能,它们对多种参数都是非常敏感的。另一困难之处在于,对于带有柔性转子的设备控制来说,改变轴承刚度这一途径的有效性并不是太好。

图 10.2 给出了将滚动轴承安装在弹性材料上的情形,该弹性材料的非线性特性是通过形状记忆合金线圈提供的力进行改变的。

10.5.3 转轴的修正

这一途径与前面 3 种可能途径有很大的不同。前面 3 种方法是通过轴承施加影响的,而这里是直接对转轴施加一个力或一组力。这一方法是重要的,它使得解决带柔性转子的设备问题成为了可能。虽然改变轴承特性能够产生一些影

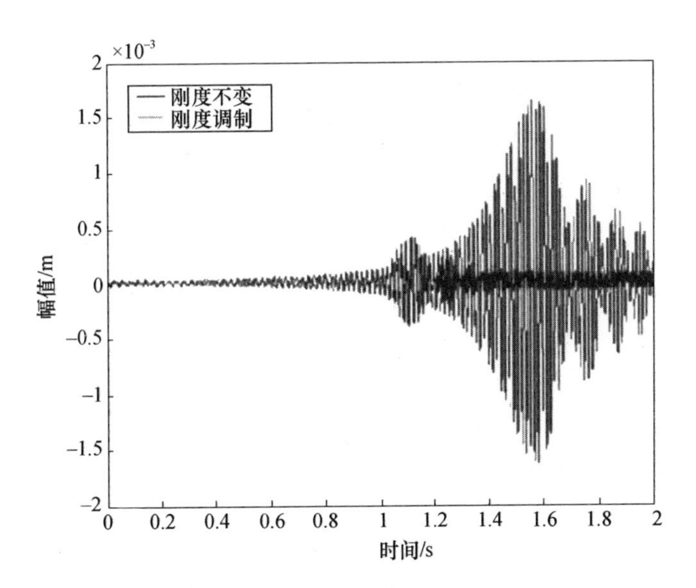

图 10.1　受控的升速过程(源自于 A. W. Lees 等人,The Control of bearing stiffness using shape memory, Society of Experimental Mechanics, Proceedings of IMAC - XXV, Orlando, FL, 2007, 经许可使用)

图 10.2　一个"智能"支撑结构(源自于 A. W. Lees 等人,The Control of bearing stiffness using shape memory, Society of Experimental Mechanics, Proceedings of IMAC - XXV, Orlando, FL, 2007, 经许可使用)

响,然而,如果转子是柔性的,那么,这种轴承影响就会变得相当有限。在近几十年中,柔性转子的应用已经成为一个发展趋势,因为这有利于实现快速、小型化且更高效的设备。从这一发展趋势也不难看出,进一步发展智能机器及其相关技术必定成为人们最大的梦想。

在前面的第4章中我们曾经指出,所有旋转类设备中最为主要的故障形式就是转子不平衡,因此,这里我们主要关注这一问题。自动平衡装置目前已经有了应用,如洗衣机[9],不过当前仍不太清楚这种类型的装置是否具有更一般的应用价值。实际上,还有多种方法可以实现转子的平衡状态调整(运行过程中)。一些研究人员已经考虑了一种可行途径,可参阅文献[10,11],这两篇文章都采用了相同的物理思想,不过数学处理上稍微有所不同。

在对转轴进行自动调整方面,借助压电 MFC 片所产生的力是一个不错的方案,其中至少可以有5种途径,分别如下。

(1) 利用比例反馈直接改变固有频率。应当注意,这一方法对于大型设备来说是不大合适的。

(2) 理论上可以施加轴向力来改变横向固有频率。应当注意,实际所需的轴向力可能非常的大,因此,这一方法在实际应用中可能是难以实施的。

(3) 利用微分反馈来控制阻尼而不是刚度。如果设备运行在某个临界转速附近,那么,这对于改进瞬态响应和稳态运行是有益的,对大部分工作转速范围基本没有影响。

(4) 利用压电片促使转子弯曲,使之与不平衡效应相抵消。这基本上就是一种标准的动平衡过程实现方式。利用压电片可以对转子产生弯矩作用,这一方式可以代替通常的平衡质量处理。

(5) 针对转动部件进行积分反馈控制。转动部件的不平衡响应本质上是一种稳态误差,利用积分反馈可以减小这一误差,进而使得设备得以平衡。

前3种途径可能是不太切合实际的,因而,这里仅讨论后面两种。

压电作动器可以对转子施加力矩作用,并且控制起来也非常方便。上面提到的文献[10,11]都讨论过这一技术。前一篇中将弯曲和不平衡视为两个独立的因素进行处理,而后一篇文献采用了更为直接的计算过程。需要施加的最佳弯矩可以通过标准的动平衡过程或者 Kalman 滤波识别方法来确定。

在很多控制系统中,积分反馈已经是比较成熟的技术了,它可以减小稳态误差。由于转子的不平衡是转动部件的一个稳态参数,因此采用积分反馈也是合适的。这里所感兴趣的误差针对的是转动部件上传感器位置处的响应。需要注意的是,这一误差可能同时包括了两个横向上的成分,可以通过两个正交的双晶作动器来抵消。虽然振动测试一般是通过定子部件上安装的加速度计和接近探头等仪器进行的,不过所得到的数据很容易就能转换到转动部件上。一般来说需要获得相位差信号,目前,大多数设备都能给出这一信号。

压电片是一种小型装置,一般是由锆钛酸铅和一些电极组成的,它们是电容器件,当施加电压之后会发生极化,从而产生力的作用。早期它们被用于零部件的精密运动控制中,现在则广泛用于所谓的“智能结构”场合。与形状记忆合金相比,此类器件有一些优点,最为重要的一个就是响应非常迅速,由于它们不依赖于热过程,因此,可以很好地用于循环工况中。不足之处在于,需要采用较高的电压,不过所需的电流是比较小的,甚至可以忽略不计。此外,它们的应变范围要远远小于形状记忆合金,一般不超过 2% ,约为后者的 1/3。

这里的基本思想是对转子产生一个弯矩作用以补偿不平衡的效应。这一点恰好与更为常见的用于处理转子弯曲的平衡相消过程相反。在 Lees 和 Friswell[11] 考察过的实例中,采用了两对压电片(安装在转子中部),它们产生的力使得转子发生了弯曲。Horst 和 Wolfel[12],以及 Sloetjes 和 de Boer[13] 也曾考察过类似的思路。这一领域中的工作都表明了这一技术的有用性,不过仍然还有大量的深入工作需要完成。例如,我们注意到,目前的研究主要集中于单一模式的校正,虽然这是非常容易理解的,但是对于实际设备来说,在其转速范围内每个模式可能至少需要 4 个压电片才能正常工作,因此,这类系统中究竟应当如何进行相关器件的连接,或者说如何将信号传递到转子上,显然是需要研究的。

早期研究大多采用了压电 MFC 片,现在已经广泛用于智能结构中,它们具有优秀的高频特性。因此,它们可能是进一步研究中比较自然的选择。通过滑环或者遥感器件,我们很容易将高电压(小电流)输入到转子上。这些技术都是容易实施的,不过也会增大一定的成本。另一种策略是,在较低电压水平上传递信号,然后在转子上进行电压放大。显然,这似乎更为可行,因为所需的功率更小。所有这些都在等待着人们去做更为全面的研究。

在第 4 章中我们已经做了非常全面的讨论,指出了转子弯曲和不平衡之间的重要区别。从这一点出发,上述做法似乎是有些令人惊讶的,事实上,正是因为它们之间具有明显的等效性,这才使得上述思路成为智能机器研究的一条可能路线。当然,最重要的是,用于产生弯曲的力矩必须是可控的,并且应当很容易根据转速和状态的变化来改变。

事实上,还有其他一些方法或者可以提供更好的潜力。除了 MFC,转子上的弯矩也可借助形状记忆合金来施加。形状记忆合金的特性与 MFC 有很大的不同,最重要的一个区别就是它们可以在一个大得多的应变范围内工作,可以达到 6% ,而 MFC 一般为 2% ,不过其响应要慢得多,特别是在冷却阶段。值得注意的一个重要优势在于,它们只需要低得多的电压即可工作,一般只需几伏,而 MFC 则高得多,如某些应用中需要 1. 5kV。这对于部分场合来说可能是至关重要的因素。

形状记忆合金的缺点是响应比较慢,不过在很多情况中这不是问题:虽然振动的频率相对较高,但是对于需要诱发的弯曲来说这种控制是准静态的。因此,频率响应的要求主要是由转速的变化快慢决定,而不是转速本身。显然对于这样的场合,形状记忆合金将是适用的,当然,这一方面也需要进行更多更深入的研究。

磁致形状记忆合金为人们提供了一种诱人的前景,这一技术相对比较新,目前还很少用于转子系统的研究中。它们与形状记忆合金具有相似的特性,相变会导致几何变化,不过这里是由磁场而不是温度驱动的。此类技术的一个重要优势在于,它使得无接触式传输(传输至转子)成为了可能,这要比遥感器件更为简单。当然,这些潜在的优势也只适用于一些特定类型的设备场合。

在有效实现了将信号传递到转子和从转子提取出信号之后,我们还可以实现其他一些功能,例如,从应变计读取的数据可以直接转换成对中信息以及轴承性能信息等。当然,在多大程度上开发出这些功能,需要对所带来的价值和付出的代价进行对比评估。一些价值较低的设备是不宜进行这一投入的,而对于某些大型重要设备来说则可能是值得的。

这些可能实现的功能是非常重要的,原因在于,如果采用了智能技术,那么,临界转速就变得不那么重要,不平衡响应可以得到极大地抑制,转子的刚度和强度需求也可以重新进行考虑,相关设计只需简单地考虑所需传递的扭矩了。由此带来的很多问题有望在今后得以解决。

必须认识到的是,实现自动施加校正力这一功能对于旋转类设备来说是一个显著的改变,这将彻底改变设计者的基本思路。例如,对不平衡的补偿功能将使得在转速范围内避开临界转速这一传统设计思想变得不再重要,而往往正是避开共振(或临界转速)这一需要决定了转子的尺寸。由于不再需要将转子刚度设计得过大,因而,转子可以变得更加轻便,只需要根据所需传递的扭矩设计出合适的尺寸即可。显然,这就给这一领域带来了极大的影响,因为在很多设备中,总尺寸需要根据避开临界转速这一要求来确定和选择,而不是根据所需传递的扭矩。当然,这种设计思想也会对设备质量带来重要影响。质量减小将使得系统损耗降低而效率更高,同时也节约了自然资源。

10.6 本章小结

目前,智能机器还处于研究的初期阶段,不过它们代表了近几十年来相关学科(如仪器仪表、建模和控制等)所有研究工作的顶峰。

在过去的50年中,状态监控、转子动力学和控制等相关领域已经取得了长足的进步,并产生了显著的经济效益。我们相信,今后的若干年中这些领域仍将持续蓬勃发展。

参 考 文 献

[1] Friswell, M. I., Penny, J. E. T., Garvey, S. D. and Lees, A. W., 2010, *Dynamics of Rotating Machines*, Cambridge University Press, New York.

[2] Mayes, I. W., 1994, Use of neural networks for on – line vibration monitoring, *Proceedings of the Institution of Mechanical Engineers*, 208, 267 – 274.

[3] Ben Ali, J., Fnaiech, N., Saidi, L., Chebel – Morello, B. and Fnaiech, F., 2015, Application of empirical mode decomposition and artificial neural network for automatic bearing fault diagnosis based on vibration signals, *Applied Acoustics*, 89, 16 – 27.

[4] Ebersbach, S. and Peng, Z., 2008, Expert system development for vibration analysis in machine condition monitoring, *Expert Systems with Applications*, 34, 291 – 299.

[5] Xu, B. G., 2012, Intelligent fault inference for rotating flexible rotors using baysian belief network, *Expert Systems with Applications*, 39, 816 – 822.

[6] Schweitzer, G., 2009, Applications and research topics for active magnetic bearings, in *Proceedings of the IUTAM Symposium on Emerging Trends in Rotor Dynamics*, Indian Institute of Technology, Delhi, India, 23 – 26 March.

[7] Nikolakopoulos, P. G. and Papadopoulos, C. A., 1998, Controllable high speed journal bearings, lubricated with electro – rheological fluids. An analytical and experimental approach, *Tribology International*, 31 (5), 225 – 234.

[8] Lees, A. W., Jana, S., Inman, D. J. and Cartmell, M. P., 2007, The control of bearing stiffness using shape memory, in *Society of Experimental Mechanics*, *Proceedings of IMAC – XXV*, Orlando, FL.

[9] Rodrigues, D. J., Champneys, A. R., Friswell, M. I. and Wilson, R. E., 2011, Two – plane automatic balancing: A symmetry breaking analysis, *International Journal of Non – Linear Mechanics*, 46(9), 1139 – 1154.

[10] Lees, A. W., 2011, Smart machines with flexible rotors, *Mechanical Systems and Signal Processing*, 25, 373 – 382.

[11] Lees, A. W. and Friswell, M. I., 2014, Smart machines with flexible rotors, in *Proceedings of VETOMA C – X*, 9 – 11 September, Manchester, U. K., Springer, New York, pp. 855 – 864.

[12] Horst, H. – G. and Wolfel, H. P., 2004, Active vibration control of a high speed rotorusing PZT patches on the shaft surface, *Journal of Intelligent Material Systems and Structures*, 15, 721 – 728.

[13] Sloetjes, P. J. and de Boer, A., 2008, Vibration reduction and power generation withpiezo – ceramic sheets mounted to a flexible shaft, *Journal of Intelligent Material Systems and Structures*, 19(1), 25 – 34.

参 考 答 案

第 2 章

2.1 最大分辨率对应的样本是 71 转(初始 0.71s),最大分辨率为

$$\Delta f = \frac{1}{0.71} = 1.4\text{Hz}$$

总的采样速率至少为 800Hz,数据块尺寸为 800 × 0.71 = 570 个样本。

2.2 如果数据采集是针对转子固定位置的,那么,可根据式(2.14)得到分辨率,当转子减速时分辨率提高。如果在固定的时间间隔进行数据采集,那么,分辨率与其初始值相同,假定数据块尺寸不变。

2.3 很明显,有两种重要成分:

(1)情况(a)中,时间段为 0.5s,两种成分都有,不过分辨率较低,25Hz 的成分会受到泄漏影响;

(2)情况(b)中,时间段为 1s,无泄漏现象,两种成分都能准确体现;

(3)情况(c)中,时间段为 2s,采样间隔 0.01s,截止频率为 50Hz,于是高频成分不会出现;

(4)情况(d)中,时间段为 4s,两种成分会偏离零值,这是由于采样速率不够导致的。

2.4 分辨率至少应为 2.5Hz,最好是 1.25Hz,这就意味着采样周期至少应为 0.8s。这两个频率分别为 25Hz 和 27.5Hz,为了避免泄漏,这两个信号都必须包含整数个周期。这就说明需要一个 10s 的样本,采样频率 55Hz。不过,由此将得到 27.5Hz 的截止频率,且在 30Hz 处得到偏离项,这是令人困惑的。于是,可以在较高频率采样,如 100Hz。

2.5 时间响应可以表示为

$$y(t) = \frac{1}{\Delta\omega t}\{\cos(\omega_0 t)\sin(\Delta\omega t)\} = \cos(\omega_0 t)\left(\frac{\sin(\Delta\omega t)}{\Delta\omega t}\right)$$

这可以通过图形方式表达,进而给出带宽和基本频率。

2.6 标准差(椭圆的半轴)为 $\sigma_1 = \sqrt{38.14} = 6.18$,$\sigma_2 = \sqrt{89.29} = 9.45$。轴的方位角为 $\theta = \frac{180}{\pi} \times \arccos(0.5544) = -56°$,概率为 0.5%。

第3章

3.1 固有频率为17.51Hz、15.76Hz和13.72Hz。

3.2 4个单元情况，$F = 32.3246\text{Hz}$，105.1589Hz；8个单元情况，$F_2 = 32.3213\text{Hz}$，105.0695Hz。

3.3 利用铁摩辛柯单元：4个单元，$F = 32.3114\text{Hz}$，105.0193Hz；8个单元，$F_2 = 32.3079\text{Hz}$，104.9252Hz，也就是说，当轴比较细长时，差别非常小。

3.4 对于简支转子，$k = \dfrac{48EI}{L^3}$：(1)圆盘质量为0.1286kg、0.5881kg和1.3539kg；(2)转子质量为3.6757kg；(3)固有频率为17.01Hz、14.43Hz和12.08Hz。

3.5 坎贝尔图表明，临界转速为2402r/min、8107r/min和9684r/min。

第4章

4.1 在200mm处，17.66g，角度为148°。

4.2 在弯曲情况下进行动平衡。此时的参数为$W = 22\text{g}$，半径200mm，角度164°。不过，要注意的是，在平衡转速处，振动将更大，但不会超过弯曲量。

4.3 两种不平衡的结果是：80g，200mm，圆盘1上，358°；168g，200mm，圆盘2上，84°。于是，校正质量应相位相反。

4.4 可利用4.3.2节中的实例对模态平衡进行解释。所需的校正质量如下：圆盘1上，0.0103kg·m，167°；圆盘2上，0.0047kg·m，53°。

4.5 所需的校正质量是：圆盘1上，0.0103kg·m，347°；圆盘2上，0.0047kg·m，233°。

第5章

5.1 较高的峰出现在550r/min，120μm；较低的峰出现在2350r/min，60μm。

5.2 $0.17\text{min} = 5 \times 10^{-4}\text{rad}$，于是，第一个轴承必须升高$2 \times 0.5 \times 5 \times 10^{-4} = 0.5\text{mm}$，第二个轴承应升高$2 \times 4.5 \times 5 \times 10^{-4} = 4.5\text{mm}$。为了确保外部轴承高度相同，可以将整体构型旋转$5 \times 10^{-4}\text{rad}$。

轴承1:0；轴承2：$-4 \times 5 \times 10^{-4} = -2\text{mm}$；轴承3：$-2\text{mm}$；轴承4:0。

5.3 力矩为1170N·m。

5.4 这是一个两(扭转)质量问题。分析可根据该章相关内容进行，刚体模式与此问题无关。扭转固有频率为13.6Hz和21.4Hz。误差导致的峰值响应是 700N/m。

5.5　此问题的分析需要利用非对称转子单元,并针对方程 5.30 给出的横截面进行修改。完好转子的频率为 77.95Hz、31.69Hz 和 70.92Hz。裂纹 $\mu=0.25$ 时,频率分裂为 7.92Hz、7.93Hz、31.59Hz、31.6Hz、70.877Hz 和 70.879Hz;$\mu=0.5$ 时,频率为 7.88Hz、7.9Hz、31.39Hz、31.49Hz、70.79Hz、70.82Hz;$\mu=0.75$ 时,频率为 7.79Hz、7.88Hz、30.98Hz、31.36Hz、70.61Hz、70.77Hz;$\mu=1$ 时,频率为 7.51Hz、7.87Hz、29.84Hz、31.34Hz、70.05Hz、70.77Hz。

第 6 章

6.1　根据式(6.2)可以很容易求解。由于解析处理较为困难,因此这里需要数值求解。黏度为 0.04Pa · s 时,偏心度为 0.41。当 $e=75\%$ 时,需要 0.006Pa · s 的黏度,这是一个非常小的数值。

6.2　这是建模软件的直接应用。当然,也需要一系列计算过程。初始间隙下,峰值响应出现在 1490r/min,1mm;间隙增大后,则出现在 885r/min,2mm。

6.3　5000r/min 处,特征值为:$-0.0065-2.8165i$, $-0.0065+2.8165i$, $-0.1800-2.8838i$, $-0.1800+2.8838i$, $-0.0605-7.8751i$, $-0.0605+7.8751i$, $-0.1239-8.1285i$, $-0.1239+8.1285i$。

6.4　压力减小后,将变成 $0.53-241.92i$, $0.53+241.92i$(需要注意这两个是不稳定的), $-13.72-248.64i$, $-13.72+248.64i$, $-4.24-774.42i$, $-4.24+774.42i$, $-8.80-799.73i$, $-8.80+799.73i$。

6.5　可以利用式(6.24)~式(6.29)。在 50% 处,$f=38$Hz;75% 处,$f=71.3$Hz,90% 处,$f=81.9$Hz。

第 7 章

7.1　结果为

$$\boldsymbol{k}=10^6\begin{bmatrix}1.85 & -0.72\\ -0.56 & 0.79\end{bmatrix},\quad \boldsymbol{M}=\begin{bmatrix}8.35 & -0.29\\ -0.29 & 6.43\end{bmatrix},\quad \boldsymbol{C}=\begin{bmatrix}408 & 118\\ 118 & 440\end{bmatrix}$$

这些不是精确解,因为输入值的截断处理(取两位小数)会引入较大噪声。

7.2　修正后的估计是 $\boldsymbol{K}=[3.3\quad -1.33;\quad -1.33\quad 0.9]\times10^6$,$\boldsymbol{M}=[16.3\quad -1.7;\quad -1.7\quad 52]$,$\boldsymbol{C}=[989\quad 49;\quad 49\quad 323]$。这些结果误差很大,原因是所考虑的频率范围不够。特别地,这里只包含了一阶共振。

7.3　在对角阻尼矩阵下的估计为

$$\boldsymbol{K}=[1.85\quad -0.72;\quad -0.72\quad 0.79]\times10^6$$

$$M = [8.35 \quad -0.29; \quad -0.29 \quad 6.43]$$
$$C = [488 \quad 0; \quad 0 \quad 439]$$

7.4　回归矩阵的最小特征值是：-0.0000，-0.0000，0.0000，0.0004，0.0019，0.0068，0.0307，0.1950，0.2808，0.3188。注意，在二阶共振处有显著增大。尽管会使原系统稍微扭曲，但是这是合理的。

7.5　负载分别是1608N、1114N、1670N和1161N。

第8章

8.1　在1850r/min处，最大值10μm。

8.2　采样周期为0.49s。这意味着分辨率约为2Hz。初始时，将包含500/60×0.49转，也即约为4.5转。如果需要监控四阶谐波，那么，数据块尺寸应为8×4.5=36个样本。在120r/min以上这是足够的。此外，也可利用Vold-Kalman方法。

8.3　较慢的降速运行中峰值出现在850r/min和2450r/min处。

8.4　参见运行分析求解手册。

8.5　最大速度为113.4m/s，出现在22.2s，瞬时频率为45.36Hz。

第9章

9.1　两个固有频率为21.4Hz和38.2Hz。

9.2　对于各个无量纲裂纹深度，其频率如下（单位：Hz）：

0	0.25	0.5	0.75	1	
42.4624	41.9213	40.8130	38.7215	33.5258	模式1x
42.4624	41.9369	41.1645	40.6617	40.5705	模式1y
101.0152	100.4137	99.2497	97.2694	93.2518	模式2x
101.0152	100.4307	99.6095	99.0974	99.0063	模式2y
214.9278	213.9426	211.9073	207.9549	196.8865	模式3x
214.9278	213.9710	212.5561	211.6270	211.4578	模式3y

9.3　1倍转速激励可通过常用方法确定。2倍转速激励在临界转速的1/2处存在峰值，其幅值与同步信号相当。

9.4　扭转共振点为1.16Hz和6.89Hz。输入轴转速200r/min时的峰值波动为6N/m。

9.5　一阶临界转速为1299r/min，这是一个反向模式。

译者简介

舒海生,男,1976 年出生,安徽石台县人,工学博士,博士后,现任哈尔滨工程大学教授,博士生导师。主要研究方向为减振降噪、声子晶体与弹性超材料以及机械装备设计开发等。近年来,主持国家自然科学基金项目 2 项,黑龙江省自然科学基金 1 项,以及博士后科研基金等项目若干项,并以技术负责人身份参研了多个国家级和省部级科研项目。发表论文 30 余篇,其中 SCI 收录 14 篇、EI 收录 13 篇,主持翻译并出版译著 4 部,授权发明专利 6 项。多年来,担任了国际和国内多个知名刊物的审稿人、教育部博硕论文评审人、国家自然科学基金评审人等工作。

张法,男,1987 年出生,黑龙江省鹤岗市人,工学硕士,工程师,现任哈尔滨东安汽车发动机制造有限公司技术中心设计员。主要从事发动机零部件设计开发、故障分析及项目管理工作。近年来,参加了多个平台发动机研发及故障攻关工作,并以项目主管身份参与了多个发动机排放升级项目,获得实用新型专利 5 项。

黄逸,女,1988 年出生,黑龙江省大庆市人,工学硕士,工程师,现任哈尔滨东安汽车发动机制造有限公司质量管理部技术员。主要从事发动机及变速器零部件质量管理及质量提升工作。近年来,参加了多个平台发动机、六速自动变速器、八速自动变速器及混动专用变速器质量管理工作,并参与了质量管理体系建构、维护及改进项目。